基于 GIS 和 RS 的黄土高原土壤侵蚀预测预报技术

史学建 秦 奋 等编著

黄河水利出版社

·郑州·

内 容 提 要

本书介绍了地理信息系统(GIS)与遥感技术(RS)的基本理论、基本原理与方法技术,特别是以土壤侵蚀预测预报为例,介绍了土壤侵蚀环境因子的信息提取和空间分析等实用技术,最后介绍了土壤预测预报信息系统总体设计相关的技术与方法。全书注重理论与实践相结合,可供从事水土保持规划设计、水土流失预测预报、水土保持监测及其相关专业的技术人员和大专院校师生阅读参考。

图书在版编目(CIP)数据

基于 GIS 和 RS 的黄土高原土壤侵蚀预测预报技术/史学建,秦奋等编著. —郑州:黄河水利出版社,2011.12
ISBN 978 - 7 - 5509 - 0174 - 2

Ⅰ.①基…　Ⅱ.①史…②秦…　Ⅲ.①地理信息系统 - 应用 - 黄土高原 - 土壤侵蚀 - 环境预测 - 研究②遥感技术 - 应用 - 黄土高原 - 土壤侵蚀 - 环境预测 - 研究　Ⅳ.①S157 - 39

中国版本图书馆 CIP 数据核字(2011)第 263430 号

组稿编辑:岳德军　电话:13838122133　E-mail:dejunyue@163.com

出 版 社:黄河水利出版社
　　　地址:河南省郑州市顺河路黄委会综合楼14层　　邮政编码:450003
发行单位:黄河水利出版社
　　　发行部电话:0371 - 66026940、66020550、66028024、66022620(传真)
　　　E-mail:hhslcbs@126.com
承印单位:河南地质彩色印刷厂
开本:787 mm×1092 mm　1/16
印张:17
字数:393 千字　　　　　　　　　　　　　　　印数:1—1 000
版次:2011 年 12 月第 1 版　　　　　　　　　印次:2011 年 12 月第 1 次印刷

定价:49.00 元

前　言

　　土壤侵蚀不仅造成当地土地贫瘠化乃至整个生态环境的恶化,而且还导致其下游河床不断淤积抬高,湖泊淤积面积减少,水库库容减少,调节功能减弱,加剧洪水威胁。土壤侵蚀的这些危害在黄河流域表现最为突出,在黄河中游的黄土高原地区,每年土壤流失量达 16 亿 t,特别是位于黄土高原中北部面积不足 8 万 km² 的黄河多沙粗沙区输沙量达 10 亿 t 之多。严重的水土流失不仅造成该地区生态环境的不断恶化和经济上的贫困,而且堆积于黄河下游河床中,使其河床不断抬高,加剧洪水对下游两岸的威胁。

　　对黄河流域土壤侵蚀进行科学的预测预报可以为黄河下游河道整治减淤、干支流水利工程建设规划和设计工作提供科学依据;并且通过对土壤侵蚀影响因素的分析,特别是基于地理信息系统(GIS)和遥感技术(RS)的、能够反映流域下垫面空间差异的土壤侵蚀及水沙过程模拟,可进一步揭示土壤侵蚀发生发展规律,为黄河中游水土保持规划等工作提供科学依据。

　　2002 年水利部批复了"黄土高原土壤侵蚀预测预报技术的 GIS 系统"引进项目,该项目利用国外的 GIS/RS 软件系统及硬件支持系统,建立了土壤侵蚀预测预报技术 GIS 系统,实现了土壤侵蚀预测预报、流域产流产沙过程模拟、数据检索、数据查询、数据分析、数据双向存取、报表的生成输出自动化,以及空间分析及模拟结果的可视化和场景动态显示。2010 年水利部选定该项技术在黄土高原多沙粗沙区延安和榆林两地区进行大面积推广。本书是为推广该项技术而编写的。

　　本书共分为 12 章,其中,第一章为绪论,简要介绍了地理信息系统(GIS)与遥感技术(RS)的概念、构成、数据类型、基本功能及其在土壤侵蚀科学研究中的作用,并简要介绍了黄土高原土壤侵蚀研究进展。第二章为地理信息系统空间数据表达与获取,介绍了地理空间信息描述法、空间数据的类型和关系以及空间数据采集、编辑与处理。第三章为地理空间数据管理与输出,介绍了空间数据结构、空间数据库及地图制作与输出。第四章为空间查询与空间分析,介绍了空间信息查询、空间量算与内插、栅格数据分析的基本模式、矢量数据分析的基本方法和数字地面模型及其应用。第五章为遥感影像处理方法,介绍了遥感数字图像基本概念、遥感影像校正、增强处理及分类方法。第六章为基于遥感影像的土壤侵蚀信息提取技术,介绍了遥感影像的植被信息、土地利用或覆盖信息、土壤信息以及水土保持措施信息的提取。第七、八章介绍了遥感技术在土壤侵蚀分析中的应用与精度验证。本书的第九至第十二章为应用篇,第九章为土壤预测预报信息系统总体设计,介绍了建立土壤预测预报信息系统的一些关键技术、系统分析与系统设计、系统主要功能。第十章为系统土壤侵蚀数据库设计与建设,介绍了系统数据库设计基本思路、流域 DEM 数据获取、流域下垫面特征信息提取以及其他相关资料整理。第十一章为土壤侵蚀预测预报信息系统工程建设,介绍了土壤侵蚀预报工程组织、基础分析与计算、年产沙经验模型计算、次降水机制模型计算以及次暴雨经验模型计算。第十二章为黄土高原土壤侵蚀预测预报实例。

　　各章撰写人如下:第一章、第二章由史学建、秦奋编写,第三章、第七章和第八章由彭红编写,第四章由王乃芹编写,第五章、第六章由张喜旺编写,第九章至第十二章由韩志刚、黄静编写。全书由史学建和秦奋统稿。

　　为了使本书能达到最佳推广培训效果,书中参阅了大量参考文献,在此向这些文献的作者表示衷心感谢!

　　由于编写时间紧,加之水平有限,在编写过程中,难免有偏颇、不足甚至错误之处,敬请读者批评指正。

作　者

2011 年 11 月

目 录

前　言

第一章　绪　论 ……………………………………………………………（1）

　　第一节　地理信息系统概述 ………………………………………（1）

　　第二节　遥感技术基础 ……………………………………………（13）

　　第三节　黄土高原土壤侵蚀研究进展 ……………………………（19）

第二章　空间数据表达与获取 ………………………………………（26）

　　第一节　地理空间信息描述法 ……………………………………（26）

　　第二节　空间数据的类型和关系 …………………………………（30）

　　第三节　空间数据采集 ……………………………………………（34）

　　第四节　空间数据的编辑与处理 …………………………………（41）

第三章　空间数据管理与输出 ………………………………………（47）

　　第一节　空间数据结构 ……………………………………………（47）

　　第二节　空间数据库 ………………………………………………（61）

　　第三节　地图制作与输出 …………………………………………（66）

第四章　空间查询与空间分析 ………………………………………（76）

　　第一节　空间信息查询 ……………………………………………（76）

　　第二节　空间量算与内插 …………………………………………（83）

　　第三节　栅格数据分析的基本模式 ………………………………（89）

　　第四节　矢量数据分析的基本方法 ………………………………（94）

　　第五节　数字地面模型及其应用 …………………………………（101）

第五章　遥感影像处理方法 …………………………………………（123）

　　第一节　遥感数字图像基础 ………………………………………（123）

　　第二节　遥感影像校正 ……………………………………………（124）

　　第三节　遥感影像增强处理 ………………………………………（135）

　　第四节　遥感影像分类 ……………………………………………（144）

第六章　基于遥感影像的土壤侵蚀信息提取技术 …………………（148）

　　第一节　植被信息提取 ……………………………………………（148）

　　第二节　土地利用/土地覆盖信息提取 ……………………………（159）

　　第三节　土壤信息提取 ……………………………………………（162）

　　第四节　水土保持措施信息提取 …………………………………（165）

第七章　遥感在土壤侵蚀分析中的应用实践 ………………………（169）

　　第一节　土壤侵蚀定性监测评估 …………………………………（169）

　　第二节　土壤侵蚀监测预报模型 …………………………………（171）

　　第三节　数字高程模型(DEM)方法 ……………………………………(172)
　　第四节　土壤侵蚀遥感监测与评价 ………………………………………(173)
第八章　土壤侵蚀监测预报结果的验证 …………………………………………(179)
　　第一节　遥感解译精度种类 ………………………………………………(179)
　　第二节　遥感解译精度的影响因素与改进措施 …………………………(181)
第九章　土壤预测预报信息系统总体设计 ………………………………………(183)
　　第一节　建立系统的关键技术 ……………………………………………(183)
　　第二节　系统分析与设计 …………………………………………………(189)
　　第三节　系统主要功能 ……………………………………………………(192)
第十章　系统土壤侵蚀数据库设计与建设 ………………………………………(196)
　　第一节　系统数据库设计 …………………………………………………(196)
　　第二节　流域 DEM 数据获取 ……………………………………………(204)
　　第三节　流域下垫面特征信息提取 ………………………………………(213)
　　第四节　其他相关资料整理 ………………………………………………(220)
第十一章　土壤侵蚀预测预报信息系统工程建设 ………………………………(221)
　　第一节　土壤侵蚀预报工程组织 …………………………………………(221)
　　第二节　基础分析与计算 …………………………………………………(225)
　　第三节　年产沙经验模型计算 ……………………………………………(229)
　　第四节　次降水机制模型计算 ……………………………………………(236)
　　第五节　次暴雨经验模型计算 ……………………………………………(243)
第十二章　黄土高原土壤侵蚀预测预报实例 ……………………………………(247)
　　第一节　年产沙经验模型预测 ……………………………………………(247)
　　第二节　次降水机制模型预测 ……………………………………………(250)
附录 A　ArcMap 栅格数据矢量化 ………………………………………………(254)
附录 B　ArcMap 常用快捷键 ……………………………………………………(259)
参考文献 ……………………………………………………………………………(260)

第一章 绪 论

水土资源是地球上基本的生命支撑系统,是人类生存和发展的重要物质基础,但在自然和人类活动双重影响下,以水土流失为代表的水土资源破坏越来越严重,已成为全球性的环境问题,严重威胁着人类的生存与发展。黄土高原是一个巨地貌单元,也是我国乃至世界上水土流失最为严重的地区之一。严重的水土流失和水土资源不合理利用导致土地质量不断下降、生态环境恶化,严重威胁该区社会和经济的可持续发展。随着国家对生态安全与环境质量的日益重视,根据地表物质循环规律,合理利用水土资源,改善生态环境,是我国西部大开发战略中生态环境建设的核心内容。以恢复植被、保持水土为主要措施的生态环境恢复重建与治理正在黄土高原兴起,这对解决该地区由于严重土壤侵蚀所产生的一系列环境问题、实现生态环境的良性循环产生深远影响。

水土流失综合治理的前提是要有定量分析和评价土壤侵蚀的理论与方法,土壤侵蚀模型和预报技术应运而生。土壤侵蚀预测预报是指利用土壤侵蚀模型计算流域土壤侵蚀和搬运率,系统模拟土壤侵蚀过程,为科学研究和水土流失治理提供理论、技术与方法。地理信息系统(Geographical Information System,GIS)和遥感(Remote Sensing,RS)为土壤侵蚀预报提供了数据、分析工具和模型集成平台。

第一节 地理信息系统概述

计算机的广泛应用将人类社会带入信息社会,信息资源的开发与利用深刻地改变着人类生活和社会的面貌。多尺度、多类型、多时态的地理信息是人类研究和解决土地、环境、人口、灾害、规划、建设等重大问题时所必需的重要信息资源,是社会可持续发展的基础。地理信息系统是开发、管理与分析地理信息的核心科学技术。它的建设与发展必将为人类社会作出巨大的贡献。

一、地理信息系统概念

(一)数据与信息

在地理信息系统应用与研究中,经常要涉及数据与信息两个术语。它们是地理信息系统处理对象、分析内容和结果的表达形式。

1. 数据(data)

数据是指某一目标定性、定量描述的各种资料,包括数字、文字、符号、图形、图像以及它们能转换成的数据等内容。对于计算机而言,数据是指输入到计算机并能被计算机处理的一切内容,是计算机描述事物或现象的唯一方式。数据是用以载荷信息的物理符号,数据本身并没有意义。数字可以离开信息系统而独立存在,也可以离开信息系统的各个组成和阶段而独立存在;而数据的格式往往与计算机系统有关,并随载荷它的物理设备的形式而改变。

2. 信息(Information)

信息是近代科学的一个专门术语,已广泛地应用于社会各个领域。狭义信息论将信息定义为"两次不定性之差",即指人们获得信息前后对事物认识的差别;广义信息论认为,信息是指主体(人、生物或机器)与外部客体(环境、其他人、生物或机器)之间相互联系的一种形式,是主体和客体之间的一切有用的消息或知识,是表征事物特征的一种普遍形式。一般认为,信息是用数据形式来表示事件、事物、现象等的内容、数量或特征,从而向人们(或系统)提供关于现实世界新的事实和知识,作为生产、建设、经营、管理、分析和决策的依据。

信息具有以下特点:①客观性。任何信息都是与客观事实紧密相关的,这是信息正确性和精确度的保证。②适用性。信息对决策是十分重要的,地理信息系统将地理空间的巨大数据流收集、组织和管理起来,经过处理、转换和分析变为对生产、管理和决策具有重要意义的有用信息。③传输性。信息可以在信息发送者和接受者之间传输,既包括系统把有用信息送至终端设备(包括远程终端)和以一定的形式或格式提供给有关用户,也包括信息在系统内各个子系统之间的流转和交换,如网络传输技术。④共享性。信息与实物不同,信息可以传输给多个用户,为多个用户共享,而其本身并无损失。信息的这些特点,使信息成为当代社会发展的一项重要资源。

3. 数据与信息的关系

信息和数据是密不可分的,有着密切的联系。一方面,信息是数据的内涵,是数据的内容和解释;另一方面,数据是信息的表达形式,是信息的载体。

4. 地理信息与地理数据

地理信息是有关地理实体的性质、特征及运动状态的表征和一切有用的知识,它是对表达地理特征与地理现象之间关系的地理数据的解释。而地理数据则是各种地理特征和现象间关系的符号化表示,包括空间位置、属性特征(简称属性)及时域特征三部分。空间位置数据描述地物所在位置。这种位置既可以根据大地参照系定义,如大地经纬度坐标,也可以定义为地物间的相对位置关系,如空间上的相邻、包含等;属性数据有时又称非空间数据,是属于一定地物、描述其特征的定性或定量指标。时域特征是指地理数据采集或地理现象发生的时刻、时段。时间数据对环境模拟分析非常重要,正受到地理信息系统学界越来越多的重视。空间位置、属性及时间是地理空间分析的三大基本要素。

5. 地理信息的特征

地理信息除了具有信息的一般特性,还具有以下独特特性:

(1)区域性。地理信息具有空间定位的特点,先定位后定性,并在区域上表现出分布式特点,其属性表现为多层次,因此地理数据库的分布或更新也应是分布式。

(2)数据量大、内容丰富。地理信息既有空间特征,又有属性特征,另外地理信息还随着时间的变化而变化,具有时间特征,因此其数据量很大。尤其是随着全球对地观测计划不断发展,我们每天都可以获得上万亿兆的关于地球资源、环境特征的数据。这必然对数据处理与分析带来很大压力。

GIS 数据库中不仅包含丰富的地理信息,还包含与地理信息有关的其他信息,如人口分布、环境污染、区域经济情况、交通情况等。纽约市曾经对其数据库进行了调查,发现有80%以上的信息为地理信息或与地理信息有关联的信息。

(3)具有多维结构。即在二维空间的基础上实现多专题的第三维结构,而各个专题型实体型之间的联系是通过属性码进行的,这就为地理系统各圈层之间的综合研究提供了可能。

(4)时序特征十分明显。可以按照时间尺度将地理信息划分为超短期的(如台风、地震)、短期的(如江河洪水、秋季低温)、中期的(如土地利用、作物估产)、长期的(如城市化、水土流失)、超长期的(如地壳变动、气候变化)等。这对地理事物的预测、预报,从而为科学决策提供重要依据。

(5)空间自相关。地理信息在空间上随着距离逐渐变化,距离越近,相似程度越大;反之亦然。

(6)信息载体的多样性。地理信息的第一载体是地理实体的物质和能量本身,除此之外,还有描述地理实体的文字、数字、地图和影像等符号信息载体以及纸质、磁带、光盘等物理介质载体。对于地图来说,它不仅是信息的载体,也是信息的传播媒介。

(二)地理信息系统

1.地理信息系统的定义

地理信息系统有时又称为"地学信息系统"或"资源与环境信息系统",它是一种特定的十分重要的空间信息系统。地理信息系统是在相关学科的支持下,对整个或部分地球表层(包括大气层)空间中的有关地理分布数据进行采集、储存、管理、运算、分析、显示和描述的技术系统;是一门挖掘多种空间和动态的地理信息、模拟地理现象与过程,为人们认知、管理和充分利用地理空间信息资源的系统理论与方法的交叉科学。地理信息系统处理、管理的对象是多种地理空间实体数据及其关系,包括空间定位数据、图形数据、遥感图像数据、属性数据等,用于分析、处理和模拟在一定地理区域内分布的各种现象和过程,解决复杂的规划、决策和管理问题。

通过上述的分析和定义可提出 GIS 的如下基本概念:

(1)GIS 的物理外壳是计算机化的技术系统,它又由若干个相互关联的子系统构成,如数据采集子系统、数据管理子系统、数据处理和分析子系统、图像处理子系统、数据产品输出子系统等,这些子系统的优劣、结构直接影响着 GIS 的硬件平台、功能、效率、数据处理的方式和产品输出的类型。

(2)GIS 的操作对象是空间数据,即点、线、面、体这类有三维要素的地理实体。空间数据的最根本特点是每一个数据都按统一的地理坐标进行编码,实现对其定位、定性和定量的描述,这是 GIS 区别于其他类型信息系统的根本标志,也是其技术难点之所在。

(3)GIS 的技术优势在于它的数据综合、模拟与分析评价能力,可以得到常规方法或普通信息系统难以得到的重要信息,实现地理空间过程演化的模拟和预测。

(4)GIS 是一门交叉学科。大地测量、工程测量、矿山测量、地籍测量、航空摄影测量和遥感技术为 GIS 中的空间实体提供各种不同比例尺和精度的定位数;电子速测仪、GPS全球定位技术、解析或数字摄影测量工作站、遥感图像处理系统等现代测绘技术的使用,可直接、快速和自动地获取空间目标的数字信息产品,为 GIS 提供丰富和更为实时的信息源,并促使 GIS 向更高层次发展。地理学是 GIS 的理论依托。有的学者断言,"地理信息系统和信息地理学是地理科学第二次革命的主要工具和手段。如果说 GIS 的兴起和发展是地理科学信息革命的一把钥匙,那么,信息地理学的兴起和发展将是打开地理科学信息革命的一扇大门,必将为地理科学的发展和提高开辟一个崭新的天地"。GIS 被誉为地学的第三代语言——用数字形式来描述空间实体。

2. 地理信息系统的类型

GIS 按研究内容的不同可分为专题型、区域综合型和地理信息系统工具三种。

(1)专题型地理信息系统(Thematic GIS),是具有有限目标和专业特点的地理信息系统,为特定的专门目的服务。例如,森林动态监测信息系统、水资源管理信息系统、矿业资源信息系统、农作物估产信息系统、草场资源管理信息系统、水土流失信息系统等。

(2)区域综合型地理信息系统(Regional GIS),主要以区域综合研究和全面的信息服务为目标,可以有不同的规模,如国家级的、地区或省级的、市级和县级等为各不同级别行政区服务的区域信息系统;也可以按自然分区或流域单元为单位划分区域信息系统。区域信息系统如加拿大国家信息系统、中国黄河流域信息系统等,而数字地球是最大的区域综合型地理信息系统。许多实际的地理信息系统是介于上述二者之间的区域性专题信息系统,如北京市水土流失信息系统、海南岛土地评价信息系统、河南省冬小麦估产信息系统等。

(3)地理信息系统工具或地理信息系统外壳(GIS Tools),是一组具有图形图像数字化、存储管理、查询检索、分析运算和多种输出等地理信息系统基本功能的软件包。它们或者是专门设计研制的,或者是在完成了实用地理信息系统后抽取掉具体区域或专题的地理空间数据后得到的,具有对计算机硬件适应性强、数据管理和操作效率高、功能强且具有普遍性的实用性信息系统,也可以用做 GIS 教学软件。

在通用的地理信息系统工具支持下建立区域或专题地理信息系统,不仅可以节省软件开发的人力、物力、财力,缩短系统建立周期,提高系统技术水平,而且使地理信息系统技术易于推广,并使广大地学工作者可以将更多的精力投入高层次的应用模型开发上。

3. 地理信息系统的特征

与一般的管理信息系统相比,地理信息系统具有以下特征:

(1)地理信息系统在分析处理问题中使用了空间数据和属性数据,并通过数据库管理系统将两者连在一起共同管理、分析与应用,从而提供了认识地理现象的一种新的思维方法;而管理信息系统则只有属性数据库的管理,即使存储了图形,也往往以文件形式等机械形式存储,不能进行有关空间数据的操作,如空间查询、检索、相邻分析等,更无法进行复杂的空间分析。

(2)地理信息强调空间分析,通过利用空间分析式模型来分析空间数据,地理信息系统的成功应用依赖于空间分析模型应用与设计。

(3)地理信息系统的成功应用不仅取决于技术体系,而且依靠一定的组织体系(包括实施组成、系统管理员、技术操作员、系统开发设计者等)。

(4)虽然信息技术对地理信息系统的发展起着重要的作用。但是,实践证明,人的因素在地理信息系统的发展过程中越来越具有重要的影响作用,地理信息系统许多的应用问题已经超出技术领域的范畴。

二、地理信息系统的构成

完整的 GIS 主要由五个部分构成,即计算机硬件系统、计算机软件系统、地理空间数据、系统管理操作人员和应用模型,其核心部分是计算机软硬件系统,空间数据库反映了 GIS 的地理内容,而管理人员和用户则决定系统的工作方式和信息表示方式。地理信息系统的组成可综合表示为图 1-1。

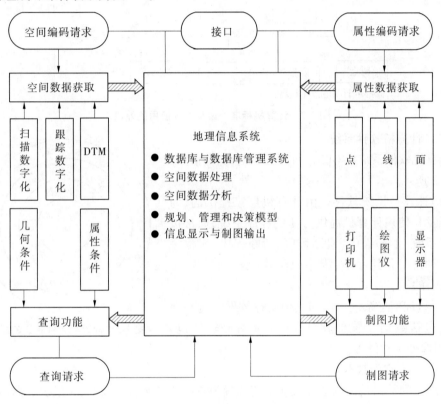

图 1-1　地理信息系统的组成

(一)计算机硬件系统

计算机硬件是计算机系统中的实际物理装置的总称,可以是电子的、电的、磁的、机械的、光的元件或装置,是 GIS 的物理外壳,系统的规模、精度、速度、功能、形式、使用方法甚至软件都与硬件有极大的关系,受硬件指标的支持或制约。GIS 由于其任务的复杂性和特殊性,必须由计算机设备支持。GIS 硬件配置一般包括五个部分,见图 1-2。

(1)计算机主机;

(2)数据输入设备:数字化仪、图像扫描仪、手写笔、光笔、键盘、通信端口等;

(3)数据存储设备:光盘刻录机、磁带机、光盘塔、活动硬盘、磁盘阵列等;

(4)数据输出设备:笔式绘图仪、喷墨绘图仪(打印机)、激光打印机等;

(5)网络设备:网络设备包括布线系统、网桥、路由器和交换机等。

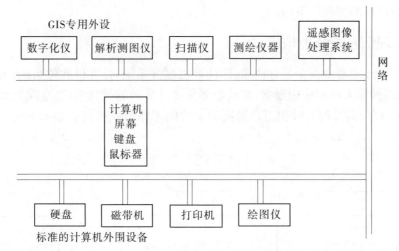

图 1-2　计算机标准外设和 GIS 使用的外设

（二）计算机软件系统

计算机软件系统指 GIS 运行所必需的各种程序，如图 1-3 所示。

（1）计算机系统软件。由计算机厂家提供的、为用户开发和使用计算机提供方便的程序系统，通常包括操作系统、汇编程序、编译程序、诊断程序、库程序以及各种维护使用手册、程序说明等，是 GIS 日常工作所必需的。

（2）地理信息系统软件和其他支撑软件。这些软件也可包括数据库管理软件、计算机图形软件包、CAD、图像处理软件等。

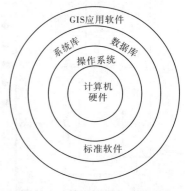

图 1-3　计算机软件系统的层次

（三）地理空间数据

地理空间数据是指以地球表面空间位置为参照的自然、社会和人文景观数据，可以是图形、图像、文字、表格和数字等，由系统的建立者通过数字化仪、扫描仪、键盘、磁带机或其他通信系统输入 GIS，是系统程序作用的对象，是 GIS 所表达的现实世界经过模型抽象的实质性内容。不同用途的 GIS 其地理空间数据的种类、精度都是不同的，但基本上都包括四种互相联系的数据类型。

（1）某个已知坐标系中的位置，即几何坐标，标志地理实体在某个已知坐标系（如大地坐标系、直角坐标系、极坐标系、自定义坐标系）中的空间位置，可以是经纬度、平面直角坐标、极坐标，也可以是矩阵的行、列数等。

（2）实体间的空间相关性，即拓扑关系，表示点、线、面实体之间的空间联系，如网络结点与网络线之间的枢纽关系，边界线与面实体间的构成关系，面实体与岛或内部点的包含关系等。空间拓扑关系对于地理空间数据的编码、录入、格式转换、存储管理、查询检索和模型分析都有重要意义，是地理信息系统的特色之一。

（3）与几何位置无关的属性，即常说的非几何属性或简称属性（Attribute），是与地理实体相联系的地理变量或地理意义。属性分为定性和定量的两种,前者包括名称、类型、特性等,后者包括数量和等级,定性描述的属性如岩石类型、土壤种类、土地利用类型、行政区划等,定量的属性如面积、长度、土地等级、人口数量、降水量、河流长度、水土流失量等。非几何属性一般是经过抽象的概念,通过分类、命名、量算、统计得到。任何地理实体至少有一个属性,而地理信息系统的分析、检索和表示主要是通过属性的操作运算实现的,因此属性的分类系统、量算指标对系统的功能有较大的影响。

(4)实体产生、发展与演化的时间。任何空间实体都有发展演化阶段,对时间的管理与描述对揭示实体的演化过程和状态具有十分重要的意义。如对城市宗地的时态管理可以提供丰富的历史与现状信息。

地理信息系统特殊的空间数据模型决定了地理信息系统特殊的空间数据结构和特殊的数据编码,也决定了地理信息系统具有特色的空间数据管理方法和系统空间数据分析功能,成为地理学研究和资源管理的重要工具。

(四)系统开发、管理和使用人员

人是 GIS 中的重要构成因素。地理信息系统从其设计、建立、运行到维护的整个生命周期,处处都离不开人的作用。仅有系统软硬件和数据还构不成完整的地理信息系统,需要人进行系统组织、管理、维护和数据更新、系统扩充完善、应用程序开发,并灵活采用地理分析模型提取多种信息,为研究和决策服务。

(五)应用模型

GIS 应用模型的构建和选择也是系统应用成败至关重要的因素,虽然 GIS 为解决各种现实问题提供了基本工具,但对于某一专门应用目的的解决,必须通过构建专门的应用模型,例如土地利用适宜性模型、公园选址模型、洪水预测模型、人口扩散模型、森林增长模型、水土流失模型、最优化模型、影响模型等。

这些应用模型是客观世界中相应系统经由观念世界到信息世界的映射,反映了人类对客观世界利用改造的能动作用,并且是 GIS 技术产生社会经济效益的关键所在,也是 GIS 生命力的重要保证,因此在 GIS 技术中占有十分重要的地位。

构建 GIS 应用模型,首先必须明确用 GIS 求解问题的基本流程(见图1-4);其次根据模型的研究对象和应用目的,确定模型的类别、相关的变量、参数和算法,构建模型逻辑结构框架图;然后确定 GIS 空间操作项目和空间分析方法;最后是模型运行结果验证、修改和输出。显然,应用模型是 GIS 与相关专业连接的纽带,它的建立绝非是纯数学技术性问题,而必须以坚实而广泛的专业知识和经验为基础,对相关问题的机制和过程进行深入的研究,并从各种因素中找出其因果关系和内在规律,有时还需要采用从定性到定量的综合集成法,这样才能构建出真正有效的 GIS 应用模型。

大量应用模型的研究、开发和应用,凝聚和验证了许多专家的经验与知识,无疑也为 GIS 应用系统向专家系统的发展打下基础。

三、地理信息系统的功能

(一)地理信息系统解决的基本问题

地理信息系统的核心是解答以下五个方面的问题:位置、条件、变化趋势、模式和模

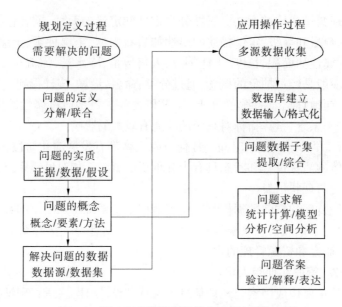

图 1-4　用 GIS 求解问题的基本流程(据陈述彭)

型。

(1)位置(Locations),即在某个特定的位置有什么。

首先,必须定义某个物体或地区信息的具体位置,常用的定义方法有:通过各种交互手段确定位置,或者直接输入一个坐标;其次,指定了目标或区域的位置后,可以获得预期的结果以及其所有或部分特性,例如当前地块所有者、地址、土地利用情况、估价等。

(2)条件(Conditions),即什么地方有满足某些条件的东西。

首先,可以用下列方式指定一组条件,如从预定义的可选项中进行选取;填写逻辑表达式;在终端上交互地填写表格。

其次,指定条件后,可以获得满足指定条件的所有对象的列表,如在屏幕上以高亮度显示满足指定条件的所有特征,例如,其所位于的土地类型为居民区、估价低于 200 000元、有四个卧室而且是木制的房屋。

(3)变化趋势(Trends)。该类问题需要综合现有数据,以识别已经发生了或正在发生变化的地理现象。

首先,确定趋势。当然趋势的确定并不能保证每次都正确,一旦掌握了一个特定的数据集,要确定趋势可能要依赖假设条件、个人推测、观测现象或证据报道等。

其次,针对该趋势,可通过对数据的分析,对该趋势加以确认或否定。地理信息系统可使用户快速获得定量数据以及说明该趋势的附图等。例如,通过 GIS,可以识别该趋势的特性:有多少柑橘地块转作他用? 现在作为何用? 某一区域中有多少发生了这种变化? 这种变化可回溯多少年? 哪个时间段能最好地反映该趋势? 1 年、5 年还是 10 年? 变化率是增加了还是减少了?

(4)模式(Patterns)。该类问题是分析与已经发生或正在发生事件有关的因素。地理信息系统将现有数据组合在一起,能更好地说明正在发生什么,找出发生事件与哪些数据有关。

首先,确定模式,模式的确定通常需要长期的观察,熟悉现有数据,了解数据间的潜在关系。

其次,模式确定后,可获得一份报告,说明该事件发生在何时何地、显示事件发生的系列图件。例如,机动车辆事故常常符合特定模式,该模式(即事故)发生在何处? 发生地点与时间有关吗? 是不是在某种特定的交叉处? 在这些交叉处又具有什么条件?

(5)模型(Models)。该类问题的解决需要建立新的数据关系以产生解决方案。

首先,建立模型,如选择标准、检验方法等。

其次,建立了一个或多个模型后,能产生满足特定的所有特征的列表,并着重显示被选择特征的地图,而且提供一个有关所选择的特征详细描述的报表。例如要兴建一个儿童书店,用来选址的评价指标可能包括 10、15、20 min 可到达的空间区域,附近居住的 10 岁或 10 岁以下的儿童的人数,附近家庭的收入情况,周围潜在竞争的情况。

为了完成上述的地理信息系统的核心任务,需要采用不同的功能来实现它们。尽管目前商用 GIS 软件包的优缺点是不同的,而且它们在实现这些功能所采用的技术也是不一样的,但是大多数商用 GIS 软件包都提供了如下功能:数据的获取(Data Acquisition)、数据的初步处理(Preliminary data Processing)、数据的存储及检索(Storage and Retrieval)、数据的查询与分析(Search and Analysis)、图形的显示与交互(Display and Interaction)。

图 1-5 说明了这些功能之间的关系,以及它们操作(Manipulation)数据的不同表现。

从图 1-5 中可以看出,数据获取是从现实世界的观测,以及从现存文件、地图中获取数据。有些数据已经是数字化的形式,但是往往需要进行数据预处理,将原始数据转换为结构化的数据,以使其能够被系统查询和分析。查询分析是求取数据的子集或对其进行转换,并交互现实结果。在整个处理过程中,都需要数据存储检索以及交互表现的支持,换言之,这两项功能贯穿了地理信息系统数据处理的始终。

(二)地理信息系统软件的基本功能

1. 数据采集、监测与编辑

主要用于获取数据,保证地理信息系统数据库中的数据在内容与空间上的完整性、数值逻辑一致性与正确性等。一般而论,地理信息系统数据库的建设占整个系统建设投资的 70% 或更多,并且这种比例在近期内不会有明显的改变。因此,信息共享与自动化数据输入成为地理信息系统研究的重要内容。可用于地理信息系统数据采集的方法与技术很多,有些仅用于地理信息系统,如手扶跟踪数字化仪;目前,自动化扫描输入与遥感数据集成最为人们所关注。扫描技术的应用与改进,实现扫描数据的自动化编辑与处理仍是地理信息系统数据获取研究的主要技术关键。

2. 数据处理

初步的数据处理主要包括数据格式化、转换、概括。数据的格式化是指不同数据结构的数据间变换,是一种耗时、易错、需要大量计算的工作,应尽可能避免;数据转换包括数据格式转化、数据比例尺的变化等。在数据格式的转换方式上,矢量到栅格的转换要比其逆运算快速、简单。数据比例尺的变换涉及数据比例尺缩放、平移、旋转等方面,其中最为重要的是投影变换;制图综合(Generalization)包括数据平滑、特征集结等。目前地理信息系统所提供的数据概括功能极弱,与地图综合的要求还有很大差距,需要进一步发展。

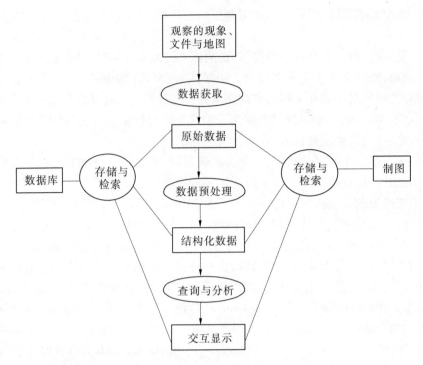

图1-5　GIS功能概述(椭圆)以及它们的表现(矩形)(据邬伦)

3.数据存储与组织

这是建立地理信息系统数据库的关键步骤,涉及空间数据和属性数据的组织。栅格模型、矢量模型或栅格/矢量混合模型是常用的空间数据组织方法。空间数据结构的选择在一定程度上决定了系统所能执行的数据与分析的功能;在地理数据组织与管理中,最为关键的是如何将空间数据与属性数据融合为一体。目前,大多数系统都是将二者分开存储,通过公共项(一般定义为地物标识码)来连接。这种组织方式的缺点是数据的定义与数据操作相分离,无法有效记录地物在时间域上的变化属性。

4.空间查询与分析

空间查询是地理信息系统以及许多其他自动化地理数据处理系统应具备的最基本的分析功能;而空间分析是地理信息系统的核心功能,也是地理信息系统与其他计算机系统的根本区别,模型分析是在地理信息系统支持下,分析和解决现实世界中与空间相关的问题,它是地理信息系统应用深化的重要标志。地理信息系统的空间分析可分为三个不同的层次。

1)空间检索

空间检索包括从空间位置检索空间物体及其属性和从属性条件集检索空间物体。一方面,"空间索引"是空间检索的关键技术,如何有效地从大型的地理信息系统数据库中检索出所需信息,将影响地理信息系统的分析能力;另一方面,空间物体的图形表达也是空间检索的重要部分。

2)空间拓扑叠加分析

空间拓扑叠加实现了输入要素属性的合并(Union)以及要素属性在空间上的连接

（Join）。空间拓扑叠加本质是空间意义上的布尔运算。

3）空间模型分析

在空间模型分析方面,目前多数研究工作着重于如何将地理信息系统与空间模型分析相结合。其研究可分三类:

第一类是地理信息系统外部的空间模型分析,将地理信息系统当做一个通用的空间数据库,而空间模型分析功能则借助于其他软件。

第二类是地理信息系统内部的空间模型分析,试图利用地理信息系统软件来提供空间分析模块以及发展适用于问题解决模型的宏语言,这种方法一般基于空间分析的复杂性与多样性,易于理解和应用,但由于地理信息系统软件所能提供空间分析功能极为有限,这种紧密结合的空间模型分析方法在实际地理信息系统的设计中较少使用。

第三类是混合型的空间模型分析,其宗旨在于尽可能地利用地理信息系统所提供的功能,同时也充分发挥地理信息系统使用者的能动性。

5.图形与交互显示

地理信息系统为用户提供了许多用于地理数据表现的工具,其形式既可以是计算机屏幕显示,也可以是诸如报告、表格、地图等硬拷贝图件,尤其要强调的是地理信息系统的地图输出功能。一个好的地理信息系统应能提供一种良好的、交互式的制图环境,以供地理信息系统的使用者能够设计和制作出高质量的地图。

（三）地理信息系统科学研究功能

地理信息系统是在地理学研究和生产实践的需求中产生的,地理信息系统的应用使技术系统不断完善,并逐渐发展了地理信息系统的理论;理论研究又指导开发新一代高效地理信息系统,并不断拓宽其应用领域,加深应用的深度;地理信息系统的应用,又对理论研究和技术方法提出了更高的要求。这三个方面的研究内容是相互联系、相互促进的。地理信息系统研究的内容主要有以下三个方面(见图1-6)。

（1）地理信息系统基本理论研究。包括研究地理信息系统的概念、定义和内涵;地理信息系统的信息论研究;建立地理信息系统的理论体系;研究地理信息系统的构成、功能、特点和任务;总结地理信息系统的发展历史,探讨地理信息系统发展方向等理论问题。

（2）地理信息系统技术系统设计。包括地理信息系统硬件设计与配置;地理空间数据结构及表示;输入与输出系统;空间数据库管理系统;用户界面与用户工具设计;地理信息系统工具软件研制;计算机地理信息系统的开发;网络地理信息系统的研制等。

（3）地理信息系统应用方法研究。包括应用系统设计和实现方法;数据采集与校验;空间分析函数与专题分析模型;地理信息系统与遥感技术结合方法;地学专家系统研究等。

总之,地理信息系统的内容主要包括:有关的计算机软/硬件;空间数据的获取及计算机输入;空间数据模型及数字表达;数据的数据库存储及处理;数据的共享、分析与应用;数据的显示与视觉化;地理信息系统的网络化等。

四、地理信息系统在土壤侵蚀研究中的应用

近年来,GIS在土壤侵蚀研究中得到了广泛的应用,借助于GIS强大的空间数据分析

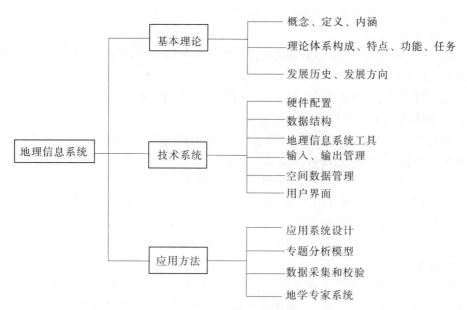

图 1-6　地理信息系统内容体系

处理功能,土壤侵蚀的研究手段得到了根本性的转变。总体来说,GIS 技术有以下应用。

(一)采集、处理和管理模型参数

DEM 的出现使得具有物理机制的分布式水文模型成为可能,同时 DEM 也是产沙模型从经验性模型向物理机制性模型发展所必需的数据基础。采用 GIS 可以十分方便地建立和管理 DEM,并可以 DEM 为基础,很方便地提取流域产流产沙模型中所涉及的沟谷密度、坡面坡度、沟道长度等数据,为分布式水文模型提供所需要的输入参数。

GIS 也是处理与分析其他相关数据的核心技术,采用 GIS 可以建立植被、土壤和土地利用、水保工程数据库,将管理水文、气象数据,并通过插值技术生成 DEM 一致的栅格数据。

(二)提供空间分析的工具

空间分析是 GIS 的核心功能之一,主要包括空间查询与量算、缓冲区分析、叠加分析、路径分析、空间插值和统计分类等功能。采用 GIS 空间叠加方法可以很方便地构造分析单元,并且将各个专题图层在空间上联系起来。

植被、土壤等下垫面信息通常是以空间分布的形式出现的,但是它们的空间分布状态一般与子流域的边界并不重合。因此,对此类信息首先是利用 GIS 软件的图像分割功能,基于划分的子流域边界切割得到各模拟单元的植被土壤分布图,在此基础上,应用 GIS 的统计功能,求子流域内各不同类型植被或土壤所占的面积。

(三)运算过程和结果可视化

GIS 的空间显示功能提供了优越的建模及模型运行环境,为模型可视化计算带来可能,有助于分析者交互地调整模型参数。

(四)提供土壤侵蚀模型系统开发集成平台

水文模型和 GIS 的集成方法与集成程度取决于土壤侵蚀模型的目标和复杂性、土壤侵蚀模型对基础数据和 GIS 功能的要求、界面的实用性、数据模型的兼容性、硬件环境以及 GIS 和模型软件的系统结构等。土壤侵蚀模型与 GIS 的集成既可以是松散的集成,也可以是复杂的完全集成。根据集成程度的不同,将 GIS 与环境模型集成方式分为四类。

1. 独立应用

独立应用即 GIS 和土壤侵蚀模型在不同的硬件环境下运行。GIS 和土壤侵蚀模型中不同数据模型之间的数据交换通常是通过手工进行的(如 ASCII 文件)。用户在 GIS 和土壤侵蚀模型的接口方面起的作用很大。这种集成对用户的编程能力要求不高,集成的效果也是有限的。

2. 松散耦合

松散耦合是通过特殊的数据文件进行数据交换的,常用的数据文件为二进制文件。用户必须了解这些数据文件的结构和格式,而且数据模型之间的交叉索引非常重要。通过相对较小的编程能力,得到的结果比独立应用稍微好些。

3. 紧密耦合

在这种集成方式中,土壤侵蚀模型中的数据格式与 GIS 软件中的数据格式依然不同,但可以在没有人工干预的条件下,自动地进行双向数据存取。在这种集成中,需要更多的编程工作,且用户依然要对数据的集成负责。

4. 完全集成

在 GIS 与环境模型完全集成的系统中,GIS 模块与环境模型为同一综合系统的不同模块。数据的存取是基于相同的数据模型和共同的数据管理系统。子系统之间的相互作用非常简单有效。然而,这种集成方式的软件开发工作量很大且难度也非常大。采用共同的编程语言,集成系统可通过更多的 GIS 模块和外加的模型函数来拓展。

GIS 作为独立系统在土壤侵蚀分析研究中应用很成功(规划、管理水文模型的数据库),其与土壤侵蚀模型的耦合应用也很成功。由于 GIS 和专业模型通常都是复杂而又庞大的系统,集成难度很大,在实际应用中,应根据构成集成系统的 GIS 和模型结构的不同,同时考虑到人力、物力及时间等因素,选择不同的集成系统结构。

第二节　遥感技术基础

一、遥感基本概念

20 世纪 60 年代,美国地理学者首先提出了"遥感(Remote Sensing)"这个名词,随后便得到广泛使用。遥感是一门对地观测综合性技术。通常有广义和狭义的理解。

(一)广义的遥感

遥感一词来自英语 Remote Sensing,即"遥远的感知"。广义理解,泛指一切无接触的远距离探测,包括对电磁场、力场、机械波(声波、地震波)等的探测。即指不直接接触物体本身,从远处通过仪器(传感器)探测和接收来自目标物体的信息,经过信息传输、加工处理及分析解译,识别物体和现象的属性及其空间分布等特征与变化规律的理论和技术。实际工作中,重力、磁力、声波、地震波等的探测被划为物探(物理探测)的范畴。因而,只有电磁波探测属于遥感的范畴。

(二)狭义的遥感

狭义的遥感是指不与探测目标相接触,从空中和地面的不同工作平台上(如高塔、气球、飞机、火箭、人造地球卫星、宇宙飞船、航天飞机等)通过传感器,对地球表面地物的电磁波反射或发射信息进行探测,并经过分析,揭示出物体的特征性质及其变化的综合性探测技术。与广义遥感相比,狭义遥感概念强调对地物反射、发射和散射电磁波特性的记录、表达和应用。当前,遥感形成了一个从地面到空中乃至外层空间,从数据收集、信息处理到判读分析相应用的综合体系,能够对全球进行多层次、多视角、多领域的观测,成为获取地球资源与环境信息的重要手段。

遥感不同于遥测(Telemetry)和遥控(Remote Control)。遥测是指对被测物体某些运动参数和性质进行远距离测量的技术,分接触测量和非接触测量。遥控是指远距离控制目标物运动状态和过程的技术。遥感,特别是空间遥感过程的完成往往需要综合运用遥测和遥控技术。如卫星遥感,必须有对卫星运行参数的遥测和卫星工作状态的控制等。

大量的实践表明,人们发现地球上的每一种物质由于其化学成分、物质结构、表面特征等固有性质的不同都会选择性反射、发射、吸收、透射及折射电磁波。物体这种对电磁波的响应所固有的波长特性叫光谱特性(Spectral Characteristics)。一切物体,由于其种类及环境条件不同,因而具有反射和辐射不同波长电磁波的特性,这也是基于遥感探测目标物的原理。由于自然界的复杂性,实际工作中常会出现"同质异谱"和"异质同谱"的现象,给我们处理与分析遥感信息带来困难。

二、遥感类型

遥感的分类方法很多,主要有以下几种。

(一)按遥感平台分

地面遥感:传感器设置在地面平台上,如车载、船载、手提、固定或活动高架平台等;

航空遥感:传感器设置在航空器上,主要是飞机、气球等;

航天遥感:传感器设置在环地球的航天器上,如人造地球卫星、航天飞机、空间站等;

航宇遥感:传感器设置于星际飞船上,指对地月系统外的目标的探测。

(二)按工作波段分

紫外遥感:探测波段在 $0.05 \sim 0.38\ \mu m$;

可见光遥感:探测波段在 $0.38 \sim 0.76\ \mu m$;

红外遥感:探测波段在 $0.76 \sim 1\ 000\ \mu m$;

微波遥感:探测波段在 $1\ mm \sim 10\ m$;

多波段遥感:指探测波段在可见光波段和红外波段范围内,再分若干窄波段来探测目标。

(三)按工作方式分

主动遥感:指由探测器主动发射一定电磁波能量并接收目标的后向散射信号;

被动遥感:指传感器不向目标发射电磁被,仅被动接收目标物的自身发射和对自然辐射源的反射能量。

(四)按遥感资料的记录方式分

按遥感资料的记录方式可分为成像遥感和非成像遥感。成像遥感是将所探测到的强弱不同的地物电磁波辐射,转换成深浅不同的色调构成直观图像的遥感资料形式,如航空像片、卫星影像等。非成像遥感则是将探测到的电磁波辐射,转换成相应的模拟信号(如电压或电流传号)或数字化输出,或记录在磁带、磁盘等记录介质上而构成非成像方式的遥感资料。

(五)按应用领域分

从大的研究领域可分为外层空间遥感、大气层遥感、陆地遥感、海洋遥感等;从具体应用领域可分为资源遥感、环境遥感、农业遥感、林业遥感、渔业遥感、地质遥感、气象遥感、水文遥感、城市遥感、火害遥感、军事遥感等,还可以划分为更细的研究对象进行各种专题应用。

三、遥感技术系统

遥感技术系统是指一个从地面到空中直至外层空间,从信息收集、存储、传输处理到分析判读、应用,由遥感器、数据处理系统、数据、用户等构成的完整的技术体系。遥感技术系统能够实现对全球范围的多层次、多视角、多领域的立体探测,是获取地球信息的重要的现代高技术手段。因此,遥感系统通常包括被测目标的信息的获取、信息的传输与记录、信息的处理和应用五大部分(见图1-7)。

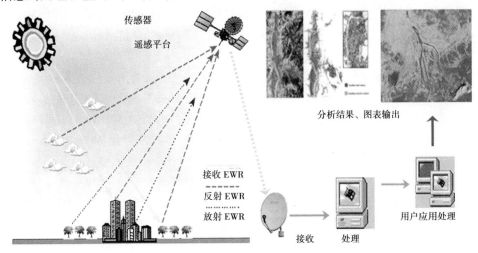

传感器
遥感平台

接收 EWR
反射 EWR
放射 EWR

接收　处理　用户应用处理

分析结果、图表输出

图 1-7　遥感系统的组成

(一)目标物的电磁波特性

任何目标物都具有发射、反射和吸收电磁波的性质,这是遥感的信息源。目标物与电磁波的相互作用,构成了目标物的电磁波特性,它是遥感探测的依据。

(二)信息的获取

信息获取是指接收、记录目标物电磁波特性的探测过程。信息获取所采用的仪器称为传感器或遥感器。如扫描仪、雷达、摄影机、摄像机、辐射计等。

(三)信息的接收

传感器接收到目标地物的电磁波信息,记录在数字磁介质或胶片上。胶片是由人或回收舱送至地面回收,而数字磁介质上记录的信息则可通过卫星上的微波天线传输给地面的卫星接收站。

(四)信息的处理

地面站接收到遥感卫星发送来的数字信息,记录在高密度的磁介质上(如高密度磁带 HDDT 或光盘等),并进行一系列的处理,如信息恢复、辐射校正、卫星姿态校正、投影变换等,再转换为用户可使用的通用数据格式,或转换成模拟信号(记录在胶片上),才能被用户使用。地面站或用户还可根据需要进行精校正处理和专题信息处理、分类等。

(五)信息的应用

遥感获取信息的目的是应用。这项工作由各专业人员按不同的应用目的进行。在应用过程中,也需要大量的信息处理和分析,如不同遥感信息的融合及遥感与非遥感信息的复合等。

总之,遥感技术是一个综合性的系统,它涉及航空、航天、光电、物理、计算机和信息科学以及诸多的应用领域,它的发展与这些学科紧密相关。

四、土壤侵蚀中常用遥感卫星及数据

许多已经入轨地球观测卫星定期提供陆面遥感数据。对于土壤侵蚀评估,这些卫星中许多都有提供有用信息的潜力。比较新的卫星如 SPOT-5、CBERS、ALOS 和 SMOS 都有潜在的重要意义。传感器可分为可见光传感器、红外传感器、热红外传感器和微波传感器等。

光学卫星遥感系统在侵蚀研究中最为常见。被这些传感器所覆盖的电磁波谱部分包括波长在 $0.4 \sim 1.3\ \mu m$ 的可见光和近红外(VNIR)、波长为 $1.3 \sim 3.0\ \mu m$ 的短波红外(SWIR)和波长在 $3.0 \sim 15.0\ \mu m$ 的热红外(TIR)。表 1-1 总结了在用的传感器特征。

目前,Landsat 系列卫星仍然是使用最广泛的卫星之一,部分原因是它具有当前可以利用卫星中最长时间序列的数据。Landsat 家族第一颗卫星装备了多光谱扫描仪(MSS),4 波段,80 m 空间分辨率。后期发射的 Landsat 系列卫星配备有专题制图仪(TM)和改进型专题制图仪(ETM),并且有更高的空间分辨率和更多的光谱波段。SPOT 系列卫星从 1986 年开始获取数据,携带高分辨率可见光扫描仪(HRV)。HRV 有 10 m 分辨率的全色模式和三波段 20 m 分辨率的多光谱模式。SPOT-4 的高分辨率可见光 – 红外扫描仪(HRVIR)增加了一个短波红外波段(SWIR)。印度遥感卫星(IRS)的 1A 和 1B 都用两个传感器,即 LISS-1 和 LISS-2(线性成像和自扫描传感器),两者的区别在于后者拥有前者 2 倍高的空间分辨率。随后的 IRS 1C 和 1D 搭载有相同的有效载荷 LISS-3,该传感器具有 5.8 m 分辨率的全色相机和 23.5 m 分辨率的多光谱传感器。ASTER(Advanced Space-borne Themal Emission and Reflection Radiometer)是 Terra 卫星所携带的传感器之一,具有 14 个光谱波段,其中几个波段都置于 SWIR 和 TIR 波谱区间范围内。其中一个近红外波段可以构成立体像对。IKONOS 和 QuickBird 都是高分辨率遥感卫星,在全色模式分别拥有 1 m 和 0.61 m 空间分辨率,在多光谱模式分别拥有 4 m、2.44 m 的空间分辨率。

AVHRR(Advanced Very High Resolution Radiometer)有 5 个波段、1.1 km 的空间分辨率并且搭载于多个平台,包括 TIROS-N(Television Infrared Observation System)和几个 NOAA 卫星(National Oceanic and Atmospheric Administration)。

表 1-1　应用于土壤侵蚀研究的光学卫星传感器

卫星	传感器	运行期	空间分辨率(m)	波段数	光谱域
Landsat-1,2,3	MSS	1972~1983	80	4	VNIR
Landsat-4,5	TM	1982~1999	30	6	VNIR
			120	1	SWIR
					TIR
Landsat-7	ETM	1999 年至现在	15	1	VNIR
			30	6	VNIR
					SWIR
			60	1	TIR
SPOT-1,2,3	HRV	1986 年至现在	10	1	VNIR
			20	3	VNIR
SPOT-4	HRVIR	1998 年至现在	10	1	VIS
			20	4	VNIR
					SWIR
SPOT-5	Panchromatic	2002 年至现在	2.5	1	VNIR
	Multispectral		10	4	VNIR
IRS-1A,1B	LISS－1	1988~1999	72.5	4	VNIR
	LISS－2		36.25	4	VNIR
IRS-1C,1D	PAN	1995 年至现在	5.8	1	VNIR
	ISS－3		23.5	3	VNIR
			70	1	SWIR
Terra	ASTER	1999 年至现在	15	3	VNIR
			30	6	SWIR
			90	5	TIR
NOAA/TIROS	AVHRR	1978 年至现在	1 100	5	VNIR
					SWIR
					TIR
IKONOS	Panchromatic	1999 年至现在	1	1	VNIR
	Multispectral		4	4	VNIR
QuickBird	Panchromatic	2001 年至现在	0.61	1	VNIR
	Multispectral		2.44	4	VNIR

　　最早应用的卫星成像雷达设备是 1978 年载于 SEASAT 上的合成孔径雷达 SAR,其 L

波段(波长23.5 cm)仅运转了105 d。只有5个SAR传感器被应用于侵蚀研究,分别是载于ERS-1、ERS-2,JERS-1,RADARSAT-1和ENVISAT卫星之上。1991年发射的ERS-1卫星搭载了工作于C波段(波长5.7 m)的主动微波设备(AMI)。AMI的SAR影像具有30 m空间分辨率。ERS-2搭载同样的设备,从1995年一直运行到现在。JERS-1(Japanese Earth Resources Satellite)搭载18 m空间分辨率的L波段的SAR(23.5 cm波长),记录从1992年到1998年的数据。RADARSAT-1从1995年开始获取C波段的SAR数据,并具有利用多种入射角(20°~49°)的可能和不同的空间分辨率(10~100 m)。载于ENVISAT的ASAR(Advanced SAR)于2002年发射,也具有利用多种入射角(15°~45°)的可能。除此之外,它的C波段SAR能传输和接收水平与垂直极化的雷达脉冲。ASAR依据使用模式的不同具有近似于30 m、150 m或1 km的空间分辨率。

此外,多个航天飞机已经搭载了地球观测设备。其中只有两个被用于侵蚀研究,分别为MOMS-2和SIR-C/X-SAR。MOMS-2(Modular Optoelectronic Multispectral Scanner)为光学传感器,始于1993年,在VNIR波谱范围内有四个多光谱波段,空间分辨率为13.5 m,还有一个4.5 m的空间分辨率的全色波段,两个全色立体像对波段,空间分辨率为13.5 m。SIR-C/X-SAR是一个组合设备,包含有SIR-C和X-SAR,于1994年飞行两次。SIR-C提供多极化L和C波段SAR影像,同时X-SAR提供X波段(3.1 cm波长)单一极化大约30 m分辨率的SAR影像。

五、遥感技术在土壤侵蚀中的应用

土壤侵蚀是世界范围内最重要的土地退化问题。它由气候特征、地形、土壤特性、植被和管理等因素所控制。土壤物质的分离是由雨滴的击溅作用和流水的冲刷引起的。被剥离的土壤颗粒通过地表径流(片流侵蚀或细沟间侵蚀)和沟道径流传输,当流速减缓时沉积。

遥感可以提供区域尺度具有规则重复观测能力的同质数据。传统上已经通过航空影像解译用于土壤侵蚀研究,但都是为了探测侵蚀特征和获得模型输入数据。过去的30年中,许多研究已经全面或部分地利用遥感卫星以多种方式进行侵蚀评估,包括侵蚀过程及相关的面蚀与沟蚀。除了普通传感器外,一些重要的传感器如激光雷达、高光谱遥感等也被应用。研究内容涉及侵蚀探测、侵蚀控制因子的评估、综合侵蚀制图等多方面。

侵蚀探测包括对侵蚀特征、侵蚀区域以及侵蚀结果的探测。侵蚀特征制图是航空摄影的重要应用,随着高分辨率卫星影像可获得性的增强,探测和检测单个小尺度特征的选择在增多。相对而言,遥感已经被有效地应用于探测侵蚀区域、侵蚀强度及其变化。反射光谱值和表面状态的变化可以为侵蚀探测提供直接的信息。侵蚀是传输土壤颗粒的过程,对下游地区带来负面影响。因此,大量应用遥感估算侵蚀结果的研究多集中在水库和湖泊,这些地方受到重大经济和生态影响。探测内容包括沉积量、水质以及悬浮物浓度。

大多数的土壤侵蚀的遥感研究集中在对侵蚀控制因子的评估上,特别是对较小范围的地形和管理,土壤和植被特性常利用卫星数据确定。传统方法中,常从地形图的等高线上获取DEM,而遥感可以利用立体像对(如SPOT和ASTER)或SAR影像提取DEM。当前的土壤侵蚀研究中多从DEM中提取坡度、坡长因子进行研究。土壤抗侵蚀能力是许多土壤特性的函数,如纹理、结构、土壤湿度、粗糙度和有机质含量。土壤对侵蚀的敏感度通常被认为是土壤可蚀性。土壤分类通常被用于计算可蚀性的空间差异。在重要的因素基础之上土壤可以进行分类,包括土壤特性、气候、植被、地形和岩性。这些因子可以用卫星遥感进行制图。特别是光学遥感影像已经用于土壤制图,主要通过对土壤模式的目视描绘。另外,土壤特性如表面粗糙度、土壤湿度、纹理等可以用 SAR 进行评估。侵蚀过程中,植被覆盖提供了对土壤的保护。为了解决侵蚀评估中植被因子,一个覆盖与管理因子(C 因子)经常被用到。在世界上的许多区域,植被覆盖显示了高度的动态特性。长期的动力学特性和土地利用转化或渐进的资源损耗有关。短期的动力学特性有降雨特征和人类活动如作物收获或燃烧。许多土壤侵蚀卫星遥感研究集中在植被覆盖估算上。这些研究需要解决时间上的变化,因此影像的时间选择非常重要。依据研究的目的,有时仅需要对一个单时相进行评估。然而,特别对于物理模型需要卫星影像和降雨周期以及农作物生长的精确匹配,要求一个时间序列的遥感影像来解决季相变化。特别是在农作区,保护措施可以减少土壤流失。这些措施的效果常用 P 因子来分析,P 值通常被指派给由遥感影像分类所得到的土地利用类型。航空影像的解译可以探测许多保护措施,然而,利用遥感影像探测保护措施仍然很少。另外,SAR 数据也可以被用于估算耕作方式。

遥感数据通过直接侵蚀探测或侵蚀控制因子的使用辅助侵蚀制图。侵蚀制图是综合不同因子的一个框架。通过探测,某种影像特征可以存在多种解释,这就可以通过辅助数据加以说明。许多案例中,只有一个因子(如植被)用遥感影像估算,而其他因子则来源于辅助数据。特定综合方法的选择高度依赖于制图目标。虽然存在更多的定性方法,但综合侵蚀控制因子的常用方式是使用侵蚀模型。为了评价地图产品的精度,需要独立数据的标定,可以从野外测量、调查和高分辨率的影像中得到。

除侵蚀测量和调查外,高分辨率遥感影像的解译也可以用于标定侵蚀图。

第三节　黄土高原土壤侵蚀研究进展

黄土高原是我国一种特殊的地质自然环境,其生态环境极为脆弱,人类活动频繁,产沙地层多样(如黄土、砒砂岩、风成沙等),侵蚀类型众多且相互耦合,流域系统能耗过程的非线性特征十分突出,侵蚀过程对地貌边界条件和动力条件的变化反应敏感。因此,黄土高原土壤侵蚀产沙极其复杂,对其进行治理难度也很大。可以说,黄土高原土壤侵蚀规律研究是当今世界环境研究中最为重大的科学问题之一,对该区的治理是水土保持生态建设中最具挑战性的问题。黄土高原地处黄河中游地区,其水土流失面积 45.4 万 km^2,占黄土高原面积的 70%,年均输沙量占黄河年均输沙量的 90% 以上,但年均输出的径流量仅占黄河年均径流量的 47% 左右,其中汛期产沙量占年产沙量的 90% 左右,并且主要集中在暴雨洪水期,往往 5~10 d 的输沙量即占年输沙量的 50%~90%,而汛期输出的径流量一般不到年输出径流量的 60%。黄河水沙异源、水沙搭配不合理,是造成黄河下游河道严重淤积、行洪能力不断减小、洪水成灾不断增大的重要原因。多沙粗沙区所产生的粒径大于 0.05 mm 的粗颗粒泥沙,有 50%~60% 淤积在黄河下游河道内,其中所淤粗颗粒泥沙又有 90% 淤积在河道主槽内。多沙粗沙区面积 7.86 万 km^2,占黄河中游面积的

23%，但年均输沙量却占整个中游地区年均输沙量的 70%，该区的侵蚀产沙对黄河下游河床演变的影响非常大。黄土高原的土壤侵蚀是造成黄河中下游诸多灾害的症结所在，而土壤侵蚀加剧是生态环境严重恶化的结果。因此，为实现黄土高原地区社会经济可持续发展，同时维持黄河健康生命，尽快遏制黄土高原严重的生态恶化，国内外针对黄土高原土壤侵蚀问题深入开展了大量综合治理研究。我国在中长期科技发展规划中，已将生态与环境问题的研究作为科技发展的重点领域之一；水利部制定的《水利科技发展规划（2001—2010）》，也将土壤侵蚀机制和产沙规律等重大科技问题的研究列入了优先领域。

一、研究现状

（一）黄土高原土壤侵蚀的营力机制研究

1. 内营力侵蚀

侵蚀是主要的地貌演化现象，受多种营力过程的控制和影响，内营力来自固体地球的内部，它的重要标志就是岩石圈的板块运动，结果形成全球性的构造应力场。维也纳技术大学研究表明，滑坡在某种程度上受构造应力场的控制与影响。这一结论得到众多研究成果的支持，塌地移动的优势方向与新构造应力的共轭剪切面走向一致；除构造应力外，自重应力是影响侵蚀作用的重要应力。重力侵蚀常常与水蚀作用互促互容，加剧了侵蚀危害。据研究，在自重应力和构造应力的共同参与下，应力（自重应力和构造应力的复合应力）容易在坡角处发生集中，说明自重应力的存在更是增强了构造应力场对斜坡稳定性的影响。正是由于内营力作用的系统性，才使本来是随机的外营力侵蚀作用表现出选择性。节理面和河流的走向，代表了新构造应力场最大剪切应力方向，而破裂了的岩土面又是易遭风化和侵蚀的软弱面。据艾南山等的研究，与最大主应力垂直的地段，应力集中程度要比其他地区高得多；而处于径向构造带上的黄河谷地大断裂，正好与近东西向的压应力垂直，所以该地区应力容易集中，岩石容易破碎，是侵蚀的脆弱地带。由此可见，构造应力和自重应力场不但对崩塌、滑坡和泻溜等重力侵蚀存在影响，而且对水力侵蚀、风力侵蚀、冰川侵蚀和冻融侵蚀等都有控制和影响。

2. 外营力侵蚀

外营力是侵蚀过程中最为活跃的营力过程。它的侵蚀作用明显，是侵蚀过程的直接参与者。地表物质的搬运转移过程，外营力是最明显的执行者和参与者；在崩塌、滑坡等现象中，外营力是积极的诱发因素。外营力包括水力、风力、冰川作用、冻融作用等。需要指出的是，外营力的侵蚀方向是随机的，而内营力则是系统的。由于系统的内营力的存在，并对侵蚀过程进行控制与影响，因而使随机的外营力侵蚀表现出一定的选择，使侵蚀的强度具有强烈的地域差异性。

3. 人类活动

人类活动对土壤侵蚀的影响包括沉积和输移两个方面。人类对土壤侵蚀主要是通过破坏植被和不合理的土壤移动（如采矿、修路等）来完成的；而土壤保持则主要通过合理的水土保持工作（如增加植被度、工程拦蓄等）来完成。野外试验表明，林地当年开垦后侵蚀量增加 2 900 ~ 25 000 倍，仅 7 ~ 9 月三个月侵蚀模数就可达 13 800 ~ 20 100 t/km^2，而林地只有 0.804 ~ 0.570 t/km^2。同样，合理的人工干预可有效控制和减缓土壤侵蚀，初步的治理措施试验研究表明,在浅沟底部种草后径流流速较裸地减少51.9%,减沙效益可达87.8%,调控发生浅沟的临界坡度、坡长和汇水面积,也能有效地削减水流能量对侵蚀的作用。人类活动是一种特殊的地质营力,它对侵蚀的影响已是举世关注的问题。

(二)土壤侵蚀影响因素研究

1. 降水

黄土高原丘陵沟壑区土壤侵蚀以水蚀为主,土壤侵蚀主要是伴随降雨径流,尤其是暴雨对土壤侵蚀影响最大。不仅产沙模数高,而且多为粗泥沙,是黄河流域泥沙主要来源区。

1)降雨量与土壤流失量的关系

据研究,黄土高原10～30 mm降雨的土壤流失次数最多,占整个土壤流失次数的55%;平均土壤流失量与降雨量大小呈正相关关系,极其严重的土壤流失现象一般都是由40～60 mm的暴雨所引起的;土壤流失量以20～50 mm降雨占的比值最大,流失量占土壤流失总量的48.7%。

2)降雨历时与土壤流失量的关系

降雨历时与土壤流失量也呈幂函数关系。从黄土高原土壤流失的实测结果来看,土壤流失次数主要集中在1～12 h的降雨中,其次数可占整个历时总次数的66.2%,其中1～2 h降雨产生的土壤流失次数最多,占28.4%;比较严重的土壤流失现象一般是由1～6 h的高强度降雨所引起的;1～4 h降雨产生的土壤流失量最多,可占整个历时总土壤流失量的64.4%,其中1～2 h降雨的土壤流失量可占总量的35.1%。

3)降雨强度与土壤流失量的关系

黄土高原土壤流失次数与降雨强度呈负相关关系,即降雨强度愈大,发生频率愈低,土壤流失的次数相应也愈少。降雨强度≤15 mm/h的降雨,土壤流失次数最多,占总次数的87.0%;平均土壤流失量与降雨强度大小变化呈正相关关系,严重的土壤流失现象主要由20 mm/h的降雨所引起;土壤流失总量主要是由20 mm/h以下降雨所引起的,可占总土壤流失量的73.6%,其中10～20 mm/h的降雨所引起的土壤流失量占总量的40.0%。

2. 地形

土壤侵蚀在很大程度上依赖于地形因素,包括坡度、坡长、坡形等,据研究,浅沟发育的数量和密度均与坡度、坡长呈正相关关系。沟谷密度和沟谷深度对侵蚀的影响主要表现在两个方面:一是提供临空面,沟谷密度愈大,地表与降雨、径流的冲刷力和侵蚀的面积就愈大;二是改变降雨径流的动能,沟谷密度、深度愈大,降雨径流的冲刷力和侵蚀力就愈大,并且易触发重力产沙。

坡度与土壤侵蚀方式也有密切关系,黄土高原丘陵沟壑区0°～5°坡面以面蚀为主,5°～15°坡面以细沟侵蚀为主,15°～25°坡面以浅沟侵蚀为主,25°～35°坡面以小切沟、切沟、冲沟侵蚀为主。而重力侵蚀主要集中于切沟、冲沟和干沟,其中崩塌多产生于55°以上陡坡。同样,坡长对坡面土壤侵蚀有着显著影响。在坡度相同时,随坡长增加,地表径流增强,土壤侵蚀量增大,坡长与土壤侵蚀也呈幂函数关系。坡度大时,侵蚀随坡长增大而增加,坡度和雨强都小时则相反。

3. 土壤

黄土高原土壤大部分(50%以上)颗粒组成是粉沙粒径,质地匀细,组织疏松,缺乏团粒结构,土粒间主要靠碳酸盐胶结,极易在水中崩解与分散,抗蚀力薄弱,易被冲刷。黄土高原沟壑区水蚀过程是由超渗产流所引起的,当降雨强度高于土壤入渗能力时,坡面开始产流。良好的植被不仅可提高土壤空隙度,而且可提高土壤团粒含量,使土壤的入渗强度增加,耐冲性也增大。耕作过程虽然增加了土壤的孔隙度,但同时破坏了土壤结构,减弱了土壤的耐冲性,成为暴雨侵蚀的祸根,土壤成分是影响土壤侵蚀的重要因素,特别是有机质对降低土壤可蚀性有重要作用。

4. 植被

在良好的自然植被下,由于表层枯落物和腐殖质的积累,土壤水稳性团聚体的形成和土壤孔隙度等土壤理化特性不断改善,这不仅保护了地面免受雨滴打击,而且提高了土壤入渗能力和抗冲刷能力。据测定,黄土高原林草地土壤表层 >0.25 mm 水稳性团聚体高达74.2%,是黄土母质14.79%的5.3倍, > 0.5 mm 团聚体则是黄土母质的40~50倍。林草植被下土壤容重仅为0.62~0.89 g/cm^3,非毛管孔度由母质层的2.6% 增加到表层的20.6%,林地和草地土壤表层的稳渗速率分别为12.5 mm/min 和10.45 mm/min,在前30 min,入渗率可达17.37 mm/min。林地表层的入渗速率是20~35 cm 土层的2.1倍,是100 cm 土层的14.4倍,基本上可容纳黄土高原强度大、历时短的暴雨,林草地在任何雨强或坡度下,拦蓄径流76%~90%,拦蓄泥沙98%以上。

(三)黄土高原侵蚀产沙的空间变化研究

水文统计表明,平均每年约16亿 t 泥沙输入黄河,其中90%的泥沙来自于黄土高原地区,因此可以说,黄土高原是黄河流域的主要产沙来源区。然而,侵蚀产沙的空间变化十分明显,一般地,从南到北侵蚀产沙量增加,在陕北及晋西北地区侵蚀产沙量超过10 000 m^3/km^2,这3.6 万 km^2 的面积约占整个高原总面积的11%,但每年产沙量3.73 亿t,约占黄河总输沙量的24.4%。在这个高产沙区的北部,侵蚀产沙量常超过1.5 万m^3/km^2,个别情况如窟野河支流,面积约1.35 万 km^2,据1956~1980 年的观测资料,其侵蚀模数超过39 000 m^3/km^2。地质和气候因素对观察到的分布类型起主导作用,另一重要因素是暴雨。

(四)黄土高原地区土壤侵蚀过程研究

黄土高原包括塬、梁、峁地形,然而,多数的塬已被蚕食,目前的景观以大量梁峁构成的丘陵沟壑地形为典型。在黄土丘陵沟壑区内,各种侵蚀十分活跃,由于坡度及坡面所在的位置不同,这些过程具有明显的垂直分带性,在顶部坡面,坡面由几度增加到35°,多为坡耕地,部分修为梯田。主要的侵蚀过程是溅蚀、面蚀、细沟侵蚀和浅沟侵蚀。其下部的坡段存在一明显的转折,坡度往往陡增到40°以上,主要的土地利用方式是牧羊的草坡。本区重力侵蚀和沟道侵蚀是最主要的侵蚀过程。除地表侵蚀外,洞穴侵蚀比较发育。在谷坡的底部,坡度平缓,是坡面径流和泥沙流向沟口的通道。

1. 溅蚀、面蚀和细沟侵蚀

黄土高原的年降水量并不多,但多半强度大。在大暴雨期间,当雨强超过表土的入渗率时,则产生地表径流,由于这些薄层水流能量非常有限,主要消耗于搬运降雨溅蚀物质,但坡面侵蚀有时也能产生含沙量达 600 g/L 的高含沙水流。近年来一些研究表明,在黄土高原地区高含沙水流的发生对于泥沙搬运的高效率是十分关键的,但关于坡面高含沙水流产生和搬运泥沙的机制目前还知之甚少。在区域性尺度上,土壤侵蚀空间变化与黄土松散堆积物特征密切相关,然而,就某一地区而论,土壤母质的变化毕竟有限,由溅蚀造成的分散率在很大程度上受制于地形、土地利用条件及耕作措施等。

黄土表层易形成结皮,但对结皮过程的调查也仅仅起步于近几年。通过对耕地上采集的结皮中的化学及矿物形成分析,结果表明,尽管其 $CaCO_3$ 含量高,但黄土高原表生结皮实质上是一种机械过程。根据野外收集到的资料分析,降雨动能的增加会形成更硬的表土结皮,这可被解释为表土结皮的程度更深。对于前期结皮条件影响的范围和程度尚需做进一步的工作,在一场暴雨过程中,结皮的形成和破坏也要受降雨强度变化的影响。

在径流集中的地方,当水流超过其水文或水力临界值时,在初始阶段,坡面上往往会切成一条深度不超过 1~2 cm 的小沟,这就是细沟侵蚀的开始。在陕北子洲径流试验站,1963~1967 年对 60 m 长、22°坡小区的观测结果表明,每年有 45%~60% 的产流暴雨产生细沟,这些细沟侵蚀产沙占整个小区产沙的 68%~91%。

2. 重力侵蚀

黄土高原重力侵蚀在很大程度上是受重力控制谷坡后退的过程,根据这些过程的传统分类,黄土中主要的重力侵蚀方式是崩塌、滑塌和滑坡。此外,在三趾马红土中,泻溜侵蚀也是最为活跃的一种重力侵蚀方式。野外调查表明,泻溜侵蚀的最频发生季节是春季,说明冻融作用导致黏土物质干裂是红土颗粒不稳定的重要原因,因此泻溜的机制则是干湿变化和崩落这两者的结合。

3. 洞穴侵蚀

在黄土高原,洞穴侵蚀在离石、绥德、西峰及秦安等地区广为分布,这表明洞穴侵蚀分布在黄土和黏黄土带内,而在沙黄土覆盖地区,尽管尚未作详细的调查,但看来洞穴侵蚀并不发育。因为洞穴侵蚀一般是一陡的水力梯度引起入渗水流相对集中而发展的,因此洞穴往往位于源边、沟边、梯田埂旁、沟头部位。在王家沟,发现许多洞穴进口分布在上部坡面上,尤其是侧向水流相对集中的地区,洞穴出口则一般位于局部隔水层上,比如位于地面之下的第一层古土壤面之上、马兰黄土与离石黄土、离石黄土与三趾马红土交界处。

(五)养分流失过程研究

正像在世界其他地区观测到的一样,黄土高原养分流失与土壤侵蚀是密切相关的,结果,在许多农耕地上,无论是全氮含量还是有效氮含量,仍然维持在原状黄土的水平上,而无任何累积效应。在野外试验条件下,侵蚀最弱的地区,养分富集尤其是农家肥的加入将大大改善土壤条件。为了有效地制定黄土高原水土保持战略方针,显然迫切需要定量确定养分流失量、养分来源及迁移机制。从地区分布来看,因受制于土壤中细颗粒物质含量比例,黄土高原养分含量一般从东南的 1 575 kg/hm^2 减少到西北的 937.5 kg/hm^2。养分流失率在区域上基本也和土壤流失率相吻合,从晋西的 37.5 kg/hm^2 减少到汾渭谷地的不到 3.75 kg/hm^2,在高原的北部边缘,沙漠化严重,养分含量仅为 292.5 kg/hm^2,而风蚀引起的养分流失率却很高。

(六)水土保持和土地管理

多年来,在黄土高原水土保持方面做了大量的研究。在早期阶段,对工程措施和生物措施究竟哪个更有效尚存在相当大的分歧。最近,人们已认识到,为了成功地保持水土,应根据实际条件,把工程措施和生物措施有机地结合起来。然而,最根本的问题仍然是这些治理措施是否适应于不同的下垫面条件,这需要根据反复试验得到的资料来定。而这方面还做得远远不够。因此,有关这些治理措施对侵蚀过程控制的有效性究竟有多大,目前仍知之甚少。同时也考虑人类活动引起的加速侵蚀对土壤侵蚀的影响。目前对于人类活动诸如植被破坏究竟增加多少土壤侵蚀量尚无定论,因此到底将侵蚀控制在什么水平上也有争论,显然,利用已有资料还很难回答这一问题,因大多数报道仅是关于增加植被和打坝之后控制侵蚀的成功例子,但实际上各种治理措施的影响尚很少进行定量观测。

二、研究成果

随着黄河治理事业的发展,黄土高原土壤侵蚀研究取得了很大进展。据不完全统计,20世纪90年代初期,黄河流域已设立30多个水土保持科学试验站(所),试验研究人员逾千人,开展了系统的观测试验与研究工作,取得多项成果,主要有以下几方面:

(1)经过多年研究,摸清了黄河下游河道淤积的泥沙主要来自黄河中游河龙区间的多沙粗沙区。这一重大发现,为明确黄河流域水土保持集中治理的区域提供了科学依据。

(2)划分了黄河中游土壤侵蚀类型区及侵蚀强度区。

(3)探索黄土丘陵沟壑区产沙特点和输沙规律,认识到黄土丘陵沟壑区第一副区中小流域长时段的泥沙输移比接近于1.0;沟道输沙与流量具有密切的指数相关关系;坡面、沟道的侵蚀产沙具有非线性的叠加效应等。此外,对黄土坡面土壤侵蚀过程及不同侵蚀带的产沙关系也取得了一定的认识。

(4)系统研究了黄土高原降雨与产沙的关系,提出了侵蚀性降雨的临界参数,包括雨型、雨强、历时等;给出了符合黄土高原地区的降雨侵蚀力指标及其计算方法。同时,系统地研究了坡面流的水力学特性及侵蚀作用,发现坡面流同样存在三种流态,但其过渡区的阻力机制已不同于一般的明渠水流,提出了坡面流阻力计算方法、坡面流侵蚀临界水力学指标及坡面流侵蚀动力机制等。

(5)研究了黄土坡面水力侵蚀发展过程及其机制,包括雨滴溅蚀、细沟侵蚀和片状侵蚀等不同水力侵蚀形态。

(6)探索了农林牧相结合的综合治理的理论与技术,在黄土高原土地承载能力、粮食生产潜力、旱地农业技术及水土保持与农业发展协调的战略问题等方面都取得了不少研究成果。尤其是依据黄土高原水土流失特点及农业持续发展的战略需求,提出了黄土高原综合整治的"28字方略"。

(7)提出了黄土高原淤地坝坝系"相对稳定"的概念,初步开展了坝系相对稳定的基本理论研究,并对淤地坝坝系的设计理论与方法进行了多方面的研究。

(8)自1980年以来,分三期设立了上百条治理试点小流域,系统研究了淤地坝、梯田、人工造林等措施的减沙作用,认识到坝库控制和大面积的水土保持措施的实施可以在较大支流取得明显的减沙效果。

（9）创建了以植物"柔性坝"作为治理黄土高原砒砂岩地区水土流失的新措施。

（10）探索出开展水土保持须以小流域为单元进行综合治理,初步研究了黄河中游小流域的综合治理模式。

（11）认识到了河道系统的演化过程与水土保持治理措施配置有关。

（12）实施了植物自然修复工程建设及效果观测研究,取得了显著成效。

（13）系统研究了黄土高原水土保持治理减水减沙作用及其计算的理论与方法,对生态建设或生态修复过程中的水文效应进行了系统研究。

（14）建立了黄土高原不同类型区小流域土壤侵蚀预测预报模型和黄河流域空间本底数据库及黄河流域水土保持信息管理系统。随着"3S"技术的发展,分布式土壤侵蚀评价预测模型已成为当前新的研究课题。

（15）已成功地将放射性元素示踪技术、遥感技术及人工模拟降雨试验等技术应用于土壤侵蚀研究中。

第二章　空间数据表达与获取

现实地理环境是复杂多样并在不断变化的。要正确地认识、掌握与应用这种广泛、复杂且多变的地理环境信息，需要进行去粗取精、去伪存真的加工，这就要求对地理环境进行科学的认识。

第一节　地理空间信息描述法

一、空间模型描述

为了深入研究地理空间，有必要建立地球表面的几何模型。根据大地测量学的研究成果，地球表面几何模型可以分为四类，分述如下。

第一类是地球的自然表面，它是一个起伏不平，十分不规则的表面，包括海洋底部、高山高原在内的固体地球表面。固体地球表面的形态，是多种成分的内、外地貌营力在漫长的地质时代里综合作用的结果，非常复杂，难以用一个简洁的数学表达式描述出来，所以不适合于数字建模；它在诸如长度、面积、体积等几何测量中都面临着十分复杂的困难。

第二类是相对抽象的面，即大地水准面。地球表面的 72% 被流体状态的海水所覆盖，因此可以假设当海水处于完全静止的平衡状态时，从海平面延伸到所有大陆下部，而与地球重力方向处处正交的一个连续、闭合的水准面，这就是大地水准面。以大地水准面为基准，可以方便地用水准仪完成地球自然表面上任意一点高程的测量。尽管大地水准面比起实际的固体地球表面要平滑得多，但实际上，由于海水温度的变化，盛行风的存在，可以导致海平面高达百米以上的起伏变化。

第三类是模型，就是以大地水准面为基准建立起来的地球椭球体模型。大地水准面虽然十分复杂，但从整体来看，起伏是微小的，很接近于绕自转轴旋转的椭球体。所以，在测量和制图中就用旋转椭球来代替大地球体。这个旋转椭球体通常称地球椭球体。地球椭球体表面是一个规则的数学表面。椭球体的大小通常用两个半径——长半径 a 和短半径 b，或由一个半径和扁率 α 来决定。扁率表示椭球的扁平程度。扁率 α 的计算公式如下：

$$\alpha = (a - b)/b \tag{2-1}$$

式中，a、b、α 称为地球椭球体的基本元素。

对于旋转椭球体的描述，由于计算年代不同，所用方法不同，以及测定地区不同，其描述方法变化多样。美国环境系统研究所（ESRI）的 ARC/INFO 软件中提供了多达 30 种旋转椭球体模型。我国目前一般采用克拉索夫斯基椭球体作为地球表面几何模型。

实际的固体地球表面、大地水准面和椭球体模型之间的关系如图 2-1 所示。

第四类是数学模型，是在解决其他一些大地测量学问题时提出来的，如类地形面

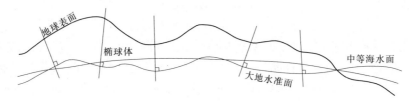

图 2-1　地球表面、大地水准面和地球椭球体之间的关系

（Telluriod）、准大地水准面、静态水平衡椭球体等。

二、地理空间坐标系的建立

建立地理空间坐标系,主要的目的是确定地面点的位置,也就是求出地面点对大地水准面的关系,它包括地面点在大地水准面上的平面位置和地面点到大地水准面的高度。确定地面点的位置,最直截了当的方法就是用地理坐标(纬度、经度)来表示。

地理坐标系是以地理极(北极、南极)为极点。地理极是地轴(地球椭球体的旋转轴)与椭球面的交点,如图 2-2 所示,N 为北极,S 为南极。所有含有地轴的平面,均称为子午面。子午面与地球椭球体的交线,称为子午线或经线。经线是长半径为 a、短半径为 b 的椭圆。所有垂直于地轴的平面与椭球体面的交线,称为纬线。纬线是不同半径的圆。赤道是其中半径最大的纬线。

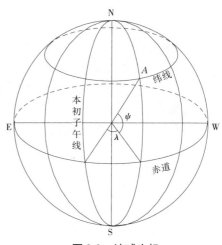

图 2-2　地球坐标

设椭球面上有一点 A(见图 2-2),通过 A 点作椭球面的垂线,称之为过 A 点的法线。法线与赤道面的交角,叫做 A 点的纬度,通常以字母 ψ 表示。纬度从赤道起算,在赤道上纬度为 $0°$。过 A 点的子午面与通过英国格林尼治天文台的子午面所夹的二面角,叫做 A 点的经度,通常以字母 λ 表示。国际规定通过英国格林尼治天文台的子午线为本初子午线(或叫首子午线),作为计算经度的起点。

根据地理坐标系,地面上任一点的位置可由该点的纬度和经度来确定。但地理坐标是一种球面坐标,难以进行距离、方向、面积等参数的计算。为此,最好把地面上的点表示在平面上,采用平面坐标系(笛卡儿平面直角坐标)。所以,要用平面坐标表示地面上任何一点的位置,首先要把曲面展开为平面,但由于地球表面是不可展开的曲面,也就是说,曲面上的各点不能直接表示在平面上,因此必须运用地图投影的方法,建立地球表面和平面上点的函数关系,使地球表面上任一个由地理坐标(ψ、λ)确定的点,在平面上必有一个与它相对应的点。

暂且不考虑地形起伏等因素,则纬度 ψ、经度 λ、地球旋转椭球体参量 a 和 b 与平面直角坐标 x、y 之间的变换关系如下:

$$\left.\begin{array}{l} x = a\cos\psi\cos\lambda \\ y = b\cos\psi\sin\lambda \end{array}\right\} \qquad (2\text{-}2)$$

地图投影变换引起了地理空间要素在平面形态上的变化,包括长度变化、方向变化和面积变化。但是,平面直角坐标系(x,y)却建立了对地理空间良好的视觉感,并易于进行距离、方向、面积等空间参数的量算,以及进一步的空间数据处理和分析。

地理信息系统中的地理空间,通常就是指经过投影变换后放在笛卡儿坐标系中的地球表层特征空间,它的理论基础在于旋转椭球体和地图投影变换。

长期以来,人们主要考虑了二维地理空间的理论问题,至于三维地理信息系统中所涉及的地理空间,则是在上述笛卡儿平面直角坐标系上加上第三维z,并假设该笛卡儿平面是处处切过地球旋转椭球体的,这样z就代表了地面相对于该旋转椭球体表面的高程。当我们所研究的区域较小、地球曲率可以忽略不计时,这些假设可以提供良好的近似。

三、地图对地理空间的描述

地图是现实世界的模型,它按照一定的比例、一定的投影原则有选择地将复杂的三维现实世界的某些内容投影到二维平面媒介上,并用符号将这些内容要素表现出来。地图上各种内容要素之间的关系,是按照地图投影建立的数学规则,使地表各点和地图平面上的相应各点保持一定的函数关系,从而在地图上准确地表达地表空间各要素的关系和分布规律,反映它们之间的方向、距离和面积。

在地图学上,把地理空间的实体分为点、线、面三种要素,分别用点状、线状、面状符号来表示。具体分述如下。

(一)点状要素

地面上真正的点状事物很少,一般都占有一定的面积,只是大小不同。这里所谓的点状要素,是指那些占面积较小,不能按比例尺表示,又要定位的事物。因此,面状事物和点状事物的界限并不严格。如居民点,在大、中比例尺地图上被表示为面状地物,在小比例尺地图上则被表示为点状地物。

对点状要素的质量和数量特征,用点状符号表示。通常以点状符号的形状和颜色表示质量特征,以符号的尺寸表示数量特征,将点状符号定位于事物所在的相应位置上。图2-3为几种点状符号举例。

图2-3 几种点状符号

(二)线状要素

对于地面上呈线状或带状的事物如交通线、河流、境界线、构造线等,在地图上,均用线状符号来表示。当然,对于线状和面状实体的区分,也和地图的比例尺有很大的关系。如河流,在小比例尺的地图上,被表示成线状地物,而在大比例尺的地图上,则被表示成面状地物。通常用线状符号的形状和颜色表示质量的差别,用线状符号的尺寸变化(线宽的变化)表示数量特征。图2-4是几种线状符号。

(三)面状要素

面状分布的地理事物很多,其分布状况并不一样,有连续分布的,如气温、土壤等,有不连续分布的,如森林、油田、农作物等;它们所具有的特征也不尽相同,有的是性质上的差别,如不同类型的土壤,有的是数量上的差异,如气温的高低等。因此,表示它们的方法也不相同。

对于不连续分布或连续分布的面状事物的分布范围和质量特征,一般可以用面状符号表示。符号的轮廓线表示其分布位置和范围,轮廓线内的颜色、网纹或说明符号表示其质量特征。具体

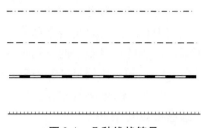

图 2-4　几种线状符号

方法有范围法、质底法。例如土地利用图中,描述的是一种连续分布的面状事物,在地图上通常用地类界与底色、说明符号以及注记等配合表示地表的土地利用情况(见图 2-5)。

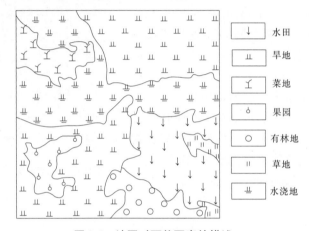

↓	水田
⊥	旱地
⊥	菜地
♂	果园
○	有林地
‖	草地
⊥	水浇地

图 2-5　地图对面状要素的描述

但对于连续分布的面状事物的数量特征及变化趋势,常常可以用一组线状符号——等值线表示,如等温线、等降水量线、等深线、等高线等,其中等高线是以后 GIS 建库中经常用到的一种数据表示方式。等值线的符号一般是细实线加数字注记。等值线的数值间隔一般是常数,这样,就可以根据等值线的疏密,判断制图对象的变化趋势或分布特征。等值线法适合于表示地面或空间呈连续分布且逐渐变化的地理事物。

通过地图符号形状、大小、颜色的变化及地图注记对这些符号的说明、解释不仅能表示实体的空间位置、形状、质量和数量特征,而且可以表示各实体之间的相互联系,如相邻、包含、连接等。

地图是地理实体的传统载体,具有存储、分析与显示地理信息的功能,因其直观、综合的特点,曾经有一段时期是地理实体的主要载体,但随着人们对地理信息需求量的增加及对其需求质量和速度的提高,再加之计算机技术的发展,使得用计算机管理空间信息,建立地理信息系统成为可能。

四、遥感影像对地理空间的描述

20 世纪 60 年代以来,遥感技术在国民经济的各个方面都有了广泛的应用,如检测地表资源、环境变化,或了解沙漠化、土壤侵蚀等缓慢变化,或监视森林火灾、洪水和天气迅速变化状况,或进行作物估产,其核心是为空间信息资料的获取提供方便,进而为利用空

间信息的各行各业服务。

因为卫星遥感可以覆盖全球每一个角落,对任何国家和地区都不存在由于自然或社会因素所造成的信息获取的空白地区,卫星遥感资料可以及时地提供广大地区的同一时相、同一波段、同一比例尺、同一精度的空间信息,航空遥感可以快速获取小范围地区的详细资料,也就是说,遥感技术在空间信息获取的现势性方面得到了很大的提高。

遥感影像对空间信息的描述主要是通过不同的颜色和灰度来表示的。这是因为地物的结构、成分、分布等的不同,其反射光谱特性和发射光谱特性也各不相同,传感器记录的各种地物在某一波段的电磁辐射反射能量也各不相同,反映在遥感影像上,则表现为不同的颜色和灰度信息。所以说,通过遥感影像可以获取大量的空间地物的特征信息。通过如图 2-6 所示的遥感图像,明显地可以获得这个区域的地貌特征和断裂带的信息(用地图的方式表示如图 2-7 所示)。

还要说明的是,利用遥感影像通常可以获得多层面的信息,对遥感信息的提取一般需要具有专业知识的人员通过遥感解译才能完成。

图 2-6　遥感影像对空间信息的描述

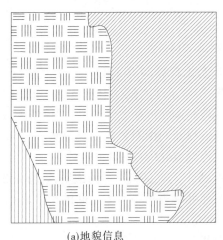

(a)地貌信息

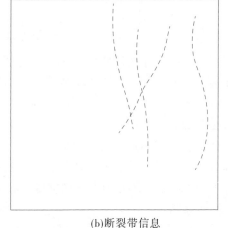

(b)断裂带信息

图 2-7　遥感影像表示的专题信息

第二节　空间数据的类型和关系

一、空间数据的基本特征

要完整地描述空间实体或现象的状态,一般需要同时有空间数据和属性数据。如果要描述空间实体的变化,则还需记录空间实体或现象在某一个时间的状态。所以,一般认为空间数据具有以下三个基本特征（见图2-8）：

（1）空间特征。表示现象的空间位置或现在所处的地理位置。空间特征又称为几何特征或定位特征，一般以坐标数据表示。

（2）属性特征。表示现象的特征，例如变量、分类、数量特征和名称等。

（3）时间特征。指现象或物体随时间的变化。

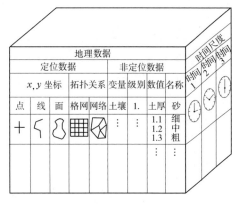

图2-8　空间数据的基本特征

位置数据和属性数据相对于时间来说，常常呈相互独立的变化，即在不同的时间，空间位置不变，但是属性类型可能已经发生变化，或者相反。因此，空间数据的管理是十分复杂的。

有效的空间数据管理要求位置数据和非位置数据互相作为单独的变量存放，并分别采用不同的软件来处理这两类数据。这种数据组织方法，对于随时间而变化的数据，具有更大的灵活性。

二、空间数据的类型

由前面的内容我们知道，表示地理现象的空间数据从几何上可以抽象为点、线、面三类，对点、线、面数据，按其表示内容又可以分为七种不同的类型（见图2-9），它们表示的内容如下：

（1）类型数据。例如考古地点、道路线和土壤类型的分布等。

（2）面域数据。例如随机多边形的中心点，行政区域界线和行政单元等。

（3）网络数据。例如道路交点、街道和街区等。

（4）样本数据。例如气象站、航线和野外样方的分布区等。

（5）曲面数据。例如高程点、等高线和等值区域。

（6）文本数据。例如地名、河流名称和区域名称。

（7）符号数据。例如点状符号、线状符号和面状符号等。

由此得出，对于点实体，它有可能是点状地物、面状地物的中心点、线状地物的交点、定位点、注记、点状符号等；对于线实体和面实体也可按照上面的七种类型得出其描述内容，这些内容是点、线、面三种实体编码的主要内容。

三、拓扑空间关系

拓扑关系在地图上是通过图形来识别和解释的，而在计算机中，则必须按照拓扑结构加以定义。

空间拓扑关系是描述任意两个点、线、面空间实体（点、线、多边形）邻接、关联和包含关系的方式。图2-10的拓扑关系如下。

邻接关系：空间图形中同类元素之间的拓扑关系。例如多边形之间的邻接关系，P_2

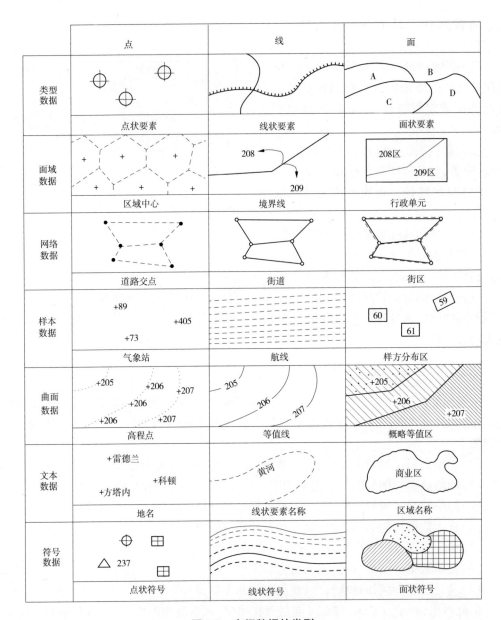

	点	线	面
类型数据	点状要素	线状要素	面状要素
面域数据	区域中心	境界线	行政单元
网络数据	道路交点	街道	街区
样本数据	气象站	航线	样方分布区
曲面数据	高程点	等值线	概略等值区
文本数据	地名	线状要素名称	区域名称
符号数据	点状符号	线状符号	面状符号

图 2-9　空间数据的类型

与 P_3, P_1 与 P_2；又如结点之间的邻接关系，A 与 D，C 与 D 等。

关联关系：空间图形中不同元素之间的拓扑关系。例如结点与弧段的关联关系，A 与 e、a、c；多边形与弧段的关联关系，P_2 与 e、c、f。

包含关系：空间图形中同类但不同级元素之间的拓扑关系。例如多边形 P_1 中包含有多边形 P_4。

点、线、面基本数据之间的关系，代表了空间实体之间的位置关系。分析点、线、面三种类型的数据，得出其可能存在的空间关系有以下几种：

（1）点—点关系。点和点之间的关系主要有两点（通过某条线）是否相连，两点之间的距离是多少,如城市中某两个点之间可否有通路,距离是多少。这是在实际生活中常见的点和点之间的空间关系问题。

（2）点—线关系。点和线的关系主要表现在点和线的关联关系上。如点是否位于线上,点和线之间的距离,等等。

（3）点—面关系。点和面的关系主要表现在空间包含关系上。如某个村子是否位于某个县内,或某个县共有多少个村子。

（4）线—线关系。线和线是否邻接、相交是线和线关系的主要表现形式。如河流和铁路的相交,两条公路是否通过某个点邻接?

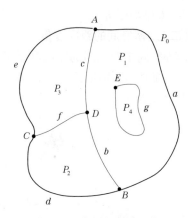

图 2-10　空间数据的拓扑关系

（5）线—面关系。线和面的关系表现为线是否通过面或和面关联或包含在面之内。

（6）面—面关系。面和面之间的关系主要表现为邻接和包含的关系。

空间数据的拓扑关系,对数据处理和空间分析具有重要的意义,具体表现在如下几方面:

（1）根据拓扑关系,不需要利用坐标或距离,可以确定一种空间实体相对于另一种空间实体的位置关系。拓扑关系能清楚地反映实体之间的逻辑结构关系,它比几何数据有更大的稳定性,不随地图投影而变化。

（2）利用拓扑关系有利于空间要素的查询,例如某条铁路通过哪些地区,某县与哪些县邻接。又如分析某河流能为哪些地区的居民提供水源,某湖泊周围的土地类型及对生物栖息环境作出评价等。

（3）可以根据拓扑关系重建地理实体。例如根据弧段构建多边形,实现道路的选取,进行最佳路径的选择等。

四、度量空间关系分析

基本空间对象度量关系包含点/点、点/线、点/面、线/线、线/面、面/面之间的距离。在基本目标之间关系的基础上,可构造出点群、线群、面群之间的度量关系。例如,在已知点/线拓扑关系与点/点度量关系的基础上,可求出点/点间的最短路径、最优路径、服务范围等;已知点、线、面度量关系,进行距离量算、邻近分析、聚类分析、缓冲区分析、泰森多边形分析等。

（一）空间指标量算

定量量测区域空间指标和区域地理景观间的空间关系是地理信息系统特有的能力。其中区域空间指标包括:

（1）几何指标:位置、长度（距离）、面积、体积、形状、方位等指标;

（2）自然地理参数:坡度、坡向、地表辐照度、地形起伏度、河网密度、切割程度、通达性等;

（3）人文地理指标:如集中指标、区位商、差异指数、地理关联系数、吸引范围、交通便利程度、人口密度等。

（二）地理空间的距离度量

地理空间中两点间的距离度量可以沿着实际的地球表面进行，也可以沿着地球椭球体的距离量算，具体地，距离可以表现为以下几种形式（以地球上两个城市之间的距离为例）（见图2-11）：

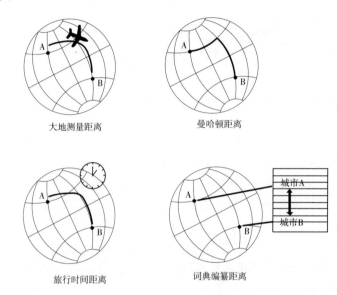

大地测量距离　　　　　　　　曼哈顿距离

旅行时间距离　　　　　　　　词典编纂距离

图2-11　地球上各种形式的距离

（1）大地测量距离：该距离即沿着地球大圆经过两个城市中心的距离。

（2）曼哈顿距离：纬度差加上经度差（名字"曼哈顿距离"是由于在曼哈顿，街道的格局可以被模拟成两个垂直方向的直线的一个集合）。

（3）旅行时间距离：从一个城市到另一个城市的最短的时间可以用一系列指定的航线来表示（假设每个城市至少有一个飞机场）。

（4）词典编纂距离：在一个固定的地名册中一系列城市中它们位置之间的绝对差值。

第三节　空间数据采集

一、属性数据的采集

属性数据即空间实体的特征数据，一般包括名称、等级、数量、代码等多种形式，属性数据的内容有时直接记录在栅格或矢量数据文件中，有时则单独输入数据库存储为属性文件，通过关键码与图形数据相联系。

对于要输入属性库的属性数据，通过键盘则可直接键入。

对于要直接记录到栅格或矢量数据文件中的属性数据，则必须先对其进行编码，将各种属性数据变为计算机可以接受的数字或字符形式，便于GIS存储管理。

下面主要从属性数据的编码原则、编码内容、编码方法方面作一说明。

（一）编码原则

属性数据编码一般要基于以下几个原则：

（1）编码的系统性和科学性。编码系统在逻辑上必须满足所涉及学科的科学分类方法，以体现该类属性本身的自然系统性。另外，还要能反映出同一类型中不同的级别特点。一个编码系统能否有效运作其核心问题就在于此。

（2）编码的一致性。一致性是指对象的专业名词、术语的定义等必须严格保证一致，对代码所定义的同一专业名词、术语必须是唯一的。

（3）编码的标准化和通用性。为满足未来有效的信息传输和交流，所制定的编码系统必须在有可能的条件下实现标准化。

我国目前正在研究编码的标准化问题，并对某些项目作了规定。如中华人民共和国行政区划代码使用国家颁布的 GB—2260—80 编码，其中有省（市、区）3 位、县（区）3 位，其余 3 位由用户自己定义，最多为 10 位。编码的标准化就是拟定统一的代码内容、码位长度、码位分配和码位格式为大家所采用。因此，编码的标准化为数据的通用性创造了条件。当然，编码标准化的实现将经历一个分步渐进的过程，并且只能是适度的，这是由地理对象的复杂性和区域差异性所决定的。

（4）编码的简捷性。在满足国家标准的前提下，每一种编码应该是以最小的数据量载负最大的信息量，这样，既便于计算机存储和处理，又具有相当的可读性。

（5）编码的可扩展性。虽然代码的码位一般要求紧凑经济，减少冗余代码，但应考虑到实际使用时往往会出现新的类型需要加入到编码系统中，因此编码的设置应留有扩展的余地，避免新对象的出现而使原编码系统失效，造成编码错乱现象。

（二）编码内容

属性编码一般包括三个方面的内容：

（1）登记部分，用来标识属性数据的序号，可以是简单的连续编号，也可划分不同层次进行顺序编码；

（2）分类部分，用来标识属性的地理特征，可采用多位代码反映多种特征；

（3）控制部分，用来通过一定的查错算法，检查在编码、录入和传输中的错误，在属性数据量较大情况下具有重要意义。

（三）编码方法

编码的一般方法是：

（1）列出全部制图对象清单。

（2）制定对象分类、分级原则和指标，将制图对象进行分类、分级。

（3）拟定分类代码系统。

（4）设定代码及其格式，设定代码使用的字符和数字、码位长度、码位分配等。

（5）建立代码和编码对象的对照表。这是编码最终成果档案，是数据输入计算机进行编码的依据。

属性的科学分类体系无疑是 GIS 中属性编码的基础。目前，较为常用的编码方法有层次分类编码法与多源分类编码法两种基本类型。

1. 层次分类编码法

层次分类编码法是按照分类对象的从属和层次关系为排列顺序的一种编码方法,它的优点是能明确表示出分类对象的类别,代码结构有严格的隶属关系。图 2-12 以土地利用类型的编码为例,说明层次分类编码法所构成的编码体系。

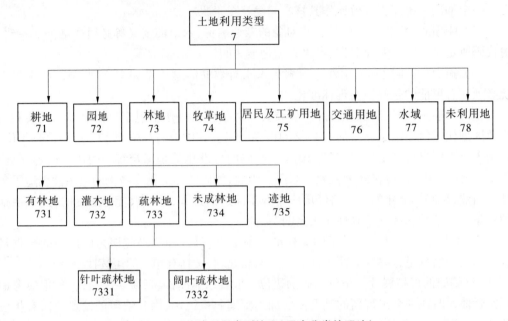

图 2-12　土地利用类型编码(层次分类编码法)

2. 多源分类编码法

多源分类编码法又称独立分类编码法,是指对于一个特定的分类目标,根据诸多不同的分类依据分别进行编码,各位数字代码之间并没有隶属关系。表 2-1 以河流为例说明了属性数据多源分类编码法的编码方法。

表 2-1　河流编码的标准分类方案和数码系统表

标志编号									分类
I	II	III	IV	V	VI	VII	VIII	IX	
1 2 3									平原河 过渡河 山地河
	1 2 3								常年河 时令河 消失河
		1 2							通航河 不通航河

标志编号									分类
I	II	III	IV	V	VI	VII	VIII	IX	
			1						树状河
			2						平行河
			3						筛状河
			4						辐射河
			5						扇形河
			6						迷宫河
				1					主(要河)流: 一级
				2					支　　流: 二级
				3					三级
				4					四级
				5					五级
				6					六级
				7					七级
					1				河长: 一组——1 km 以下
					2				二组——2 km 以下
					3				三组——5 km 以下
					4				四组——10 km 以下
					5				五组——10 km 以上
						1			河宽: 一组——5~10 m
						2			二组——10~20 m
						3			三组——20~30 m
						4			四组——30~60 m
						5			五组——60~120 m
						6			六组——120~300 m
						7			七组——300~500 m
						8			八组——500 m 以上
							1		河流间的最短距离50 m
							2		50~100 m
							3		100~200 m
							4		200~400 m
							5		400~500 m
							6		500~1 000 m
							7		1 000~2 000 m

弯曲度: 2.5 km 弯曲　　深度　　宽度

标志编号 IX			
1	>40	>50	>50
2	>40	>50	>75
3	>25	>50	>75
4	>25	>50	>100
5	<25	>75	>150

例如,表中 111114322 表示:平原河,常年河,通航,河床形状为树状,主流长 7 km,宽 25 m,河流弯曲,2.5 km 的弯曲平均数为 40,弯曲的平均深度为 50,弯曲的平均宽度 > 75 m。由此可见,该种编码方法一般具有较大的信息载量,有利于对空间信息的综合分析。

在实际工作中,也往往将以上两种编码方法结合使用,以达到更理想的效果。

二、图形数据的采集

图形数据的输入实际上就是图形的数字化过程。一般有手扶跟踪数字化仪输入、扫描仪输入两种方法。

(一)手扶跟踪数字化仪输入

1. 手扶跟踪数字化仪

手扶跟踪数字化仪,根据其采集数据的方式分为机械式、超声波式和全电子式三种,其中全电子式数字化仪精度最高,应用最广。按照其数字化版面的大小可分为 A0、A1、A2、A3、A4 等。

数字化仪由电磁感应板、游标和相应的电子电路组成,如图 2-13 所示。这种设备利用电磁感应原理:在电磁感应板的 x、y 方向上有许多平行的印制线,每隔 200 μm 一条。游标中装有一个线圈。当使用者在电磁感应板上移动游标到图件的指定位置,并将十字叉丝的交点对准数字化的点位,按动相应的按钮时,线圈中就会产生交流信号,十字叉丝的中心也便产生了一个电磁场,当游标在电磁感应板上运动时,板下的印制线上就会产生感应电流。印制板周围的多路开关等线路可以检测出最大信号的位置,即十字叉丝中心所在的位置,从而得到该点的坐标值。

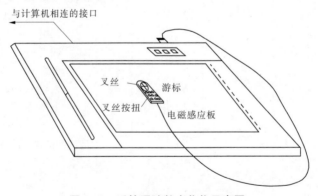

图 2-13　手扶跟踪数字化仪示意图

2. 数字化过程

把待数字化的图件固定在图形输入板上,首先用鼠标器输入图幅范围和至少 4 个控制点的坐标,随后即可输入图幅内各点、曲线的坐标。

通过数字化仪采集的数据数据量小,数据处理的软件也比较完备,但由于数字化的速度比较慢,工作量大,自动化程度低,数字化的精度与作业员的操作有很大关系,所以目前很多单位在大批量数字化时,已不再采用它。

(二)扫描仪输入

1. 扫描仪简介

扫描仪是直接把图形(如地形图)和图像(如遥感影像、照片)扫描输入到计算机中,以像素信息进行存储表示的设备。按其所支持的颜色分类,可分为单色扫描仪和彩色扫描仪;按所采用的固态器件又分为电荷耦合器件(CCD)扫描仪、MOS 电路扫描仪、紧贴型扫描仪等;按扫描宽度和操作方式分为大型扫描仪、台式扫描仪和手动式扫描仪。

CCD 扫描仪的工作原理是:用光源照射原稿,投射光线经过一组光学镜头射到 CCD 器件上,再经过模/数转换器、图像数据暂存器等,最终输入到计算机。CCD 感光元件阵列是逐行读取原稿的。为了使投射在原稿上的光线均匀分布,扫描仪中使用的是长条形光源。对于黑白扫描仪,用户可以选择黑白颜色所对应电压的中间值作为阈值,凡低于阈值的电压就为 0(黑色),反之为 1(白色)。而在灰度扫描仪中,每个像素有多个灰度层次。彩色扫描仪的工作原理与灰度扫描仪的工作原理相似,不同之处在于彩色扫描仪要提取原稿中的彩色信息。扫描仪的幅面有 A0、A1、A3、A4 等。扫描仪的分辨率是指在原稿的单位长度(英寸)上取样的点数,单位是 dpi(dot per inch),常用的分辨率有 300 ~ 1 600 dpi。扫描图像的分辨率越高,所需的存储空间就越大。现在多数扫描仪都提供了可选择分辨率的功能。对于复杂图像,可选用较高的分辨率;对于较简单的图像,就选择较低的分辨率。

2. 扫描过程

扫描时,必须先进行扫描参数的设置(具体扫描界面如图 2-14 所示),包括:

(1)扫描模式的设置(分二值、灰度、百万种色彩),对地形图的扫描一般采用二值扫描或灰度扫描,对彩色航片或卫片采用百万种彩色扫描,对黑白航片或卫片采用灰度扫描。

(2)扫描分辨率的设置,根据扫描要求,对地形图的扫描一般采用 300 dpi 或更高的分辨率。

(3)针对一些特殊的需要,还可以调整亮度、对比度、色调、GAMMA 曲线等。

(4)设定扫描范围。

扫描参数设置完后,即可通过扫描获得某个地区的栅格数据。

通过扫描获得的是栅格数据,数据量比较大。如一张地形图采用 300 dpi 灰度扫描,其数据量就有 20 M 左右。除此之外,扫描获得的数据还存在着噪声和中间色调像元的处理问题。噪声是指不属于地图内容的斑点污渍和其他模糊不清的东西形成的像元灰度值。噪声范围很广,没有简单有效的方法能加以完全消除,有的软件能去除一些小的脏点,但有些地图内容如小数点等和小的脏点很难区分。对于中间色调像元,则可以通过选择合适的阈值选用一些图像处理软件如 Photoshop 等来处理(见图 2-14)。

一般对获得的栅格数据还要进行一些后处理,如图像纠正、矢量化等。

扫描输入因其输入速度快、不受人为因素的影响、操作简单而越来越受到大家的欢迎,再加之计算机运算速度、存储容量的提高和矢量化软件的踊跃出现,使得扫描输入已成为图形数据输入的主要方法。

(三)数字化方式选择

扫描图像数据量的问题可通过数据压缩方式解决,但是,由于缺少属性数据,扫描图像很难直接编制专业图形。因此,20 世纪 90 年代以前,手工数字化方式占主流。随着屏幕式矢量化方式推广,扫描矢量化逐渐成了数据输入的主角(见表 2-2)。

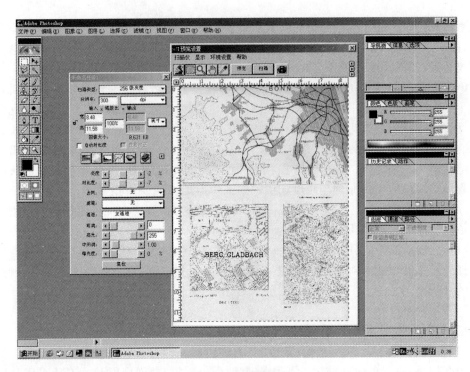

图 2-14　扫描界面

表 2-2　数字化方式比较

数字化方式	优势	劣势
手工数字化	数字化设备价格低廉； 技术含量低,培训简单； 对原始图件要求不高	速度慢、花费时间长； 机械重复劳动,单调乏味
扫描数字化	容易操作； 速度快,很快得到数字图像数据	数据量大,占空间资源多； 难与属性数据相连； 只能做背景数据； 对原始图件质量要求高； 输入设备价格高； 需要专业训练

(四)屏幕矢量化

屏幕矢量化是扫描数字化和手扶跟踪数字化技术相结合的矢量化技术,这种数字化技术目前被广泛采用。其实质是用计算机屏幕模拟数字化仪,以扫描的地图图像代替数字化仪的图形介质。由于采用数字图像和数字化软件功能增强,屏幕矢量化智能性、自动化和高度可视化特点,数字化效率高。

屏幕数字化的一般步骤如图 2-15 所示。

目前常用的地理信息系统软件都支持屏幕数字化方式,专业数字化软件功能更强,自动化程度更高。

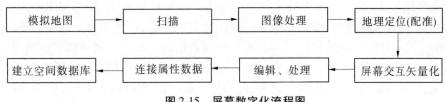

```
模拟地图 → 扫描 → 图像处理 → 地理定位(配准)
                                      ↓
建立空间数据库 ← 连接属性数据 ← 编辑、处理 ← 屏幕交互矢量化
```

图 2-15   屏幕数字化流程图

第四节   空间数据的编辑与处理

一、误差或错误的检查与编辑

通过矢量数字化或扫描数字化所获取的原始空间数据,都不可避免地存在着错误或误差,属性数据在建库输入时,也难免会存在错误,所以对图形数据和属性数据进行一定的检查、编辑是很有必要的。

图形数据和属性数据的误差主要包括以下几个方面:

(1)空间数据的不完整或重复:主要包括空间点、线、面数据的丢失或重复,区域中心点的遗漏,栅格数据矢量化时引起的断线等;

(2)空间数据位置的不准确:主要包括空间点位的不准确、线段过长或过短、线段的断裂、相邻多边形结点的不重合等;

(3)空间数据的比例尺不准确;

(4)空间数据的变形;

(5)空间属性和数据连接有误;

(6)属性数据不完整。

图 2-16 是几种数字化误差的示例。

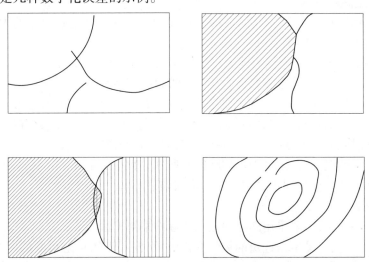

图 2-16   几种数字化误差示例

为发现并有效消除误差,一般采用如下方法进行检查:

（1）叠合比较法，是空间数据数字化正确与否的最佳检核方法，按与原图相同的比例尺把数字化的内容绘在透明材料上，然后与原图叠合在一起，在透光桌上仔细地观察和比较。一般地，对于空间数据的比例尺不准确和空间数据的变形马上就可以观察出来，对于空间数据的位置不完整和不准确则须用粗笔把遗漏、位置错误的地方明显地标注出来。如果数字化的范围比较大，分块数字化时，除检核一幅（块）图内的差错外，还应检核已存入计算机的其他图幅的接边情况。

（2）目视检查法，指在屏幕上用目视检查的方法，检查一些明显的数字化误差与错误，如图 2-16 所示，包括线段过长或过短、多边形的重叠和裂口、线段的断裂等。

（3）逻辑检查法，如根据数据拓扑一致性进行检验，将弧段连成多边形，进行数字化误差的检查。有许多软件已能自动进行多边形结点的自动平差。另外，对属性数据的检查一般也最先用这种方法，检查属性数据的值是否超过其取值范围。属性数据之间或属性数据与地理实体之间是否有荒谬的组合。

对于空间数据的不完整或位置的误差，主要是利用 GIS 的图形编辑功能，如删除（目标、属性、坐标）、修改（平移、拷贝、连接、分裂、合并、整饰）、插入等进行处理。

对空间数据比例尺的不准确和变形，可以通过比例变换和纠正来处理。

二、图像纠正

此处的图像主要指通过扫描得到的地形图和遥感影像。由于如下原因，使扫描得到的地形图数据和遥感数据存在变形，必须加以纠正：

（1）由于受地形图介质及存放条件等因素的影响，使地形图的实际尺寸发生变形。

（2）在扫描过程中，工作人员的操作会产生一定的误差，如扫描时地形图或遥感影像没被压紧、产生斜置或扫描参数的设置等因素都会使被扫入的地形图或遥感影像产生变形，直接影响扫描质量和精度。

（3）由于遥感影像本身就存在着几何变形。

（4）由于所需地图图幅的投影与资料的投影不同，或需将遥感影像的中心投影或多中心投影转换为正射投影等。

（5）由于扫描时，受扫描仪幅面大小的影响，有时需将一幅地形图或遥感影像分成几块扫描，这样会使地形图或遥感影像在拼接时难以保证精度。

对扫描得到的图像进行纠正，主要是建立要纠正的图像与标准的地形图或地形图的理论数值或纠正过的正射影像之间的变换关系，目前，主要的变换函数有仿射变换、双线性变换、平方变换、双平方变换、立方变换、四阶多项式变换等，具体采用哪一种，则要根据纠正图像的变形情况、所在区域的地理特征及所选点数来决定。

地形图和遥感影像的纠正过程及具体步骤如下。

（一）地形图的纠正

对地形图的纠正，一般采用四点纠正法或逐网格纠正法。

四点纠正法，一般是根据选定的数学变换函数，输入需纠正地形图的图幅行、列号和地形图的比例尺及图幅名称等，生成标准图廓，分别采集四个图廓控制点坐标来完成（见图 2-17）。

逐网格纠正法，是在四点纠正法不能满足精度要求的情况下采用的。这种方法和四

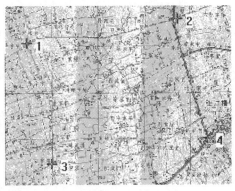

图 2-17 遥感影像纠正选点示例

点纠正法的不同点就在于采样点数目的不同,它是逐方里网进行的,也就是说,对每一个方里网,都要采点。

具体采点时,一般要先采源点(需纠正的地形图),后采目标点(标准图廓),先采图廓点和控制点,后采方里网点。

(二)遥感影像的纠正

遥感影像的纠正,一般选用和遥感影像比例尺相近的地形图或正射影像图作为变换标准,选用合适的变换函数,分别在要纠正的遥感影像和标准地形图或正射影像图上采集同名地物点。

具体采点时,要先采源点(影像),后采目标点(地形图)。选点时,要注意选点的均匀分布,点不能太多(见图 2-17)。如果在选点时没有注意点位的分布或点太多,这样不但不能保证精度,反而会使影像产生变形。另外,选点时点位应选由人工建筑构成的并且不会移动的地物点,如渠或道路交叉点、桥梁等,尽量不要选河床易变动的河流交叉点,以免点的移位影响配准精度。

三、数据格式的转换

数据格式的转换一般分为两大类,第一类是不同数据介质之间的转换,即将各种不同的源材料信息如地图、照片、各种文字及表格转为计算机可以兼容的格式,主要采用数字化、扫描、键盘输入等方式,这在本章第三节中已经说明;第二类是数据结构之间的转换,而数据结构之间的转换又包括同一数据结构不同组织形式间的转换和不同数据结构间的转换。

同一数据结构不同组织形式间的转换包括不同栅格记录形式之间的转换(如四叉树和游程编码之间的转换)和不同矢量结构之间的转换(如索引式和 DIME 之间的转换)。这两种转换方法要视具体的转换内容根据矢量和栅格数据编码的原理与方法来进行。

不同数据结构间的转换主要包括矢量到栅格数据的转换和栅格到矢量数据的转换两种。具体的转换方法在第四章中有详细说明。

四、地图投影转换

当系统使用的数据取自不同地图投影的图幅时,需要将一种投影的数字化数据转换为所需要投影的坐标数据。投影转换的方法可以采用以下几种:

（1）正解变换：通过建立一种投影变换为另一种投影的严密或近似的解析关系式，直接由一种投影的数字化坐标 x、y 变换到另一种投影的直角坐标 X、Y。

（2）反解变换：即由一种投影的坐标反解出地理坐标（x、$y \rightarrow B$、L），然后再将地理坐标代入另一种投影的坐标公式中（B、$L \rightarrow X$、Y），从而实现由一种投影的坐标到另一种投影坐标的变换（x、$y \rightarrow X$、Y）。

（3）数值变换：根据两种投影在变换区内的若干同名数字化点，采用插值法，或有限差分法、最小二乘法，或有限元法，或待定系数法等，从而实现由一种投影的坐标到另一种投影坐标的变换。

目前，大多数 GIS 软件是采用正解变换法来完成不同投影之间的转换，并直接在 GIS 软件中提供常见投影之间的转换。

五、图像解译

遥感影像的信息，要进入 GIS，很重要的一步就是图像解译：从图像中提取有用信息的过程。

对图像进行解译，是一项涉及诸多内容的复杂过程。这些内容包括：研究地理区域的一般知识；掌握影像分析的经验和技能；对影像特征的深入理解。有时，在图像解译之前，还会对其进行图像增强处理。

图像解译过程一般是建立在对图像及其解译区域进行系统研究的基础之上，具体包括图像的成像原理、图像的成像时间、图像的解译标志、成像地区的地理特征、地图、植被、气候学以及区域内有关人类活动的各种信息。

遥感图像的解译标志很多，包括图像的色调或色彩、大小、形状、纹理、阴影、位置及地物之间的相互关系等。色调被认为是最基本的因素，因为没有色调变化，物体就不能被识别。大小、形状和纹理较复杂，需要进行个体特征的分析和解译。而阴影、类型、位置和相互关系则最为复杂，涉及特征间的相关关系。

影像分析是一个不断重复的过程，其中要对各种地物类型的信息以及信息之间的相关关系进行周密调查，收集资料、检验假说、作出解译并不断修正错误，才能最终得出正确的结果。

遥感图像的解译有目视判读和计算机自动解译两种方法，其中，自动解译又可分为监督分类和非监督分类两种。

六、图幅拼接

在相邻图幅的边缘部分，由于原图本身的数字化误差，使得同一实体的线段或弧段的坐标数据不能相互衔接，或是由于坐标系统、编码方式等不统一，需进行图幅数据边缘匹配处理。

图幅的拼接总是在相邻两图幅之间进行的。要将相邻两图幅之间的数据集中起来，就要求相同实体的线段或弧的坐标数据相互衔接，也要求同一实体的属性码相同，因此必须进行图幅数据边缘匹配处理。具体步骤如下。

（一）逻辑一致性的处理

由于人工操作的失误，两个相邻图幅的空间数据库在接合处可能出现逻辑裂隙，如一个多边形在一幅图层中具有属性 A，而在另一幅图层中属性为 B。此时，必须使用交互编辑的方法，使两相邻图斑的属性相同，取得逻辑一致性。

（二）识别和检索相邻图幅

将待拼接的图幅数据按图幅进行编号，编号有两位，其中十位数指示图幅的横向顺序，个位数指示纵向顺序（见图 2-18），并记录图幅的长宽标准尺寸。因此，当进行横向图幅拼接时，总是将十位数编号相同的图幅数据收集在一起；进行纵向图幅拼接时，是将个位数编号相同的图幅数据收集在一起。其次，图幅数据的边缘匹配处理主要是针对跨越相邻图幅的

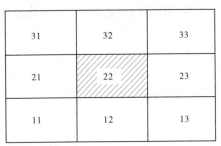

图 2-18　图幅编号及图幅边缘数据提取范围

线段或弧而成的，为了减少数据容量，提高处理速度，一般只提取图幅边界 2 cm 范围内的数据作为匹配和处理的目标。同时要求，图幅内空间实体的坐标数据已经进行过投影转换。

（三）相邻图幅边界点坐标数据的匹配

相邻图幅边界点坐标数据的匹配采用追踪拼接法。追踪拼接有四种情况（见图 2-19），只要符合下列条件，两条线段或弧段即可匹配衔接：相邻图幅边界两条线段或弧段的左右码各自相同或相反；相邻图幅同名边界点坐标在某一允许值范围内（如 ±0.5 mm）。

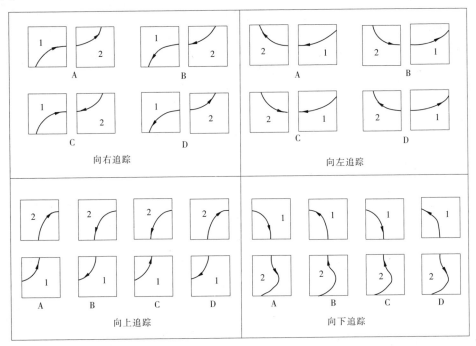

图 2-19　追踪拼接法

匹配衔接时是以一条弧或线段作为处理的单元，因此当边界点位于两个结点之间

时,须分别取出相关的两个结点,然后按照结点之间线段方向一致性的原则进行数据的记录和存储。

(四)相同属性多边形公共边界的删除

当图幅内图形数据完成拼接后,相邻图斑会有相同属性。此时,应将相同属性的两个或多个相邻图斑组合成一个图斑,即消除公共边界,并对共同属性进行合并。

多边形公共界线的删除,可以通过构成每一面域的线段坐标链,删去其中共同的线段,然后重新建立合并多边形的线段链表(见图2-20)。

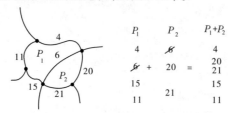

图2-20 多边形公共边界的自动删除

对于多边形的属性表,除多边形的面积和周长需重新计算外,其余属性保留其中之一图斑的属性即可。

第三章　空间数据管理与输出

第一节　空间数据结构

空间数据结构是适合计算机的空间数据的逻辑组织,是空间数据模型和空间数据文件的中介。数据模型和数据结构的区分不太明显。

有两种基本的空间数据结构:栅格结构和矢量结构。栅格数据结构广泛地应用于影像处理系统和栅格地理信息系统中。矢量数据结构主要应用于矢量地理信息系统和CAD系统中(见图3-1)。每一种基本数据结构都有几种不同的实现形式。许多地理信息系统软件都能使用栅格和矢量数据结构,也有它们的变化形式。选择哪种数据结构依赖于使用者的目的和使用方式。

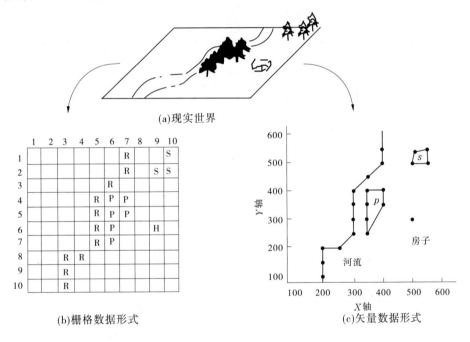

图 3-1　矢量结构和栅格结构

一、矢量数据结构

(一)矢量数据结构的概念

在矢量数据结构中,现实世界的要素位置和范围可以采用点、线或面表达,与它们在地图上表示相似,每一个实体的位置是用它们在坐标参考系统中的空间位置(坐标)定义。地图空间中的每一位置都有唯一的坐标值。点、线和多边形用于表达不规则的地理实体在现实世界的状态(多边形是由若干直线围成的封闭区域的边界)。一条线可能表达一条道路,一个多边形可能表达一块林地等。矢量模型中的空间实体与要表达的现实世界中的空间实体具有一定的对应关系。

(二)面条数据结构

面条数据结构是基于实体的结构。面条数据结构的编码方式见表 3-1 ~ 表 3-3。在面条数据结构中,空间数据和属性数据存储在一个文件中。点状数据结构最简单,表中的每一行代表一个实体,X、Y 是实体的位置,A_1,A_2,$\cdots$,A_n 为实体的属性。现状和面状数据可分为三部分:几何数据、属性数据和坐标数据。由于坐标数据不是固定的,所以这种数据结构存储比较困难,需要构造特殊的数据文件。通常将这三部分数据分成三个文件,用实体的识别码把它们连接起来。

表 3-1　面条数据结构数据点状实体编码

ID	X	Y	A_1	$\cdots$	A_n
1	x_1	y_1	a_{11}	$\cdots$	a_{1n}
2	x_2	y_2	a_{21}	$\cdots$	a_{2n}
$\cdots$	$\cdots$	$\cdots$	$\cdots$	$\cdots$	$\cdots$
m	x_m	y_m	a_{m1}	$\cdots$	a_{mn}

表 3-2　面条数据结构数据线状实体编码

ID	坐标点数	线型	颜色	A_1	$\cdots$	A_n	坐标串
1	4	5	6	a_{11}	$\cdots$	a_{1n}	$x_1\ y_1, x_2\ y_2, x_3\ y_3, x_4\ y_4$
2	5	9	12	a_{21}	$\cdots$	a_{2n}	$x_1\ y_1, x_2\ y_2, x_3\ y_3, x_4\ y_4, x_5\ y_5$
$\cdots$	$\cdots$	$\cdots$	$\cdots$				$\cdots$
m	6	8	22	$\cdots$			$x_1\ y_1, x_2\ y_2, x_3\ y_3, x_4\ y_4, x_5\ y_5, x_6\ y_6$

表 3-3　面条数据结构数据面状实体编码

ID	坐标点数	线型	颜色	填充模式	A_1	$\cdots$	A_n	坐标串
1	4	5	6	F_{11}	a_{11}	$\cdots$	a_{1n}	$x_1\ y_1, x_2\ y_2, x_3 y_3, x_1\ y_1$
2	5	9	12	F_{21}	a_{21}	$\cdots$	a_{2n}	$x_1\ y_1, x_2\ y_2, x_3\ y_3, x_4\ y_4, x_1 y_1$
$\cdots$	$\cdots$	$\cdots$	$\cdots$	$\cdots$	$\cdots$	$\cdots$	$\cdots$	
m	4	8	22	F_{m1}	$\cdots$	$\cdots$	a_{mn}	$x_1\ y_1, x_2\ y_2, x_3\ y_3, x_2\ y_2$

面条数据结构具有编码容易、数字化操作简单和数据编排直观等优点,比较适合于制图和简单的地理要素,比如等值线。但有两个较大的缺点:数据冗余、计算量大。

内部多边形的边界都要存储两次。一方面造成数据的冗余,另一方面也会使相邻多边形的边界不重合,产生歧义多边形。

由于缺少拓扑关系,对空间数据的查询、叠加等操作都要搜索大量的坐标,进行多次运算,计算时间较长。

(三)拓扑数据结构

1.拓扑数据结构

在拓扑数据结构中,点是相互独立的,它们互相连接构成线。线由一系列点相连而成,始于起始结点,止于终结点。链是一个或多个多边形上的一条线,又称为弧或边。结点是线或链相交或终止的点。一个多边形由一个外环和零个或多个内环组成,一个环由一条或多条链组成。简单多边形没有内环,复杂多边形则可以有一个或多个内环,这些内环称为"洞"或"岛"。

2.基本拓扑结构

目前,学术界提出了许多拓扑结构。尽管各个结构细节上有所不同,但它们都在定义一系列术语的基础上实现拓扑关系的构造。本书中的基本拓扑数据结构是由 Van Roessel(1987)提出的,作为矢量数据交换的中间结构。虽然它在操作使用时并不十分有效,但却清晰地描述了拓扑关系。以图3-2为例子来说明这一结构。

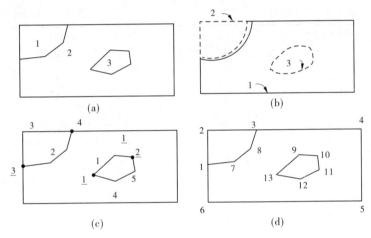

图 3-2　Van Roessel 拓扑结构空间组件

多边形的层号见图3-2(a)。每个多边形由一个外环和零或多个内环组成,在图3-2(a)、(b)中,多边形1是简单多边形,它以一个环2(外环)表示;多边形3是一个岛,它仅由环3(外环)表示。多边形通过多边形拓扑表(见表3-4)来定义。如果一个多边形有多个环,第一个环为外环,其他的都是内环。

表3-5把环与链相连(见图3-2(b)、(c))。环2由链2和链3组成,环1由链2和链4组成,环3由链1和链5组成。该表是环拓扑表。

表3-4　多边形拓扑表

多边形号	环号	环序列号
1	2	1
2	1	1
2	3	2
3	3	1

表3-5　环拓扑表

环号	链号	连序列号
2	3	1
2	2	2
1	2	1
1	4	2
3	1	1
3	5	2

表 3-6 把链和结点以及多边形连接了起来。链 1 始于结点 1,终止于结点 2,它的左、右多边形分边是多边形 2 和多边形 3。该表对于查找某一特定类型的多边形接触带非常适用,这时候就用不着再对所有的坐标进行查询。

表 3-7 和表 3-8 分别是结点和链与中间点坐标的联系。空间坐标放在一个单独的表中而与拓扑属性值分开(见表 3-9)。

表 3-6　链拓扑表

链号	开始结点	终止结点	左多边形	右多边形
1	1	2	2	3
2	3	4	1	2
3	4	3	0	1
4	4	3	0	2
5	1	2	3	2

表 3-7　结点与中间点表

链号	中间点号
1	13
2	1
3	1
4	3

表 3-8　链与中间点

链号	中间点号	中间点序列号
1	13	1
1	9	2
1	10	3
2	1	1
2	7	2
2	8	3
2	3	4
3	3	1
3	2	2
3	1	3
4	3	1
4	4	2
4	5	3
4	6	4
4	1	5
5	10	1
5	11	2
5	12	3
5	13	4

表 3-9　中间点坐标

链号	中间点号	中间点序列号
1	X_1	Y_1
2	X_2	Y_2
3	X_3	Y_3
4	X_4	Y_4
5	X_5	Y_5
…	…	…
13	X_{13}	Y_{13}

图 3-3 总括了所有的关系连接,如多边形与环、环与链、链与结点和多边形、链与中间点等。中间点与多边形或环并不直接相连,结点与环或多边形之间也没有直接相连,如有必要使它们之间建立联系,则可从其他表中推导出来。

与 Spaghetti 结构相比,Roessel 结构的优点是:①一个多边形和另一个多边形之间没有空间坐标的重复,这样就消除了重复线;②拓扑信息与空间坐标分别存储,这有利于诸如邻接、包含和关联等查询操作。

拓扑数据结构的不足在于:①拓扑表必须在一开始时就创建,这需要一定时间和存储空间;②一些简单的操作如图形显示比较慢,因为图形显示需要的是空间坐标而非拓扑结构。是否创建拓扑结构需要考虑数据是用于分析还是简单的显示。拓扑表的关系形式简

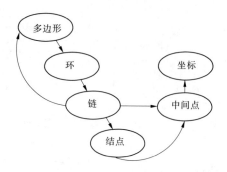

图 3-3 Van Roessel 拓扑表中的连接

洁明了。此外,编辑或插入线条也非常简单,因为坐标独立存储,免去了属性的重复。

3．其他可操作的拓扑数据结构

比较常用的可操作拓扑结构有:POLYVRT 结构(Peucker Chrisman, 1975),NCGIA 核心教程中讲到的对于面和网络联系的简单结构(Goodchild and Kemp, 1990),加拿大农业部于 20 世纪 70 年代开发的 CANSIS 结构,美国 1990 年为进行人口普查而开发的 TIGER 结构(Marx, 1986)等,这些结构之间基本相似。图 3-4 是这些拓扑数据结构的比较。

POLYVRT 结构使用多边形、链(弧段)、结点和点(矢量)。多边形拓扑关系是基于链建立的。POLYVRT 链拓扑包括结点(起、止)和多边形(左右)指针。坐标数据存储在矢量数据和结点数据表中。在链拓扑关系表中,有两列用于提取矢量数据:一是指针,二是坐标点数。POLYVRT 结构可同时应用于面域和网状地理实体。

NCGIA 核心教程结构中的拓扑信息极少。在面状关系里,弧段(链)拓扑包括多边形信息(左右),弧段几何表存储坐标数据;在网络关系中,弧段拓扑表指定结点信息(起、止),在结点信息中指定弧段列表。NCGIA 核心教程结构中没有建立多边形拓扑表,结点坐标也是从其他表中提取的。

CANSIS 结构中定义了三个拓扑关系表和一个坐标数据表。关系表分别是实体与多边形、弧段与多边形、弧段与坐标。这里的实体是由同一类地物组合而成的。它没有定义结点拓扑关系表,因为这种数据结构主要用于面状数据。记录的顺序很重要。

TIGER 结构很复杂,这里作一简单介绍。TIGER 结构应用了一些不同的术语。"0元"等同于结点,"1 元"是链,"2 元"是多边形。三元之间的拓扑关系保存到相应的表中(称为列表)。"2 元"和"0 元"都建立了与"1 元"的拓扑关系表,与链拓扑一样,"1 元"列表中有指向"0 元"和"2 元"的指针。除列表文件外,"0 元"和"2 元"实体还有指针文件,允许快速有效地进入列表文件的特定记录。按照"0 元"、"1 元"和"2 元"数据结构,属性数据也可保存在相应的文件中。

二、栅格数据结构

(一)栅格数据结构的概念

栅格结构是最简单、最直观的空间数据结构,又称为网格结构(raster 或 grid cell)或像元结构(pixel),它是指将地球表面划分为大小均匀、紧密相邻的网格阵列,每个网格作为一个像元或像素,由行、列号定义,并包含一个代码,表示该像素的属性类型或量值,或

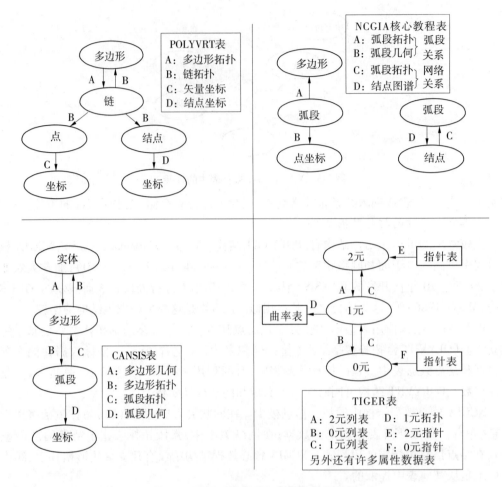

图 3-4　四种可操作的拓扑数据结构比较

仅仅包含指向其属性记录的指针。因此,栅格结构是以规则的阵列来表示空间地物或现象分布的数据组织,组织中的每个数据表示地物或现象的非几何属性特征。如图 3-5 所示,在栅格结构中,点用一个栅格单元表示;线状地物则用沿线走向的一组相邻栅格单元表示,每个栅格单元最多只有两个相邻单元在线上;面或区域用记有区域属性的相邻栅格单元的集合表示,每个栅格单元可有多于两个的相邻单元同属一个区域。任何以面状分布的对象(土地利用、土壤类型、地势起伏、环境污染等),都可以用栅格数据逼近。遥感影像就属于典型的栅格结构,每个像元的数字表示影像的灰度等级。

　　栅格结构的显著特点是:属性明显,定位隐含,即数据直接记录属性的指针或属性本身,而所在位置则根据行列号转换为相应的坐标给出,也就是说,定位是根据数据在数据集中的位置得到的。由于栅格结构是按一定的规则排列的,所表示的实体的位置很容易隐含在网格文件的存储结构中,在后面讲述栅格结构编码时可以看到,每个存储单元的行列位置可以方便地根据其在文件中的记录位置得到,且行列坐标可以很容易地转为其他坐标系下的坐标。在网格文件中每个代码本身明确地代表了实体的属性或属性的编码,如果为属性的编码,则该编码可作为指向实体属性表的指针。图 3-5 中表示了一个代码

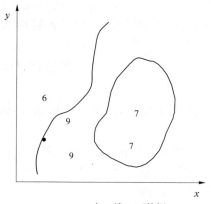

0	0	0	0	9	0	0	0
0	0	0	9	0	0	0	0
0	0	0	9	0	7	7	0
0	0	0	9	0	7	7	0
0	6	9	0	7	7	7	7
0	0	0	0	7	7	7	0
0	9	0	0	7	7	7	0
9	0	0	0	0	0	0	0

(a)点、线、面数据　　　　　　　　　　(b)栅格表示

图 3-5　点、线、面数据的栅格结构表示

为 6 的点实体,一条代码为 9 的线实体,一个代码为 7 的面实体。由于栅格行列阵列容易为计算机存储、操作和显示,因此这种结构容易实现,算法简单,且易于扩充、修改,也很直观,特别是易于同遥感影像结合处理,给地理空间数据处理带来了极大的方便,受到普遍欢迎,许多系统都部分和全部采取了栅格结构。栅格结构的另一个优点是,特别适合于FORTRAN、BASIC 等高级语言作文件或矩阵处理,这也是栅格结构易于为多数地理信息系统设计者接受的原因之一。

　　栅格结构表示的地表是不连续的,是量化和近似离散的数据。在栅格结构中,地表被分成相互邻接、规则排列的矩形方块,特殊的情况下也可以是三角形或菱形、六边形等(见图 3-6),每个地块与一个栅格单元相对应。栅格数据的比例尺就是栅格大小与地表相应单元大小之比。在许多栅格数据处理时,常假设栅格所表示的量化表面是连续的,以便使用某些连续函数。由于栅格结构对地表的量化,在计算面积、长度、距离、形状等空间指标时,若栅格尺寸较大,则会造成较大的误差,同时由于在一个栅格的地表范围内,可能存在多于一种的地物,而表示在相应的栅格结构中常常只能是一个代码。这类似于遥感影像的混合像元问题,如 landsat MSS 卫星影像单个像元对应地表 79 m × 79 m 的矩形区域,影像上记录的光谱数据是每个像元所对应的地表区域内所有地物类型的光谱辐射的总和效果。因而,这种误差不仅有形态上的畸变,还可能包括属性方面的偏差。

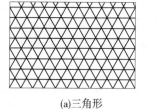　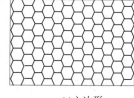

(a)三角形　　　　　　　(b)菱形　　　　　　　(c)六边形

图 3-6　栅格数据结构的几种其他形式

(二)栅格结构数据的获取及取值方法

栅格结构数据主要可由以下四种途径得到:

(1)目读法:在专题图上均匀划分网格,逐个网格地决定其代码,最后形成栅格数字

地图文件；

（2）数字化仪手扶或自动跟踪数字化地图,得到矢量结构数据后,再转换为栅格结构；

（3）扫描数字化:逐点扫描专题地图,将扫描数据重采样和再编码得到栅格数据文件；

（4）分类影像输入:将经过分类解译的遥感影像数据直接或重采样后输入系统,作为栅格数据结构的专题地图。

在转换和重新采样时,需尽可能保持原图或原始数据精度,通常有两种办法:

第一,在决定栅格代码时尽量保持地表的真实性,保证最大的信息容量。图3-7所示为一块矩形地表区域,内部含有A、B、C三种地物类型,O点为中心点,将这个矩形区域近似地表示为栅格结构中的一个栅格单元时,可根据需要,采取如下方案之一决定该栅格单元的代码:

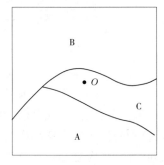

图3-7　栅格单元代码的确定

（1）中心点法:用处于栅格中心处的地物类型或现象特性决定栅格代码。在图3-7所示的矩形区域中,中心点O落在代码为C的地物范围内,按中心点法的规则,该矩形区域相应的栅格单元代码应为C。中心点法常用于具有连续分布特性的地理要素,如降雨量分布、人口密度图等。

（2）面积占优法:以占矩形区域面积最大的地物类型或现象特性决定栅格单元的代码。在图3-7所示的例中,显见B类地物所占面积最大,故相应栅格代码定为B。面积占优法常用于分类较细、地物类别斑块较小的情况。

（3）重要性法:根据栅格内不同地物的重要性,选取最重要的地物类型决定相应的栅格单元代码。假设图3-7中A类为最重要的地物类型,即A比B和C类更为重要,则栅格单元的代码应为A。重要性法常用于具有特殊意义而面积较小的地理要素,特别是点、线状地理要素,如城镇、交通枢纽、交通线、河流水系等,在栅格中代码应尽量表示这些重要地物。

（4）百分比法:根据矩形区域内各地理要素所占面积的百分比数确定栅格单元的代码参与,如可记面积最大的两类BA,也可根据B类和A类所占面积百分比数在代码中加入数字。

逼近原始精度的第二种方法是缩小单个栅格单元的面积,即增加栅格单元的总数,行列数也相应增加。这样,每个栅格单元可代表更为精细的地面矩形单元,混合单元减少。混合类别和混合的面积都大大减小,可以大大提高量算的精度,接近真实的形态,表现更细小的地物类型。

然而增加栅格个数、提高数据精度的同时也带来了一个严重的问题,那就是数据量的大幅度增加,数据冗余严重。为了解决这个难题,已发展了一系列栅格数据压缩编码方法,如游程长度编码、块码和四叉树码等。

（三）完全栅格数据结构及其编码

这是最简单直观而又非常重要的一种栅格结构编码方法,通常称这种编码的图像文件为网格文件或栅格文件,栅格结构不论采用何种压缩编码方法,其逻辑原型都是直接编码网格文件。直接编码就是将栅格数据看做一个数据矩阵,逐行(或逐列)逐个记录代码,可以每行都从左到右逐个像元记录,也可以奇数行地从左到右而偶数行地从右向左记录,为了特定目的还可采用其他特殊的顺序(见图3-8)。不同的记录顺序影响栅格数据的压缩率。

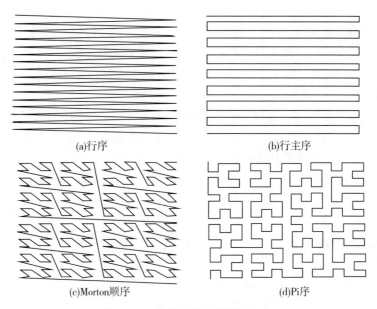

| (a)行序 | (b)行主序 |
| (c)Morton顺序 | (d)Pi序 |

图 3-8　一些常用的栅格排列顺序

(四)游程长度编码

游程长度编码是栅格数据压缩的重要编码方法,它的基本思路是:对于一幅栅格图像,常常有行(或列)方向上相邻的若干点具有相同的属性代码,因而可采取某种方法压缩那些重复的记录内容。其方法有两种方案:一种编码方案是,只在各行(或列)数据的代码发生变化时依次记录该代码以及相同的代码重复的个数,从而实现数据的压缩。例如对图 3-9 所示栅格数据,可沿行方向进行如下游程长度编码:

```
1  1  1  1  2  2  2  2        (1,4),(2,4);
1  1  1  1  1  2  2  2        (1,5);(2,3);
1  1  1  1  2  2  2  3        (1,4),(2,3);(3,1);
4  4  4  4  3  3  3  3        (4,4),(3,4);
4  4  4  4  4  3  3  3        (4,5),(3,3);
4  4  4  5  5  5  3  3        (4,3);(5,3),(3,2);
4  4  5  5  5  5  5  5        (4,2),(5,6);
4  4  5  5  5  5  5  5        (4,2),(5,6)。
```

图 3-9　栅格数据及其游程长度编码

只用了 28 个整数就可以表示,而在前述的直接编码中却需要 64 个整数表示,可见游程长度编码压缩数据是十分有效又简便的。事实上,压缩比的大小是与图的复杂程度成反比的,在变化多的部分,游程数就多,变化少的部分游程数就少,图件越简单,压缩效率就越高。

另一种游程长度编码方案就是逐个记录各行(或列)代码发生变化的位置和相应代码,如对图3-9所示栅格数据的另一种游程长度编码如下(沿行方向):

(1,4),(2,8);(1,5);(2,8);(1,4),(2,7);(3,8);(4,4),(3,8);(4,5),(3,8);
(4,3);(5,6),(3,8);(4,2),(5,8);(4,2),(5,8)。

游程长度编码在栅格压缩时,数据量没有明显增加,压缩效率较高,且易于检索、叠加合并等操作,运算简单,适用于机器存储容量小,数据需大量压缩,而又要避免复杂的编码解码运算增加处理和操作时间的情况。

(五)块码

块码是游程长度编码扩展到二维的情况,采用方形区域作为记录单元,每个记录单元包括相邻的若干栅格,数据结构由初始位置(行、列号)和半径,再加上记录单位的代码组成。对图3-9所示栅格数据的块码编码如下:

(1,1,3,1),(1,4,1,1),(1,5,2,1),(1,6,2,2),(1,8,1,2),
(2,4,1,1),(2,5,1,1),(2,8,1,2),
(3,4,1,1),(3,5,1,2),(3,6,1,2),(3,7,1,2),(3,8,1,3),
(4,1,3,4),(4,4,1,4),(4,5,1,3),(4,6,2,3),(4,8,1,3),
(5,4,1,4),(5,5,1,4),(5,8,1,3),
(6,4,3,5),(6,7,1,3),(6,8,1,8),
(7,1,2,4),(7,3,1,5),(7,7,2,5),
(8,3,1,5)。

该例中块码用了112个整数,比直接编码还多,这是因为例中为描述方便,栅格划分很粗糙,在实际应用中,栅格划分细,数据冗余多的多,才能显出压缩编码的效果,而且还可以作一些技术处理,如行号可以通过行间标记而省去记录,行号和半径等也不必用双字节整数来记录,可进一步减少数据冗余。

块码具有可变化的分辨率,即当代码变化小时图块大,就是说在区域图斑内部分辨率低;反之,分辨率高以小块记录区域边界地段,以此达到压缩的目的。因此,块码与游程长度编码相似,随着图形复杂程度的提高而降低效率,就是说图斑越大,压缩比越高;图斑越碎,压缩比越低。块码在合并、插入、检查延伸性、计算面积等操作时有明显的优越性。然而在某些操作时,则必须把游程长度编码和块码解码,转换为基本栅格结构进行。

(六)链式编码(Chain Codes)

链式编码又称为弗里曼链码(Freeman,1961)或边界链码。链式编码主要是记录线状地物和面状地物的边界。它把线状地物和面状地物的边界表示为:由某一起始点开始并按某些基本方向确定的单位矢量链。基本方向可定义为东=0、东南=1、南=2、西南=3、西=4、西北=5、北=6、东北=7等八个基本方向(见图3-10)。

如果对于图3-11所示的线状地物确定其起始点为像元(1,5),则其链式编码为:

1,5,3,2,2,3,3,2,3

对于图3-11所示的面状地物,假设其原起始点定为像元(5,8),则该多边形边界按顺时针方向的链式编码为:

5,8,3,2,4,4,6,6,7,6,0,2,1

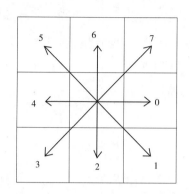

图 3-10　链式编码的方向代码

图 3-11　链式编码示意图

　　链式编码的前两个数字表示起点的行、列数,从第三个数字开始的每个数字表示单位矢量的方向,八个方向以 0~7 的整数代表。

　　链式编码对线状和多边形的表示具有很强的数据压缩能力,且具有一定的运算功能,如面积和周长计算等,探测边界急弯和凹进部分等都比较容易,类似矢量数据结构,比较适于存储图形数据。缺点是对叠置运算如组合、相交等则很难实施,对局部修改将改变整体结构,效率较低,而且由于链码以每个区域为单位存储边界,相邻区域的边界则被重复存储而产生冗余。

(七)区域四叉树编码(quad-tree code)

　　四叉树结构的基本思想是将一幅栅格地图或图像等分为四部分。逐块检查其格网属性值(或灰度)。如果某个子区的所有格网值都具有相同的值,则这个子区就不再继续分割,否则还要把这个子区再分割成四个子区。这样依次地分割,直到每个子块都只含有相同的属性值或灰度为止。

　　图 3-12(b)表示对图 3-12(a)的分割过程及其关系。这四个等分区称为四个子象限,按左上(NW)、右上(NE)、左下(SW)、右下(SE),用一个树结构表示,如图 3-13 所示。

　　对一个由 $n \times n$($n = 2 \times k, k > 1$)的栅格方阵组成的区域 P,它的四个子象限(P_a, P_b, P_c, P_d)分别为:

$$P_a = \{P[i,j] : 1 \leqslant i \leqslant \frac{1}{2}n, 1 \leqslant j \leqslant \frac{1}{2}n\}$$

$$P_b = \{P[i,j] : 1 \leqslant i \leqslant \frac{1}{2}n, \frac{1}{2}n + 1 \leqslant j \leqslant n\}$$

$$P_c = \{P[i,j] : \frac{1}{2}n + 1 \leqslant i \leqslant n, 1 \leqslant j \leqslant \frac{1}{2}n\}$$

$$P_d = \{P[i,j] : \frac{1}{2}n + 1 \leqslant i \leqslant n, \frac{1}{2}n + 1 \leqslant j \leqslant n\} \tag{3-1}$$

再下一层的子象限分别为:

$$p_{aa} = \{p[i,j] : 1 \leqslant i \leqslant \frac{1}{4}n, 1 \leqslant j \leqslant \frac{1}{4}n\}$$

9	9	9	9	0	0	0	0
9	9	9	0	0	0	0	0
0	9	9	0	7	7	0	0
0	0	0	0	7	0	0	0
0	0	0	0	7	7	7	7
0	0	0	0	7	7	7	7
0	0	0	0	7	7	7	7
0	0	0	0	7	7	7	7

9	9	9	9	0	0	0	0
9	9	9	0	0	0	0	0
0	9	9	0	7	7	0	0
0	0	0	0	7	0	0	0
0	0	0	0	7	7	7	7
0	0	0	0	7	7	7	7
0	0	0	0	7	7	7	7
0	0	0	0	7	7	7	7

(a)原始栅格数据　　　　　　　　(b)四叉树编码示意图

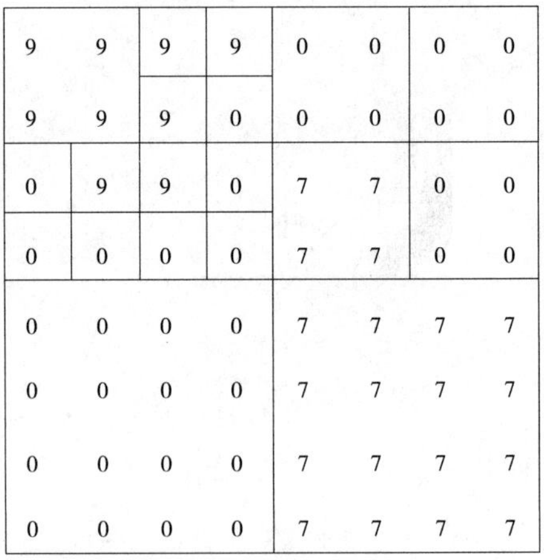

图 3-12　四叉树编码示意图

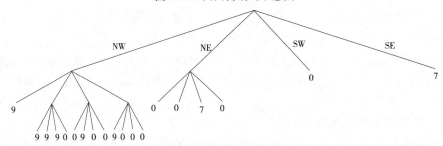

图 3-13　四叉树的树状表示

$$p_{ba} = \left\{ p[i,j] : 1 \leqslant i \leqslant \frac{1}{4}n, \frac{1}{2}n + 1 \leqslant j \leqslant \frac{3}{4}n \right\}$$

$$p_{dd} = \left\{ p[i,j] : \frac{3}{4}n + 1 \leqslant i \leqslant n, \frac{3}{4}n + 1 \leqslant j \leqslant n \right\} \tag{3-2}$$

其中 a、b、c、d 分别表示西北（NW）、东北（NE）、西南（SW）、东南（SE）四个子象限。根据这些表达式可以求得任一层的某个子象限在全区的行列位置，并对这个位置范围内的网格值进行检测。若数值单调，就不再细分，按照这种方法，可以完成整个区域四叉树的建立。

这种自上而下的分割需要大量的运算，因为大量数据需要重复检查才能确定划分。当 $n \times n$ 的矩阵比较大，且区域内容要素又比较复杂时，建立这种四叉树的速度比较慢。

另一种是采用从下而上的方法建立。对栅格数据按如下的顺序进行检测。如果每相邻四个网格值相同则进行合并，逐次往上递归合并，直到符合四叉树的原则为止。这种方法重复计算较少，运算速度较快。

从图 3-14 中可以看出，为了保证四叉树能不断地分解下去，要求图像必须为 $2^n \times 2^n$ 的栅格阵列，n 为极限分割次数，$n+1$ 是四叉树的最大高度或最大层数。对于非标准尺寸的图像需首先通过增加背景的方法将图像扩充为 2^n ×2^n 的图像,也就是说,在程序设计时,对不足的部分以 0 或其他数据补足(在建树时,对于补足部分生成的叶结点不存储,这样存储量并不会增加)。

四叉树编码法有许多有趣的优点:①容易而有效地计算多边形的数量特征;②阵列各部分的分辨率是可变的,边界复杂部分四叉树较高即分级多,分辨率也高,而不需表示许多细节的部分则分级少,分辨率低,因而既可精确表示图形结构又可减少存储量;③栅格到四叉树及四叉树到简单栅格结构的转换比其他压缩方法容易;④多边形中嵌套异类小,多边形的表示较方便。

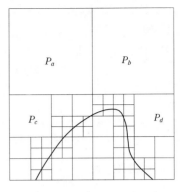

图 3-14 区域 P 子象限的表示

四叉树编码的最大缺点是转换的不定性,用同一形状和大小的多边形可能得出多种不同的四叉树结构,故不利于形状分析和模式识别。但因它允许多边形中嵌套多边形即所谓"洞"这种结构存在,使越来越多的地理信息系统工作者都对四叉树结构很感兴趣。上述这些压缩数据的方法应视图形的复杂情况合理选用,同时应在系统中备有相应的程序。另外,用户的分析目的和分析方法也决定着压缩方法的选取。

四叉树结构按其编码的方法不同又分为常规四叉树和线性四叉树。常规四叉树除记录叶结点外,还要记录中间结点。结点之间借助指针联系,每个结点需要用六个量表达:四个叶结点指针、一个父结点指针和一个结点的属性或灰度值。这些指针不仅增加了数据储存量,而且增加了操作的复杂性。常规四叉树主要在数据索引和图幅索引等方面应用。

线性四叉树则只存储最后叶结点的信息。包括叶结点的位置、深度和本结点的属性或灰度值。所谓深度,是指处于四叉树的第几层上。由深度可推知子区的大小。

线性四叉树叶结点的编号需要遵循一定的规则,这种编号称为地址码,它隐含了叶结点的位置和深度信息。最常用的地址码是四进制或十进制的 Morton 码。

三、栅格和矢量数据结构的比较

栅格结构和矢量结构是模拟地理信息的两种不同的方法。栅格数据结构类型具有"属性明显、位置隐含"的特点,它易于实现,且操作简单,有利于基于栅格的空间信息模型的分析,如在给定区域内计算多边形面积、线密度,栅格结构可以很快算得结果,而采用矢量数据结构则麻烦的多;但栅格数据表达精度不高,数据存储量大,工作效率较低。如要提高 1 倍的表达精度(栅格单元减小一半),数据量就需增加 3 倍,同时也增加了数据的冗余。因此,对于基于栅格数据结构的应用来说,需要根据应用项目的自身特点及其精度要求来恰当地平衡栅格数据的表达精度和工作效率两者之间的关系。另外,因为栅格数据格式的简单性(不经过压缩编码),其数据格式容易为大多数程序设计人员和用户所理解,基于栅格数据基础之上的信息共享也较矢量数据容易。最后,遥感影像本身就是以像元为单位的栅格结构,所以,可以直接把遥感影像应用于栅格结构的地理信息系统中,也就是说,栅格数据结构比较容易和遥感相结合。

矢量数据结构类型具有"位置明显、属性隐含"的特点,它操作起来比较复杂,许多分析操作(如叠置分析等)用矢量数据结构难以实现;但它的数据表达精度较高,数据存储量小,输出图形美观且工作效率较高。两者的比较见表3-10。

表3-10　栅格、矢量数据结构特点比较

比较内容	矢量格式	栅格格式
数据量	小	大
图形精度	高	低
图形运算	复杂、高效	简单、低效
遥感影像格式	不一致	一致或接近
输出表示	抽象、昂贵	直观、便宜
数据共享	不易实现	容易实现
拓扑和网络分析	容易实现	不易实现

四、不规则三角网数据结构

表面上不规则分布的点可以连接成三角形网,三角形的顶点就是原先的不规则点。三角形本身是多边形,三角形的边是链的一个特例——它们构成了直线段,顶点也成了唯一的中间点。TIN 结构通常用于数字化地形的表示中,有时也用于表示单值的表面。每个不规则三角形可被视为一个平面,平面的几何特性完全由三个顶点的空间坐标值(X, Y, Z)决定。TIN 中三角网的密度随数据点密度的变化而变化,这不同于栅格模型中均匀的像元密度。

TIN 的拓扑结构易于存储,操作也很便利,例如,可以方便地进行表面的坡向、坡度、自动生成等高线、消除阴影中隐藏线等计算。与栅格方式相比,TIN 方式所需的存储空间要少。TIN 模型与拓扑矢量结构相辅相成,已在地理信息系统中得到了广泛应用。

TIN 可以通过 Delaunay 三角形(见图 3-15)产生。该结构中对于不连续的表面尤其有用,因为中间点可以用"断裂线"的方式放在不连续处。例如,小河、悬崖和海岸线在拓扑表面中可被视为不同类型的断裂线。存储 TIN 的方式有几种。最常用的方式是把三角形作为一个基本的空间对象,它与相邻的三角形和顶点进行拓扑连接。另外,也可以把顶点作为基本的空间对象,它与其他顶点相连接。第一种方法(见图 3-16,方法 A),三角形拓扑表中的每个记录依顺时针方向列出了三个相邻的三角形和三个顶点,每个顶点的空间坐标(X, Y, Z)存在另一文件中,这种结构适合于需要面相邻关系的操作。第二种方法(见图 3-16,方法 B),顶点的坐标文件与方法 A 相同,唯一不同的是加了一指针项,指向相连的顶点表,零或(0 −)结点表示到了相连结点的末尾处,这种结构适合于需要三角形边

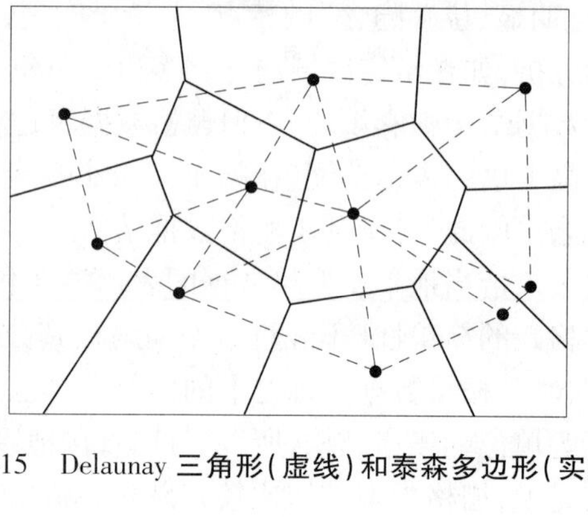

图 3-15　Delaunay 三角形(虚线)和泰森多边形(实线)

相连关系的操作。这两种方法的优势取决于处理算法。

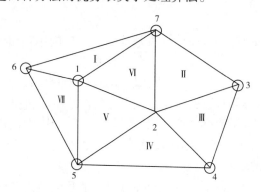

方法A 结点坐标

结点	X	Y
1	X_1	Y_1
2	X_2	Y_2
3	X_3	Y_3
4	X_4	Y_4
5	X_5	Y_5
6	X_6	Y_6
7	X_7	Y_7

三角形拓扑

三角形	结点	相邻三角形
I	1,6,7	VII,0,VI
II	2,7,3	VI,0,III
III	2,3,4	II,0,IV
IV	2,4,5	III,0,V
V	1,2,5	IV,VI,VII
VI	1,7,2	I,II,V
VII	6,1,5	0,I,V

方法B 结点坐标

结点	X	Y	指针
1	X_1	Y_1	1
2	X_2	Y_2	6
3	X_3	Y_3	12
4	X_4	Y_4	
5	X_5	Y_5	
6	X_6	Y_6	
7	X_7	Y_7	

结点拓扑

结点	相联结点
1	5
	6
	7
	2
	0-
2	1
	7
	3
	4
	5
	0-
3	2
⋮	⋮

图 3-16　TIN 拓扑方法

第二节　空间数据库

　　数据库技术是 20 世纪 60 年代初开始发展起来的一门数据管理自动化的综合性新技术。数据库的应用领域相当广泛,从一般事务处理,到各种专门化数据的存储与管理,都可以建立不同类型的数据库。地理信息系统中的数据库就是一种专门化的数据库,由于这类数据库具有明显的空间特征,所以有人把它称为空间数据库,空间数据库的理论与方法是地理信息系统的核心问题。

一、数据库概念

数据库就是为了一定的目的,在计算机系统中以特定的结构组织存储和应用的相关联的数据集合。

计算机对数据的管理经过了三个阶段:最早的程序管理阶段,后来的文件管理阶段,现在的数据库管理阶段。其中,数据库是数据管理的高级阶段,它与传统的数据管理相比有许多明显的差别,其中主要的有两点:一是数据独立于应用程序而集中管理,实现了数据共享,减少了数据冗余,提高了数据的效益;二是在数据间建立了联系,从而使数据库能反映出现实世界中信息的联系。

地理信息系统的数据库(以下称为空间数据库)是某区域内关于一定地理要素特征的数据集合。空间数据库与一般数据库相比,具有以下特点:

(1)数据量特别大。地理系统是一个复杂的综合体,要用数据来描述各种地理要素,尤其是要素的空间位置,其数据量往往大的惊人。即使是一个很小区域的数据库也是如此。

(2)不仅有地理要素的属性数据(与一般数据库中的数据性质相似),还有大量的空间数据,即描述地理要素空间分布位置的数据,并且这两种数据之间具有不可分割的联系。

(3)数据应用的面相当广,如地理研究、环境保护、土地利用与规划、资源开发、生态环境、市政管理、道路建设等。

上述特点,尤其是第二点,决定了在建立空间数据库时,一方面应该遵循和应用通用数据库的原理和方法,另一方面又必须采取一些特殊的技术和方法来解决其他数据库所没有的管理空间数据的问题。

二、空间数据库

(一)空间数据库的概念

空间数据库指的是地理信息系统在计算机物理存储介质上存储的与应用相关的地理空间数据的总和,一般是以一系列特定结构的文件的形式组织在存储介质上的。空间数据库管理系统则是指能够对物理介质上存储的地理空间数据进行语义和逻辑上的定义,提供必需的空间数据查询检索和存取功能,以及能够对空间数据进行有效的维护和更新的一套软件系统。空间数据库管理系统的实现是建立在常规的数据库管理系统之上的。它除需要完成常规数据库管理系统所必备的功能外,还需要提供特定的针对空间数据的管理功能。常常有两种空间数据库管理系统的实现方法,一是直接对常规数据库管理系统进行功能扩展,加入一定数量的空间数据存储与管理功能。运用这种方法比较有代表性的是 Oracle 等系统。另一种方法是在常规数据库管理系统之上添加一层空间数据库引擎,以获得常规数据库管理系统功能之外的空间数据存储和管理的能力。代表性的系统是 ESRI 的 SDE(Spatial Database Engine)等。由地理信息系统的空间分析模型和应用模型所组成的软件可以看做是空间数据库系统的数据库应用系统,通过它不但可以全面地管理空间数据,还可以运用空间数据进行分析与决策。

由此可见,空间数据库系统在整个地理信息系统中占有极其重要的地位,是地理信息系统发挥作用的关键。空间数据库设计的成败,直接影响到地理信息系统开发与应用水平及成效。

(二)空间数据库的设计

空间数据库的设计问题,其实质是将地理空间客体以一定的组织形式在数据库系统中加以表达的过程,也就是地理信息系统中空间客体数据的模型化问题。

地理信息系统是人类认识客观世界、改造客观世界的有力工具。地理信息系统的开发和应用需要经历一个由现实世界到概念世界,再到计算机信息世界的转化过程。如图3-17所示。概念世界的建立是通过错综复杂的现实世界的认识与抽象,即对各种不同专用领域的研究和系统分析,最终形成地理信息系统的空间数据库系统和应用系统所需的概念化模型。进一步的逻辑模型设计,其任务就是把概念模型结构转换为计算机数据量系统所能够支持的数据模型。逻辑模型设计时最好应选择对某个概念模型结构支持得最好的数据模型,然后再选定能支持这种数据模型,且最合适的数据库管理系统。最后的存储模型则是指概念模型反映到计算机物理介质中的数据组织形式。

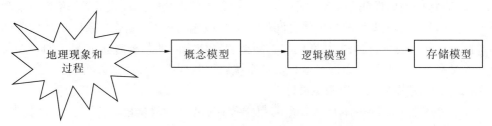

图 3-17　地理信息系统空间数据模型的建立过程

地理信息系统的概念模型,是人们从计算机环境的角度出发和思考,对现实世界中各种地理现象、它们彼此的联系及其发展过程的认识及抽象的产物。具体地说,主要包括对地理现象和过程等客体的特征描述、关系分析和过程模拟等内容。这些内容在地理信息系统的软件工具、数据库系统和应用系统研究中往往被抽象、概括为数据结构的定义、数据模型的建立及专业应用模型的构建等重要理论与技术问题。它们共同构成地理信息系统基础研究的主要内容。

地理信息系统的空间数据结构是对地理空间客体所具有的特性的一些最基本的描述。地理空间是一个三维的空间,其空间特性表现为四个最基本的客体类型,即点、线、面和体等。这些客体类型的关系是十分复杂的。一方面,线可以视为由点组成,面可由作为边界的线所包围而形成,体又可以由面所包围而形成。可见四类型空间客体之间存在着内在的联系,只是在构成上属于不同的层次。另一方面,随着观察这些客体的坐标系统的维数、视角及比例尺的变化,客体之间的关系和内容可能按照一定的规律相互转化。例如,由三维坐标系统变为二维坐标系统后,比例通过地图投影,空间体可变成面,面可以部分地变成线,线可以部分地变成点。视角变化后,也将使某些客体发生变化。坐标系统的比例尺缩小时,部分的体、面、线客体可能变为点客体。由此可见,空间点、线、面和体等客体及它们之间结构上的关系是地理信息系统空间数据结构的基础。

同时,所有地理现象和地理过程中的各种空间客体并非孤立存在,而是具有各种复杂的联系。这些联系可以从空间客体的空间、时间和属性三个方面加以考察。

(1)客体间的空间联系大体上可以分解为空间位置、空间分布、空间形态、空间关系、空间相关、空间统计、空间趋势、空间对比和空间运动等联系形式。其中,空间位置描述空间客体个体的定位信息;空间分布是描述空间客体的群体定位信息,且通常能够从空间概率、空间结构、空间聚类、离散度和空间延展等方面予以描述;空间形态反映空间客体的形状和结构;空间关系是基本位置和形态的实体关系;空间相关是空间客体基于属性数据上的关系;空间统计描述空间客体的数量、质量信息,又称为空间计量;空间趋势反映客体空间分布的总体变化规律;空间对比可以体现在数量、质量、形态三个方面;空间运动则反映空间客体随时间的迁移或变化。以上种种空间信息基本上反映了空间分析所能揭示的信息内涵,彼此互有区别又有联系。

(2)客体之间的时间联系一般可以通过客体变化过程来反映。有些客体数据的变化周期很长,如地质地貌等数据随时间的变化。而有些空间数据则变化很快,需要及时更新,如土地利用数据等。客体时间信息的表达和处理构成了空间时态地理信息系统及其数据库的基本内容。

(3)客体间的属性联系主要体现为属性多级分类体系中的从属关系、聚类关系和相关关系。从属关系主要反映各客体之间的上下级或包含关系;聚类关系反映客体之间的相似程度及并行关系;相关关系则反映不同类型客体之间的某种直接或间接的并发关系或共生关系。属性联系可以通过地理信息系统属性数据库的设计加以实现。

(三)空间数据库的数据模型设计

对于上述地理空间客体及其联系的数学描述,可以用数据模型这个概念进行概括。建立空间数据库系统数据模型的目的,是揭示空间客体的本质特性,并对其进行抽象化,使之转化为计算机能够接受和处理的数据形式。在地理信息系统研究中,空间数据模型就是对空间客体进行描述和表达的数学手段,使之能反映客体的某些结构特性和行为功能。按数据模型组织的空间数据使得数据库管理系统能够对空间数据进行统一的管理,帮助用户查询、检索、增删和修改数据,保障空间数据的独立性、完整性和安全性,以利于改善对空间数据资源的使用和管理。空间数据模型是衡量地理信息系统功能强弱与优劣的主要因素之一。数据组织的好坏直接影响到空间数据库中数据查询、检索的方式、速度和效率。从这一意义上看,空间数据库的设计最终可以归结为空间数据模型的设计。

数据库系统中采用的设计模型主要有层次模型、网状模型和关系模型,以及语义模型、面向对象的数据模型等。这些数据模型都可以用于空间数据库的设计。

(四)空间数据库建设的原则、步骤和技术方法

随着地理信息系统空间数据库技术的发展,空间数据库所能表达的空间对象日益复杂,数据库和用户功能日益集成化,从而对空间数据库的设计构成提出了更高的要求。许多早期的空间数据库设计构成着重强调的是数据库的物理实现,注重于数据记录的存储和存取方法。设计人员往往只需要考虑系统各个单项独立功能的实现,从而也只考虑少数几个数据库文件的组织,然后选择适当的索引技术,以满足实现这个功能的性能要求。而现在,对空间数据库的设计已提出许多准则,其中包括:①尽量减少空间数据存储的冗余量;②提供稳定的空间数据结构,在用户的需要改变时,该数据结构能迅速作相应的变化;③满足用户对空间数据及时访问的需求,并能高效地提供用户所需的空间数据查询结果;④在数据元素间维持复杂的联系,以反映空间数据的复杂性;⑤支持多样的决策需要,具有较强的应用适宜性。

地理信息系统数据库设计往往是一件相当复杂的任务,为有效地完成这一任务特别需要一些合适的技术,同时还要求将这些设计技术正确组织起来,构成一个有序的设计过程。设计技术和设计过程是有区别的。设计技术是指数据库设计者所使用的设计工具,其中包括各种算法、文本化方法、用户组织的图形表示法、各种转化规则、数据库定义的方法及编程技术;而设计过程则确定了这些技术的使用顺序。例如,在一个规范的设计过程中,可能要求设计人员首先用图形表示用户数据,再使用转化规则生成数据库结构,下一步再用某些确定的算法优化这一结构。这些工作完成后,就可进行数据库的定义工作和程序开发工作。

一般来说,数据库设计技术分为下列两类:①数据分析技术。数据分析技术是用于分析用户数据的语义的技术手段。②技术设计技术。技术设计技术用于将数据分析结果转化为数据库的技术实现。

上述两类技术所处理的是两类不同的问题。第一类问题考虑的是正确的结构数据,这些问题通过使用诸如消除数据冗余技术、保证数据库稳定性技术、结构数据技术来解决,其目的是使用户易于存取数据,从而满足用户对数据的各种需求。第二类问题是保证所实现的数据库能有效地使用数据资源,解决这个问题要用到一些技术设计技术,例如选择合适的存储结构以及采用有效的存取方法等。

数据库设计的内容包括了数据模型的三个方面,即数据结构、数据操作和完整性约束。具体区分为:①静态特性设计,又称结构特性设计。也就是根据给定的应用环境,设计数据库的数据模型(即数据结构)或数据库模型。它包括概念结构设计和逻辑结构设计两个方面。②动态特性设计,又称数据库的行为特性设计,设计数据库的查询、静态事务处理和报表处理等应用程序。③物理设计,根据动态特性,即应用处理要求,在选定的数据库管理系统环境之下,把静态特性设计中得到的数据库模式加以物理实现,即设计数据库的存储模式和存取方法。

在数据库设计的不同阶段要考虑不同的问题,每类问题有其不同的自然论域。在每个设计阶段必须选择适当的论述方法及与其相应的设计技术。这种方法强调的是,首先将确定用户需求与完成技术设计相互独立开来,而对其中每一个大的设计阶段再划分为若干更细的设计步骤,如图 3-18 所示。

数据库设计的整个过程包括以下几个典型步骤:

(1)需求分析,即用形态的观点分析与某一特定的数据库应用有关的数据集合。

(2)概念设计,把用户的需求加以解释,并用概念模型表达出来。概念模型是现实世界、信息世界的抽象,具有独立于具体的数据库实现的优点,因此是用户和数据库设计人员之间进行交流的语言。数据库需求分析和概念设计阶段需要建立数据库的数据模型,可采用的建模技术方法主要有三类:一是面向记录的传统数据模型,包括层次模型、网状模型和关系模型;二是注重描述数据及其之间语义关系的语义数据模型,如实体—联系模型等;三是面向对象的数据模型,它是在前面两类数据模型的基础上发展起来的面向对象的数据库建模技术。本章将依次论述这些模型在空间数据设计中的应用,并将数据库实现模型中的一些存储方法及查询技术一并加以阐述。

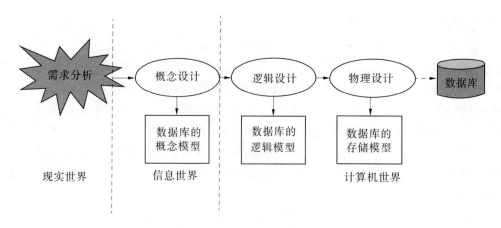

图 3-18　数据库设计的步骤

（3）逻辑设计，数据库逻辑设计的任务是：把信息世界中的概念模型利用数据库管理系统所提供的工具映射为计算机世界中为数据库管理系统所支持的数据模型，并用数据描述语言表达出来。逻辑设计又称数据模型映射。所以，逻辑设计是根据概念模型和数据库管理形态来选择的。例如将上述概念设计所获得的实体—联系模型转换成关系数据库模型。

（4）物理设计，数据库的物理设计指数据库存储结构和存储路径的设计，即将数据库的逻辑模型在实际的物理存储设备上加以实现，从而建立一个具有较好性能的物理数据库。该过程依赖于给定的计算机系统。在这一阶段，设计人员需要考虑数据库的存储问题，即所有数据在硬件设备上的存储方式，管理和存取数据的软件系统，数据库存储结构以保证用户以其所熟悉的方式存取数据，以及数据在各个位置的分布方式等。

第三节　地图制作与输出

地理信息系统具有制作地图、图像和其他图件的功能，通过显示或打印设备输出不同形式的图件。地理信息系统还具有将表格和文字信息转换成图件的功能，实现信息空间数据的可视化。

一、地图输出设计

（一）设计过程

任何一个漫长地图设计的程序开始于基本的绘图学原理和符号学使用的知识。地图设计经过以下三个步骤：

第一步是可视化想要生成地图的类型、放置在地图上的对象和一个基本的页面设置，这是初始阶段一个直觉的过程，并且会为地图设计提供一个十分概要的计划。如前所述，最好还是手工在稿纸上勾勒出个梗概，不必使用计算机，不过这也不是绝对必要。

第二步是细化设计方案。随着设计的进展，需要开始考虑用哪些符号来代表哪些对象，并确定颜色的类型、线的粗细以及其他一些图形元素。在开始使用软件之前，至少在屏幕上放置对象之前，最好将这些条件属性标注在草稿上。即使是经验丰富的 GIS 专业人员,通常在这一阶段也会有个草稿,在不同对象间标注上尺寸,这样就可以保证在把它们放置到软件中时能准确地输入数据。即使该对象后来需要移动,初始的数据也可以作为重新调整的参考。

第三步是调整前期工作的成果。此阶段对早期的图形计划仅作微小的修改,然而,需要着重注意的是应该在硬件拷贝的输出之前在显示器上更改设计原形。打印机和绘图仪要比图形显示器慢许多倍,也成比例地慢于原形的生成过程。在最后阶段中,另外一个经常被忽略的因素是显示器和输出装置之间的视觉联系。多数硬件输出装置有它们自己的绘图语言,这就使得输出的图形与显示器显示的图形有所不同。不难发现,显示器上使用的字体在打印机和绘图仪上却不能使用,绘图仪可能会提供一种看起来完全不同于预先设定的字体,或者干脆就是另外一种字体。在显示器上差别很大的颜色在硬件拷贝装置上输出后可能会变得极其近似。也有可能在软件中选择的字体输出后会产生意想不到的结果,其原因是适用于硬件输出装置的字体代码的不同。大多数的软件和硬件厂商都提供了符号、字体及调色板的打印样板,在完成设计之前要考虑到这些因素。但是,仅考虑大小、形状、邻近关系而不注重诸如墨水和蜡等输出材料,也会对图形的显示有一定的影响。在完成设计原形后,最好是清绘或者打印出一个小样或全图的一小部分来测试一下输出性能。检查有无这些可能的缺陷,在打印全图之前还可以作最后的调整。

(二)地图符号设计

1.地图符号的概念

地图符号是地图的语言,它是表达地图内容的基本手段。地图符号是由形状不同、大小不一和色彩有别的图形与文字组成,注记是地图符号的一个重要部分,它也有形状、尺寸和颜色之区别。就单个符号而言,它可以表示事物的空间位置、大小、质量和数量特征;就同类符号而言,可以反映各类要素的分布特点;而各类符号的总和,则可以表明各要素之间的相互关系及区域总体特征。

地图符号可以指出目标种类(如公路)及其数量特征和质量特征(如公路行车部分的铺面种类和宽度),并且可以确定对象的空间位置和现象的分布(如人口密度等)。

2.地图符号的分类

(1)按照符号的定位情况分类,可以将符号分为定位符号和说明符号。

定位符号是指图上有确定位置,一般不能任意移动的符号,如河流、居民地及边界等,地图上的符号大部分都属于这一类。

说明符号是指为了说明事物的质量和数量特征而附加的一类符号,它通常是依附于定位符号而存在的,如说明森林树种的符号等。它们在图上配置于地类界范围内,但都没有定位意义。

(2)按照符号所代表的客观事物分布状况分类,可以把符号分为面状符号、点状符号和线状符号。

面状符号是一种能按地图比例尺表示出事物分布范围的符号。面状符号是用轮廓线(实线、虚线或点线)表示事物的分布范围,其形状与事物的平面图形相似,轮廓线内加绘颜色或说明符号以表示它的性质和数量,并可以从图上量测其长度、宽度和面积,一般又把这种符号称为依比例符号(见图3-19)。

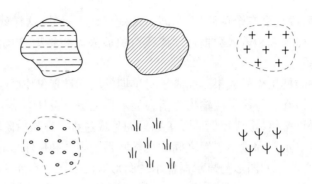

图 3-19　面状符号

点状符号是一种表达不能依比例尺表示的小面积事物（如油库等）和点状（如控制点）所采用的符号。点状符号的形状和颜色表示事物的性质，点状符号的大小通常反映事物的等级或数量特征，但是符号的大小与形状和地图比例尺无关，它只具有定位意义，一般又称这种符号为不依比例尺符号（见图 3-20）。

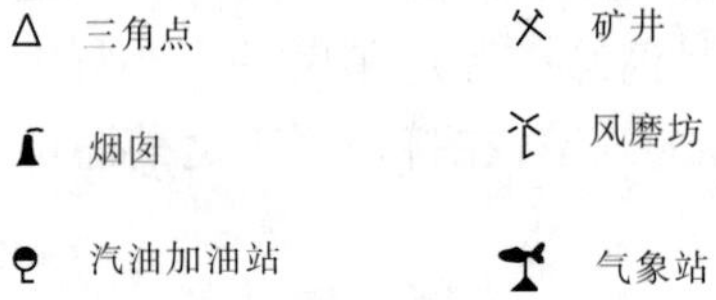

三角点
矿井
烟囱
风磨坊
汽油加油站
气象站

图 3-20　点符号

线状符号是一种表达呈线状或带状延伸分布事物的符号，如河流，其长度能按比例尺表示，而宽度一般不能按比例尺表示，需要进行适当的夸大。因而，线状符号的形状和颜色表示事物的质量特征，其宽度往往反映事物的等级或数值。这类符号能表示事物的分布位置、延伸形态和长度，但不能表示其宽度，一般又称为半依比例符号（见图 3-21）。

国界
地下石油管道
砾6(8)
公路干线
运河
架空索道
河流、小溪

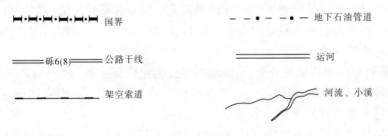

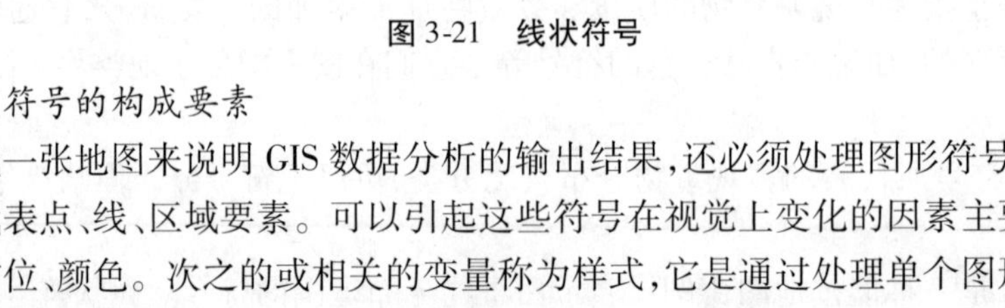

图 3-21　线状符号

3. 地图符号的构成要素

要生成一张地图来说明 GIS 数据分析的输出结果，还必须处理图形符号的外观，这些图形符号代表点、线、区域要素。可以引起这些符号在视觉上变化的因素主要有符号的形状、大小、方位、颜色。次之的或相关的变量称为样式，它是通过处理单个图形元素的不同组合从而实现整体图形样式的。这些变量包括排布——随机的或系统的组合元素；纹理——隔开图形元素来改变阴影图案的明暗度；方位——图形元素的方向位置。符号构成要素如图 3-22 所示。

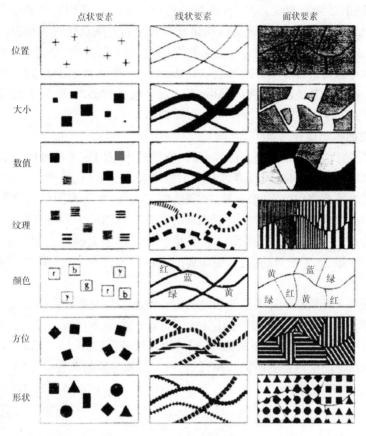

图 3-22　地图符号视觉要素

4.地图符号设计要求

处理这些元素是为了提高对象组合中图形间的联系,因为对地图的理解是概括性的(或者说是间断的,而不像程序语言一样是连续的),所以图形元素之间的相互作用就需要特别注重一些基本的设计原理。对于绘图输出来说,就是它的易读性、视觉差异性、图形背景和分层结构。

第一,图形符号必须清晰,如果页面上的标记像凌乱的书法,很难让读者明白这幅地图想要表达的内容。线必须能够很容易分离,图案、形状、颜色和阴影要截然不同,而且形状必须清晰可辨。对象的大小必须适合于地图显示的比例,因为 GIS 往往会对地图相当大的一部分进行分析。对于海报大小的输出和被贴在 20 cm×20 cm 页面上的输出肯定要选择不同的字体和符号的大小,前者是较大幅面的浏览,后者则是距离较近的浏览。另外,我们在后面会看到,图形输出装置有它们自身客观的局限性,小尺寸输出时某些图形元素就不能分辨了。

其他有关易读性的因素还涉及符号本身固有的可见性,例如线性符号很容易识辨,所以宽度值就不必很大。一些颜色的组合也会改变符号的可见性,例如认为一张亮黄色页面上的黑色字符的效果不同于暗绿色页面上的黑色字符。所以,容易识别的符号和符号组合会提高易读性,用一系列形状各异的交通符号可以使驾驶员不必读文字就轻易地获得信息就是符号易读性的典型例子。

第二,图形必须有视觉差异,这也是使符号和文本容易识辨所必要的。Robinson 等(1995)提出,一个图形元素与背景或相邻元素对比的方法是所有图形设计因素中最重要的一点。在输出地图中使用视觉差异需要考虑两个问题,首先,专题本身的显示是否与背景色和相邻专题要素具有明显的差别。其次,图形元素中固有的外观差异。如果元素的大小、形状、样式或其他因素使得图形元素看起来极其相似的话,那么就通过改变符号将它们区分开来。

(三)图面布局设计

首先要注意绘图对象的空间位置布局,使地图上空白区域和地图有合适的比例。如果地图实体不太容易布局,可以通过其他手段诸如改变方向、调整大小和线宽、增加说明图表等方式来填充空白的空间,这称为"图形 – 背景比率",即图形与背景的比值。一张布满图形的地图倒不如那种有几个不规则的背景插在图形中并将其隔开的地图,后者在某些方面给人一种属于地球的感觉。背景也增加了视觉上的影响和对比程度,但倘若地图中有太多背景、太少图形的话,就会削弱图形的重要性,并会让用户怀疑地图似乎有点不完善。

但是图形 – 背景问题并不是简单地决定应该画多少对象和多少背景。如果中国地图(局部)内部填充的是和背景相同的白色,浏览者就会分不清哪一部分是陆地,哪一部分是海洋(见图3-23)。倘若加上名称、常规的边界符号、经纬网格以及阴影图案,读者就能轻易地分辨出地图中重要的研究区和背景,或不需要分析的部分。

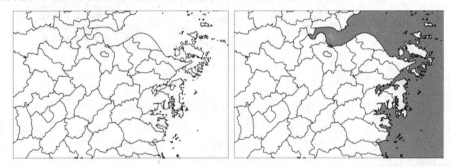

图 3-23　立体层次

许多绘图机制作可以用来加强分离背景中的图形,这样可以将浏览者的注意力集中在地图的重要部分上。使用不同的样式和颜色也可以使地图的重要部分看起来要比周围的背景更加协调均匀。

图形 – 背景比率更复杂的方面是"完美的边界",本质上它的意思是地图上的元素代表了某种实体,给人一种合乎逻辑的印象。简单地说,在这里完美的边界就是:如果对象是地球上的真实部分,那么它就应该像实际存在的那样出现。举例来说,当你要找一个位置放置地名时,可能会发现不得不剪断一条陆地区域的边界线,但这并不违背合乎逻辑的想象,虽然边界线被剪断了,可读图者仍然会觉得那里有一条"暗线",并且也能读到地名。其他的事例包括陆地与水域、边界和道路、植被和城市之间逻辑上的差异。甚至大小也可以用来提高完美的边界,因为通常趋向于将较小的区域作为研究图形而不是较大的区域,例如一个被海洋包围着的岛屿。在设计图形 – 背景关系时,要尽可能地将诸如此类的联系考虑进去,但是在许多绘制地图情况下会有所限制,特别是当研究区的自然条件限制使用一种或更多的图形内容时。

最后一种图形设计的规则就是分层次的图形组织。展布在地图上无数的图形元素必须有组织地安排,而且要突出重要的元素,这个原则在通常的参考性地图中极少使用,因为它们的目的是让所有的元素处于同样重要的位置,允许众多不同的读者在特定的时间内集中精力于他们各自注重的元素。然而,对于专题地图,即 GIS 数据分析结果的一般输出,分析的目的是强调分析专题的属性和结果,至关重要的就是能够显著地表示出最重要的元素。这一点可以通过进行分层次的图形组织或者将元素分成视觉重要性的不同层来实现。

实现分层次的图形组织有三种基本的方法。第一种方法是立体化图形方法,需要改变图形的图案,使得特定重要的元素自然地高于那些不重要的元素显示在地图上,这也是提高图形 – 背景效果的有效方法。立体效果还可以通过使用三维的对象,或者线的粗细、色彩、颜色深浅或大小的差异变换来实现。甚至可以将一些实体的全部或部分自然地放置在其他实体上以达到立体的效果。

第二种方法是延展法,多数是用来对线性网络及点状符号进行分层和归类。此时的目的不是让图形元素看起来在页面中上下移动,而是要突出最重要的信息元素。例如,高速公路应该比单行公路更显著,州内的公路要比马路重要,城市的街道要比乡村小道更重要。从这些例子中,显然可以通过修改线的大小、粗细、结构或者一些组合来显示道路从最高级的高速公路到最低级的乡村小道的差别。

第三种方法称为细分层次法,主要用于显示内部结构的差异。此时主要关注的是区域专题和区域符号。通过进一步划分类别来实现图形的分离。例如可以将牧场再划分为过渡放牧区、有节制的牧区和轻微放牧区。

二、主要输出设备

目前,一般地理信息系统软件都为用户提供三种图形、图像输出方式以及属性数据报表输出。屏幕显示主要用于系统与用户交互时的快速显示,是比较廉价的输出产品,需以屏幕摄影方式做硬拷贝,可用于日常的空间信息管理和小型科研成果输出;矢量绘图仪制图用来绘制高精度的比较正规的大图幅图形产品;喷墨打印机,特别是高品质的激光打印机已经成为当前地理信息系统地图产品的主要输出设备(见表 3-11)。

表 3-11　主要图形输出设备一览表

设备	图形输出方式	精度	特点
矢量绘图机	矢量线划	高	适合绘制一般的线划地图,还可以进行刻图等特殊方式的绘图
喷墨打印机	栅格点阵	高	可制作彩色地图与影像地图等各类精致地图制品
高分辨彩显	屏幕像元点阵	一般	实时显示 GIS 的各类图形、图像产品
行式打印机	字符点阵	差	以不同复杂度的打印字符输出各类地图,精度差,变形大
胶片拷贝机	光栅	较高	可将屏幕图形复制至胶片上,用于制作幻灯片或正胶片

(一)屏幕显示

由光栅或液晶的屏幕显示图形、图像,通常是比较廉价的显示设备,常用来做人和机器交互的输出设备,其优点是代价低、速度快、色彩鲜艳,且可以动态刷新,缺点是非永久性输出,关机后无法保留,而且幅面小、精度低、比例不准确,不宜作为正式输出设备。但值得注意的是,目前,也往往将屏幕上所显示的图形采用屏幕拷贝的方式记录下来,以在其他软件支持下直接使用。图3-24为通过屏幕输出的地图。

 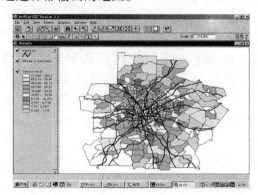

图3-24 计算机屏幕显示地图

由于屏幕同绘图机的彩色成图原理有着明显的区别,所以,屏幕所显示的图形如果直接用彩色打印机输出,两者的输出效果往往存在着一定的差异。这就为利用屏幕直接进行地图色彩配置的操作带来很大的障碍。解决的方法一般是根据经验制作色彩对比表,以此作为色彩转换的依据。近年来,部分地理信息系统与机助制图软件在屏幕与绘图机色彩输出一体化方面已经做了不少卓有成效的工作。

(二)矢量绘图

矢量制图通常采用矢量数据方式输入,根据坐标数据和属性数据将其符号化,然后通过制图指令驱动制图设备;也可以采用栅格数据作为输入,将制图范围划分为单元,在每一单元中通过点、线构成颜色、模式表示,其驱动设备的指令依然是点、线。矢量制图指令在矢量制图设备上可以直接实现,也可以在栅格制图设备上通过插补将点、线指令转化为需要输出的点阵单元,其质量取决于制图单元的大小。

矢量形式绘图以点、线为基本指令。在矢量绘图设备中通过绘图笔在四个方向$(+X、+Y)、(-X、-Y)$或八个方向$((+X,0)、(+X,+Y)、(0,+Y)、(-X,+Y)、(-X,0)、(+X,-Y)、(0,-Y)、(-X,-Y))$上的移动形成阶梯状折线组成。由于一般步距很小,所以线划质量较高。在栅格设备上通过将直线经过的栅格点赋予相应的颜色来实现。矢量形式绘图表现方式灵活、精度高、图形质量好、幅面大,其缺点是速度较慢、价格较高。矢量形式绘图实现各种地图符号,采用这种方法形成的地图有点位符号图、线状符号图、面状符号图、等值线图、透视立体图等。

在图形视觉变量的形式中,符号形状可以通过数学表达式、连接离散点、信息块等方法形成;颜色采用笔的颜色表示;图案通过填充方法按设定的排列、方向进行填充。

(三)打印输出

打印输出一般是直接由栅格方式进行的,可利用以下几种打印机:

(1)行式打印机:打印速度快,成本低,但还通常需要由不同的字符组合表示像元的灰度值,精度太低,十分粗糙,且横纵比例不一,总比例也难以调整,是比较落后的方法。

(2)点阵打印机:点阵打印可用每个针打出一个像元点,点精度达 0.141 mm,可打印精美的、比例准确的彩色地图,且设备便宜,成本低,速度与矢量绘图相近,但渲染图比矢量绘图均匀,便于小型地理信息系统采用,目前主要问题是幅面有限,大的输出图需拼接。

(3)喷墨打印机(亦称喷墨绘图仪):是十分高档的点阵输出设备,输出质量高、速度快,随着技术的不断完善与价格的降低,目前已经取代矢量绘图仪的地位,成为 GIS 产品主要的输出设备(见图 3-25)。

(4)激光打印机:是一种既可用于打印又可用于绘图的设备,其绘图的基本特点是高品质、快速。由于目前费用较高,尚未得到广泛普及,但代表了计算机图形输出的基本发展方向。

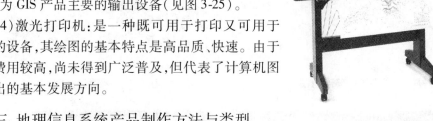

图 3-25　喷墨绘图仪

三、地理信息系统产品制作方法与类型

地理信息系统产品是指由系统处理、分析,可以直接供研究、规划和决策人员使用的产品,其形式有地图、图像、统计图表以及各种格式的数字产品等。地理信息系统产品是系统中数据的表现形式,反映了地理实体的空间特征和属性特征。

(一)地图

地图是空间实体的符号化模型,是地理信息系统产品的主要表现形式(见图 3-26),根据地理实体的空间形态,常用的地图种类有点位符号图、线状符号图、面状符号图、等值线图、三维立体图、晕渲图等。点位符号图在点状实体或面状实体的中心以制图符号表示实体质量特征;线状符号图采用线状符号表示线状实体的特征;面状符号图在面状区域内用填充模式表示区域的类别及数量差异;等值线图将曲面上等值的点以线划连接起来表示曲面的形态;三维立体图采用透视变换产生透视投影使读者对地物产生深度感并表示三维曲面的起伏;晕渲图以地物对光线的反射产生的明暗使读者对三维表面产生起伏感,从而达到表示立体形态的目的(见图 3-27)。

(二)图像

图像也是空间实体的一种模型,它不采用符号化的方法,而是采用人的直观视觉变量(如灰度、颜色、模式)表示各空间位置实体的质量特征。它一般将空间范围划分为规则的单元(如正方形),然后再根据几何规则确定的图像平面的相应位置用直观视觉变量表示该单元的特征,图 3-28、图 3-29 为由喷墨打印机输出的正射影像地图。

(三)统计图表

非空间信息可采用统计图表表示。统计图将实体的特征和实体间与空间无关的相互关系采用图形表示,它将与空间无关的信息传递给使用者,使得使用者对这些信息有全面、直观的了解。统计图常用的形式有柱状图、扇形图、直方图、折线图和散点图等。统计表格将数据直接表示在表格中,使读者可直接看到具体数据值。见图 3-30 ~ 图 3-32。

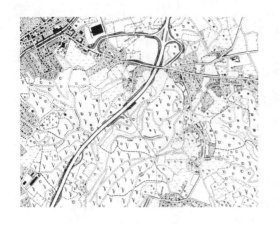
图 3-26　普通地图

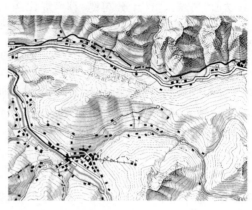
图 3-27　晕渲地形图

图 3-28　正射影像地图

图 3-29　三峡库区三维模拟地图

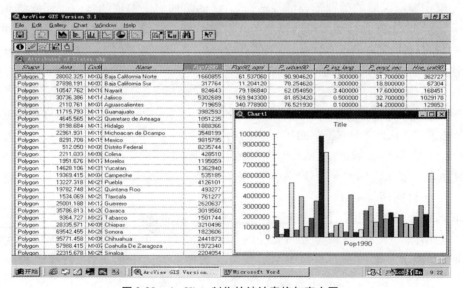
图 3-30　ArcView 制作的统计表格与直方图

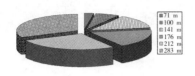

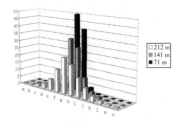

图 3-31　圆饼状统计图　　　　　　　图 3-32　直方统计图

统计图表与地图的综合使用所形成的专题地图,见图 3-33。

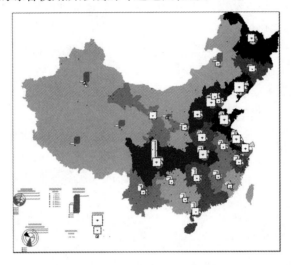

图 3-33　GIS 输出的专题地图(以统计符号表示工农业产值)

随着数字图像处理系统、地理信息系统、制图系统以及各种分析模拟系统和决策支持系统的广泛应用,数字产品成为广泛采用的一种产品形式,供信息作进一步的分析和输出,使得多种系统的功能得到综合。数字产品的制作是将系统内的数据转换成其他系统采用的数据形式。

在地理信息系统中,通常将以上的多种方法组合在一起,输出内容丰富的地理信息系统产品。

第四章　空间查询与空间分析

第一节　空间信息查询

空间查询是 GIS 的最基本最常用的功能,也是它与其他数字制图软件相区别的主要特征。空间查询指查找指定属性条件下的空间实体的位置或空间实体具有的属性。通常,查询过程是交互的,查询结果往往能够将空间和属性信息动态地、集成地显示出来。

一、空间索引

(一)空间索引概念

栅矢一体化空间数据结构一个重要的研究领域是如何建立有效的空间索引结构。目前对线要素索引结构研究较多,主要有 PMR 四叉树、带树和桶方法等,而面要素的索引结构主要有四叉树和 R 树等。这些结构各有自己的应用领域和相对优势,同时也都存在着不足。

空间索引就是指依据空间对象的位置和形状或空间对象之间的某种空间关系按一定的顺序排列的一种数据结构,其中包含空间对象的概要信息,如对象的标识、外接矩形及指向空间对象实体的指针。作为一种辅助性的空间数据结构,空间索引介于空间操作算法和空间对象之间,它通过筛选作用,大量与特定空间操作无关的空间对象被排除,从而提高空间操作的速度和效率。空间索引的性能的优劣直接影响空间数据库和地理信息系统的整体性能,它是空间数据库和地理信息系统的一项关键技术。常见大空间索引一般是自顶向下、逐级划分空间的各种数据结构空间索引,比较有代表性的包括 BSP 树、KDB 树、R 树、R + 树和 CELL 树等。此外,结构较为简单的格网型空间索引有着广泛的应用。

(二)空间索引类型

1. 格网型空间索引

格网型空间索引思路比较简单明了,容易理解和实现。其基本思想是将研究区域用横竖线条划分大小相等和不等的格网,记录每一个格网所包含的空间实体。当用户进行空间查询时,首先计算出用户查询对象所在格网,然后再在该网格中快速查询所选空间实体,这样一来就大大地加快了空间索引的查询速度。

2. BSP 树空间索引

BSP 树是一种二叉树,它将空间逐级进行一分为二的划分(见图 4-1)。BSP 树能很好地与空间数据库中空间对象的分布情况相适应,但对一般情况而言,BSP 树深度较大,对各种操作均有不利影响。

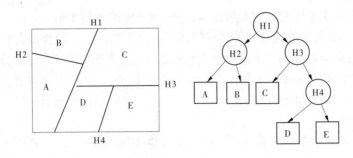

图 4-1 BSP 树

3. KDB 树空间索引

KDB 树是 B 树向多维空间的一种发展。它对于多维空间中的点进行索引具有较好的动态特性,删除和增加空间点对象也可以很方便地实现;其缺点是不直接支持占据一定空间范围的地物要素,如二维空间中的线和面。该缺点可以通过空间映射或变换的方法部分地得到解决。空间映射或变换就是将 $2n$ 维空间中的区域变换到 $2n$ 维空间中的点,这样便可利用点索引结构来对区域进行索引,原始空间的区域查询便转化为高维空间的点查询。但空间映射或变换方法仍然存在着缺点:高维空间的点查询要比原始空间的点查询困难得多;经过变换,原始空间中相邻的区域有可能在点空间中距离变得相当遥远,这些都将影响空间索引的性能。

4. R 树和 R + 树

R 树根据地物的最小外包矩形建立(见图 4-2),可以直接对空间中占据一定范围的空间对象进行索引。R 树的每一个结点 N 都对应着磁盘页 D(N)和区域 I(N),如果结点不是叶结点,则该结点的所有子结点的区域都在区域 I(N)的范围之内,而且存储在磁盘页 D(N)中;如果结点是叶结点,那么磁盘页 D(N)中存储的将是区域 I(N)范围内的一系

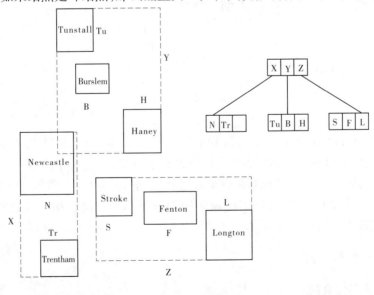

图 4-2 R 树

列子区域,子区域紧紧围绕空间对象,一般为空间对象的外接矩形。

R 树中每个结点所能拥有的子结点数目是有上下限的。下限保证索引对磁盘空间的有效利用,子结点的数目小于下限的结点将被删除,该结点的子结点将被分配到其他的结点中;设立上限的原因是每一个结点只对应一个磁盘页,如果某个结点要求的空间大于一个磁盘页,那么该结点就要被划分为两个新的结点,原来结点的所有子结点将被分配到这两个新的结点中。

由于 R 树兄弟结点对应的空间区域可以重叠,因此 R 树可以较容易地进行插入和删除操作;但正因为区域之间有重叠,空间索引可能要对多条路径进行搜索后才能得到最后的结果,因此其空间搜索的效率较低。正是这个原因促使了 R + 树(见图4-3)的产生。在 R + 树中,兄弟结点对应的空间区域没有重叠,而没有重叠的区域划分可以使空间索引搜索的速度大大提高;但由于在插入和删除空间对象时要保证兄弟结点对应的空间区域不重叠,而使插入和删除操作的效率降低。

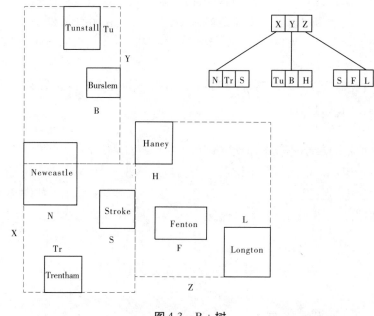

图4-3　R + 树

5. CELL 树

考虑到 R 树和 R + 树在插入、删除和空间搜索效率两方面难以兼顾,CELL 树应运而生。它在空间划分时不再采用矩形作为划分的基本单位,而是采用凸多边形来作为划分的基本单位,具体划分方法与 BSP 树有类似之处,子空间不再相互覆盖。CELL 树的磁盘访问次数比 R 树和 R + 树少,由于磁盘访问次数是影响空间索引性能的关键指标,故CELL 树是比较优秀的空间索引方法(见图4-4)。

二、空间查询方式

(一)空间定位查询

空间定位查询是指给定一个点或一个几何图形,检索出该图形范围内的空间对象以

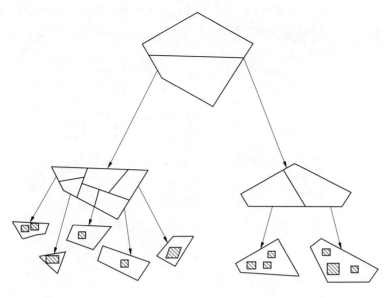

图 4-4　CELL 树

及相应的属性。

1. 按点查询

给定一个鼠标点位,检索出离它最近的空间对象,并显示它的属性,回答它是什么,它的属性是什么,如图 4-5 所示。

图 4-5　按点查询结果

2. 按矩形查询

给定一个矩形窗口,查询出该窗口内某一类地物的所有对象。如果需要,显示出每个对象的属性表。在这种查询中往往需要考虑检索是包含在该窗口内的地物,还是只要该窗口涉及的地物无论是被包含的还是穿过的都被检索出来。这种检索过程异常复杂,它首先需要空间索引,检索到哪些空间对象可能位于该窗口内,然后根据点在矩形内、线在矩形内、多边形位于矩形内判别计算,检索出所有落入检索窗口内的目标,如图4-6所示。

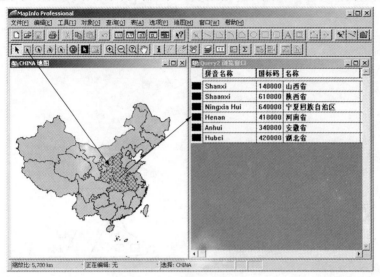

图4-6 按矩形查询结果

3.按圆查询

给定一个圆或椭圆,检索出该圆或椭圆范围内的某个类或某一层的空间对象,其实现方法与按矩形查询类似。

4.按多边形查询

用鼠标给定一个多边形,或者在图上选定一个多边形对象,检索出位于该多边形内的某一类或某一层的空间地物,这一操作其工作原理与按矩形查询相似,但是它比前者要复杂得多,它涉及点在多边形内、线在多边形内、多边形在多边形内的判别计算,这一操作也非常有用,用户需要经常查询某一面状地物,特别是行政区所涉及的某类地物,例如查询通过湖北省的主要公路。

(二)空间关系查询

空间关系查询包括空间拓扑关系查询和缓冲区查询,空间关系查询有些是通过拓扑数据结构直接查询得到,有些是通过空间运算,特别是空间位置的关系运算得到。

1.邻接查询

多边形邻接查询,如查询与面状地物A相邻的所有多边形。

该问题可用拓扑查询执行。

第一步:从多边形与弧段关联的表中,检索出该多边形关联的所有弧段;

第二步:从弧段关联的左右多边形的表中,检索出这些弧段所关联的多边形,即为与A相邻的多边形。

第二类邻接查询是线与线的邻接查询,例如查询所有与主河流A关联的支流,这一问题也可通过拓扑关系表查询得以完成。

第一步:从线状地物表中查找出组成线状地物A的主要弧段及关联的结点;

第二步:从结点表中查找出与这些结点相关联的弧段(线状目标)即为与A关联的支

流。

邻接关系查询还可能涉及一个结点关联的线状目标和面状目标等。

2. 包含关系查询

查询某一个面状地物所包含的某一类的空间对象。被包含的空间对象可能是点状地物、线状地物或面状地物。它实际上与前面所述的按多边形的定位查询相似。这种查询使用空间运算执行。

3. 穿越查询

往往需要查询某一条公路或一条河流穿越了哪些县、哪些乡,完成这一操作,即可使用穿越查询。

穿越查询一般采用空间运算方法执行。根据一个线状目标的空间坐标,计算出哪些面状地物或线状地物与它相交。

4. 落入查询

有时我们需要了解一个空间对象落在哪个空间对象之内。例如,查询一个一等测量钢标落在哪个乡镇的地域内,以便找到相应行政机关给予保护。执行这一操作采用空间运算即可,即使用点在多边形内、线在多边形内,或面在多边形内的判别方法。

5. 缓冲区查询

缓冲区查询与后面章节所述的缓冲区分析有一点差别,缓冲区查询不对原有图形进行切割,只是根据用户需要给定一个点缓冲、线缓冲或面缓冲的距离,从而形成一个缓冲区的多边形,再根据前面所述的多边形检索的原理,检索出该缓冲区多边形内的空间地物。如图 4-7 所示为检索的道路拓宽时涉及的宗地。

图 4-7 缓冲区查询

（三）SQL 查询

GIS 的一个主要功能特色之一就是能够根据图形查询到属性和根据属性条件查询到相应的图形。前面介绍的都是根据空间图形查询空间关系及相应的属性,这一部分介绍如何根据属性查找图形。

1. 查找

查找(find)是最简单的由属性查询图形的操作,它不需要构造复杂的SQL命令,仅需选择一个属性表,给定一个属性值,找出对应的属性记录和空间图形。这一步操作是先执行数据库查询语言,找到满足条件的数据库,得到它的目标标识,再通过目标标识在图形数据文件中找到对应的空间对象。

查找的另外一种方式是当屏幕上已显示一个属性表时,用户根据属性表的记录内容,用鼠标在表中任意点取某一个或几个记录,图形界面即闪亮被选取的空间对象。如图4-8所示。

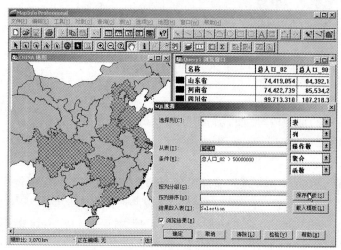

图4-8 SQL查询

2. SQL查询

GIS软件通常支持标准的SQL查询语言。标准SQL查询语言是:

Select	需显示的属性项
From	属性表
Where	条件
or	条件
and	条件

进一步复杂的查询还可以进行嵌套。即是说Where的条件中可以进一步嵌套Select语句。

但是,一般的GIS软件都设计了比较好的用户界面,交互式选择和输入上面Select语句有关的内容,代替键入完整的Select语句。

在输入了Select语句有关的内容和条件以后,系统转化为标准的关系数据库SQL查询语言,由数据库管理系统执行或由(ODBC)C语言执行,查询得到满足条件的空间对象。得到一组空间对象的标识以后,在图形文件中找到并闪亮被查询的空间地物。图4-8所示为通过SQL命令查询到的1980年人口大于5 000万人的省、自治区、直辖市。

3. 扩展的SQL查询

将SQL查询和空间关系查询结合起来是GIS研究学者研究的一个重要课题(李霖,

· 82 ·

1997;黄波,1997),即将 SQL 的属性条件和空间关系的图形条件组合在一起形成扩展的 SQL 查询语言。

扩展的 SQL 查询语言目前还没有统一的标准,空间关系的谓词也没有规范化,通常有相邻"Ajacent"、包含"Contain"、穿过"Cross"和在⋯⋯之内"Inside"、缓冲区"Buffer"等。有了这些空间关系谓词与属性条件组合在一起,进行复杂的空间查询,可能给 GIS 用户带来很大方便。

执行扩展 SQL 空间查询语句,如果要将属性条件和空间关系整体统一起来,从底层进行查询优化,有一定的难度。如果将两层分开进行查询优化,则技术上难度不大。如上述语句如果先执行长江通过的县或市,得到一个查询子集,再在这个子集内,进一步根据人口大于 50 万人的条件,查找到相应的县或市,并根据目标标识显示它们的图形,比较容易实现,而且用户也没有感觉出系统分了几步执行。

第二节　空间量算与内插

一、几何量算

几何量算对不同的点、线、面地物有不同的含义:

- 点状地物(0 维):坐标;
- 线状地物(1 维):长度、曲率、方向;
- 面状地物(2 维):面积、周长、形状、曲率等;
- 体状地物(3 维):体积、表面积等。

一般的 GIS 软件都具有对点、线、面状地物的几何量算功能,或者是针对矢量数据结构,或者是针对栅格数据结构的空间数据。

(一)线的长度计算

线状地物对象最基本的形态参数之一是长度。在矢量数据结构下,线表示为点对坐标(X,Y)或(X,Y,Z)的序列,在不考虑比例尺情况下,线长度的计算公式为:

$$L = \sum_{i=0}^{n-1} \left[(X_{i+1} - X_i)^2 + (Y_{i+1} - Y_i)^2 + (Z_{i+1} - Z_i)^2 \right]^{\frac{1}{2}} = \sum_{i=1}^{n} l_i \qquad (4-1)$$

对于复合线状地物对象,则需要在对诸分支曲线求长度后,再求其长度总和。

通过离散坐标点对串来表达线对象,选择反映曲线形状的选点方案非常重要,往往由于选点方案不同,会带来长度计算的不同精度问题。为提高计算精度,增加点的数目,会对数据获取、管理与分析带来额外的负担,折中的选点方案是在曲线的拐弯处加大点的数目,在平直段减少点数,以达到计算允许精度要求。

在栅格数据结构里,线状地物的长度就是累加地物骨架线通过的格网数目,骨架线通常采用八方向连接,当连接方向为对角线方向时,还要乘以$\sqrt{2}$。

(二)面状地物的面积

面积是面状地物最基本的参数。在矢量结构下,面状地物以其轮廓边界弧段构成的多边形表示。对于没有空洞的简单多边形,假设有 N 个顶点,其面积计算公式为:

$$S = \left| \frac{1}{2} \left[\sum_{i=1}^{N-2} (x_i y_{i+1} - x_{i+1} y_i) + (x_N y_1 - x_1 y_N) \right] \right| \tag{4-2}$$

所采用的是几何交叉处理方法,即沿多边形的每个顶点作垂直于 X 轴的垂线,然后计算每条边,它的两条垂线及这两条垂线所截得 X 轴部分所包围的面积,所求出的面积的代数和,即为多边形面积。对于有孔或内岛的多边形,可分别计算外多边形与内岛面积,其差值为原多边形面积。此方法亦适合体积的计算。

对于栅格结构,多边形面积计算就是统计具有相同属性值的格网数目。但对计算破碎多边形的面积有些特殊,可能需要计算某一个特定多边形的面积,必须进行再分类,将每个多边形进行分割赋给单独的属性值,之后再进行统计。

二、形状量算

面状地物形状量测的两个基本问题:空间一致性问题,即有孔多边形和破碎多边形的处理;多边形边界特征描述问题。

度量空间一致性最常用的指标是欧拉函数,用来计算多边形的破碎程度和孔的数目。欧拉函数的结果是一个数,称为欧拉数。欧拉函数的计算公式为:

欧拉数 = 孔数 - (碎片数 - 1)

图 4-9 表示了多边形的三种可能的情形。

对于图 4-9(a),欧拉数 = 4 - (1 - 1) = 4 或欧拉数 = 4 - 0 = 4;对于图 4-9(b),欧拉数 = 4 - (2 - 1) = 3 或欧拉数 = 4 - 1 = 3;对于图 4-9(c),欧拉数 = 5 - (3 - 1) = 3。

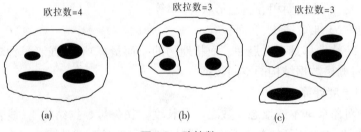

图 4-9 欧拉数

关于多边形边界描述的问题,由于面状地物的外观是复杂多变的,很难找到一个准确的指标进行描述。最常用的指标包括多边形长、短轴之比,周长面积比,面积长度比等。其中绝大多数指标是基于面积和周长的。通常认为圆形地物既非紧凑型也非膨胀型,则可定义其形状系数 r 为:

$$r = \frac{P}{2\sqrt{\pi} \cdot \sqrt{A}} \tag{4-3}$$

其中,P 为地物周长;A 为面积。如果 $r < 1$ 为紧凑型;$r = 1$ 为标准圆;$r > 1$ 为膨胀型。

三、质心量算

质心是描述地理对象空间分布的一个重要指标。例如要得到一个全国的人口分布等值线图,而人口数据只能到县级,所以必须在每个县域里定义一个点作为质心,代表该县的数值,然后进行插值计算全国人口等值线。质心通常定义为一个多边形或面的几何中心,当多边形比较简单时,比如矩形,计算很容易。但当多边形形状复杂时,计算就很复杂。在某些情况下,质心描述的是分布中心,而不是绝对几何中心。同样以全国人口为例,当某个县绝大部分人口明显集中于一侧时,可以把质心放在分布中心上,这种质心称为平均中心或重心。如果考虑其他一些因素的话,可以赋予权重系数,称为加权平均中心。计算公式是:

$$X_G = \frac{\sum_i W_i X_i}{\sum_i W_i}$$

$$Y_G = \frac{\sum_i W_i Y_i}{\sum_i W_i} \tag{4-4}$$

其中,W_i 为第 i 个离散目标物权重;(X_i, Y_i) 为第 i 个离散目标物的坐标。

质心量测经常用于宏观经济分析和市场区位选择,还可以跟踪某些地理分布的变化,如人口变迁、土地类型变化等。

四、距离量算

"距离"是人们日常生活中经常涉及的概念,它描述了两个事物或实体之间的远近程度。最常用的距离概念是欧氏距离,无论是矢量结构,还是栅格结构都很容易实现。在GIS中,距离通常是两个地点之间的计算,但有时人们想知道一个地点到所有其他地点的距离,这时得到的距离是一个距离表面。如果一区域中所有的性质与方向无关,则称为各向同性区域。以旅行时间为例,如果从某一点出发,到另一点所耗费的时间只与两点之间的欧氏距离成正比,则从一固定点出发,旅行特定时间后所能达到的点必然组成一个等时圆。而现实生活中,旅行所耗费的时间不只与欧氏距离成正比,还与路况、运输工具性能等有关,从固定点出发,旅行特定时间后所能到达的点则在各个方向上是不同距离的,形成各向异性距离表面(见图4-10)。

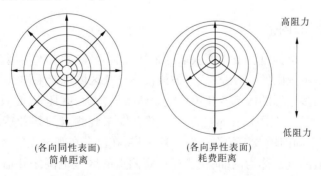

图 4-10　各向同性和各向异性的距离表面

考虑到阻力影响,计算的距离称为耗费距离。物质在空间中移动总要花费一些代价,如资金、时间等。阻力越大耗费也越大。相应地通过耗费距离得到的距离表面称为阻力表面或耗费表面,其属性值代表耗费或阻力大小。可以根据阻力表面计算最小耗费距离。

对于描述点、线、面坐标的矢量结构,也有一系列的不同于欧氏距离的概念。欧氏距离通常用于计算两点的直线距离:

$$d = \sqrt{(X_i - X_j)^2 + (Y_i - Y_j)^2}$$ (4-5)

当有障碍或阻力存在时,两点之间的距离就不能用直线距离,计算非标准欧氏距离的一般公式为:

$$d = \left[(X_i - X_j)^k + (Y_i - Y_j)^k \right]^{\frac{1}{k}}$$ (4-6)

当 $k = 2$ 时,就是欧氏距离计算公式。当 $k = 1$ 时,得到的距离称为曼哈顿距离。欧氏距离、曼哈顿距离和非欧氏距离的计算如图 4-11 所示。

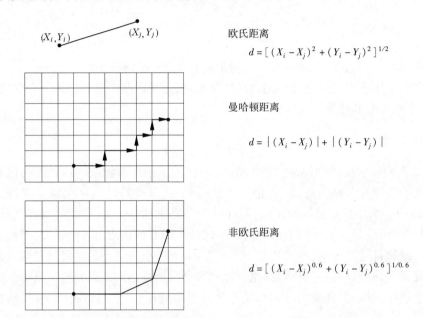

图 4-11　欧氏距离、曼哈顿距离和一种非欧氏距离

五、空间数据的内插

空间数据往往是根据自己要求所获取的采样观测值,诸如土地类型、地面高程等。这些点的分布往往是不规则的,在用户感兴趣或模型复杂区域可能采样点多,反之则少。由此而导致所形成的多边形的内部变化不可能表达得更精确、更具体,而只能达到一般的平均水平或“象征水平”。但用户在某些时候却欲获知未观测点的某种感兴趣特征的更精确值,这就导致了空间内插技术的诞生。一般来讲,在已存在观测点的区域范围之内估计未观测点的特征值的过程称为内插;在已存在观测点的区域范围之外估计未观测点的特征值的过程称为推估。

前面已经提到,现实空间可以分为具有渐变特征的连续空间和具有跳跃特征的离散空间。举例来讲,土地类型分布属离散空间,而地形表面分布则是连续空间,见图 4-12。

对于离散空间,假定任何重要变化发生在边界上,如 bc 段上方为土地类型 B,下方则为类型 C,其边界内的变化则是均匀的、同质的,即在各个方面都是相同的。对于这种空

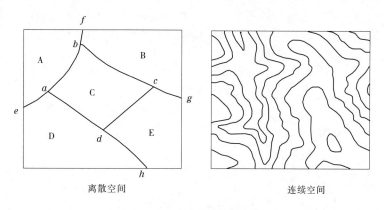

離散空間　　　　　　　　　　　　　連续空間

图 4-12　离散空间和连续空间

间的最佳内插方法是邻近元法,即以最邻近图元的特征值表征未知图元的特征值。这种方法在边界会产生一定的误差,但在处理大面积多边形时,则十分方便。但是,对于连续空间表面,上述处理方法则不合适。连续表面的内插技术必须采用连续的空间渐变模型实现这些连续变化,可用一种平滑的数学表面加以描述。这类技术可分为整体拟合和局部拟合技术两大类。整体拟合技术即拟合模型是由研究区域内所有采样点上的全部特征观测值建立的。通常采用的技术是整体趋势面拟合。这种内插技术的特点是不能提供内插区域的局部特性,因此该模型一般用于模拟大范围内的变化。而局部拟合技术则是仅仅用邻近的数据点来估计未知点的值,因此可以提供局部区域的内插值,而不致受局部范围外其他点的影响。这类技术包括双线性多项式内插、移动拟合法、最小二乘配置法等。

（一）趋势面拟合技术

多项式回归分析是描述大范围空间渐变特征的最简单方法。多项式回归的基本思想是用多项式表示线(数据是一维时)或面(数据是二维时),并按最小二乘法原理对数据点进行的拟合,拟合时假定数据点的空间坐标(X,Y)为独立变量,而表征特征值的Z坐标为因变量。当数据为一维(X)时,这种变化可用回归线近似表示为:

$$Z = a_0 + a_1 X \tag{4-7}$$

式中,a_0、a_1为多项式系数。当n个采样点上的方差和为最小时,则认为线性回归方程与被拟合曲线达到了最佳配准(见图 4-13)。即

$$Z = b_0 + b_1 X + b_2 X^2$$

但实际空间中,数据往往是二维的,而且以更为复杂的方式变化,如图 4-14 所示,在这种情况下需用二次或高次多项式:

$$Z = b_0 + b_1 X + b_2 Y + b_3 X^2 + b_4 XY + b_5 Y^2$$

趋势面的次数并非越高越好,超过 3 次的复项多项式往往会导致解的奇异,因此一般控制在二次变化曲面。

趋势面是一种平滑函数,很难正好通过原始数据点,这就是说,在多重回归中的残差属正常分布的独立误差,而且趋势面拟合产生的偏差几乎都具有一定程度的空间非相关性。

整体趋势面拟合除应用整体空间的独立点内插外,另一个最有成效的应用之一是揭

示区域中不同于总趋势的最大偏离部分。因此,在利用某种局部内插方法以前,可以利用整体趋势面拟合技术从数据中去掉一些宏观特征(例如最小二乘配置法)。

$$\sum_{i=1}^{n} (\hat{z}_i - z_i)^2 = \min$$

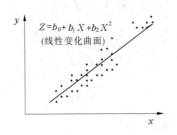

图 4-13　线性回归分析

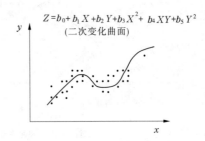

图 4-14　高次多项式

(二)局部拟合技术

实际连续空间表面很难用一种数学多项式表达,因此往往采用局部拟合技术利用局部范围内的已知采样点拟合内插值。这在表达地形变化特征的数字高程模型(DEM)内插中应用尤为广泛。

1. 双线性多项式内插

根据最近邻的四个数据点,确定一个双线性多项式:

$$z = (1 \quad x) \begin{bmatrix} a_{00} & a_{01} \\ a_{10} & a_{11} \end{bmatrix} \begin{pmatrix} 1 \\ y \end{pmatrix} \tag{4-8}$$

当四个数据为正方形排列时,设边长为 L,内插点相对于 A 点的坐标为(X,Y),则有

$$Z_P = \left(1 - \frac{X}{L}\right)\left(1 - \frac{Y}{L}\right)Z_A + \left(1 - \frac{Y}{L}\right)\frac{X}{L}Z_B + \left(\frac{X}{L}\right)\left(\frac{Y}{L}\right)Z_C + \left(1 - \frac{X}{L}\right)\frac{Y}{Z}Z_D \tag{4-9}$$

当推广到双三次多项式时,采用分块方式,每一分块可以定义出一个不同的多项式曲面,当 n 次多项式与其相邻分块的边界上所有 $n-1$ 次导数都连续时,称之为样条函数。

在数据点为方格网的情况下,采用三次曲面来描述格网内的内插值时,待定点内插值 Z_P 为:

$$Z_P = (1 \quad X \quad X^2 \quad X^3) \begin{bmatrix} a_{00} & a_{01} & a_{02} & a_{03} \\ a_{10} & a_{11} & a_{12} & a_{13} \\ a_{20} & a_{21} & a_{22} & a_{23} \\ a_{30} & a_{31} & a_{32} & a_{33} \end{bmatrix} \begin{bmatrix} 1 \\ Y \\ Y^2 \\ Y^3 \end{bmatrix} \tag{4-10}$$

样条函数可用于精确的局部内插(即通过所有的已知采样点)。由于采用分块技术,每次只采用少量已知数据点,故内插运算速度很快,此外由于保留了局部微特征,在视觉上也有令人满意的效果。

2. 移动拟合法

这种方法以待定点为中心进行内插。其原理是:定义一个合适的局部函数去拟合周围的数据点,通过解求拟合函数,解求出待定点的内插值。这种方法一般采取多余观测,

利用最小二乘原理求解。通常做法是将坐标原点放置在待定点上,而采用的数据点应落在半径为 R 的圆内(见图 4-15)。

局部函数可以为一次多项式(平面),但通常考虑到数据表面的光滑性,可采用二次多项式(曲面):

$$z = AX^2 + BXY + CY^2 + DX + EY + F \quad (4-11)$$

所采用的数据点坐标 (X, Y) 应满足:

$$\sqrt{X^2 + Y^2} = d \leqslant R$$

R 为数据圆半径。

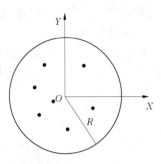

图 4-15　移动拟合法原理示意图

数据圆的大小应以保证落入圆内的已知数据点数目不少于 6 个为基本准则,同时还应考虑数据表面的连续变化特征,在出现跃变的数据范围,应另选局部函数。

落入数据圆中的数据点,由于其对中心原点处的作用大小各不相同,因此规定不同大小的权。根据通常数据内插的原则,距内插点越近其值越相近,越远则相差越大,可以依据内插点与已知点之间的空间距离分配权的大小。具体地说,当内插点无限接近于某个数据点时,则该数据点的权应无限大。

通常可采用的权的形式有:

$$\left. \begin{array}{l} P_i = \dfrac{1}{d_i^2} \\[2ex] P_i = \dfrac{R - d_i^2}{d_i} \\[2ex] P_i = \mathrm{e}^{\frac{-d_i^2}{-R^2}} \end{array} \right\} \quad (4-12)$$

究竟采取何种加权方式,应视具体的情况而定。

除上述介绍的两种主要局部内插法外,还有其他的一些内插方法,如最小二乘配置法、有限元内插法等。但是这些方法一般用于数据表面复杂、待求点众多的地形表面,用于生成规则的格网数字地面模型(DTM),有关这方面的介绍有专门的章节。

第三节　栅格数据分析的基本模式

栅格数据由于其自身数据结构的特点,在数据处理与分析中通常使用线性代数的二维数字矩阵分析法作为数据分析的数学基础。因此,具有自动分析处理较为简单,而且分析处理模式化很强的特征。一般来说,栅格数据的分析处理方法可以概括为聚类聚合分析、多层面复合叠置分析、窗口分析及追踪分析等几种基本的分析模型类型。以下分别进行描述与讨论。

一、栅格数据的聚类和聚合分析

栅格数据的聚类、聚合分析均是指将一个单一层面的栅格数据系统经某种变换而得到一个具有新含义的栅格数据系统的数据处理过程。也有人将这种分析方法称为栅格数据的单层面派生处理法。

（一）聚类分析

栅格数据的聚类是根据设定的聚类条件对原有数据系统进行有选择的信息提取而建立新的栅格数据系统的方法。

图4-16（a）为一个栅格数据系统样图，1、2、3、4为其中的四种类型要素，图4-16（b）为提取其中要素"2"的聚类结果。

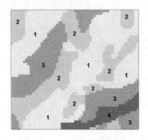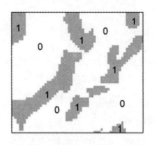

（a）栅格数据系统样图　　　（b）提取要素"2"的聚类结果

图4-16　聚类分析示意图

（二）聚合分析

栅格数据的聚合分析是指根据空间分辨力和分类表，进行数据类型的合并或转换以实现空间地域的兼并。

空间聚合的结果往往将较复杂的类别转换为较简单的类别，并且常以较小比例尺的图形输出。当从地点、地区到大区域的制图综合变换时常需要使用这种分析处理方法。对于图4-16（a），如给定聚合的标准为1、2类合并为b，3、4类合并为a，则聚合后形成的栅格数据系统如图4-17（a）所示，如给定聚合的标准为2、3类合并为c，1、4类合并为d，则聚合后形成的栅格数据系统如图4-17（b）所示。

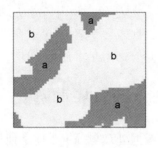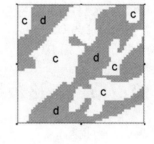

（a）　　　　　　　（b）

图4-17　栅格数据的聚合

栅格数据的聚类聚合分析处理法在数字地形模型及遥感图像处理中的应用是十分普遍的。例如，由数字高程模型转换为数字高程分级模型便是空间数据的聚合，而从遥感数字图像信息中提取其一地物的方法则是栅格数据的聚类。

二、栅格数据的信息复合分析

能够极为便利地进行同地区多层面空间信息的自动复合叠置分析，是栅格数据一个最为突出的优点。正因为如此,栅格数据常被用来进行区域适应性评价、资源开发利用和规划等多因素分析研究工作。在数字遥感图像处理工作中,利用该方法可以实现不同波段遥感信息的自动合成处理;还可以利用不同时间的数据信息进行某类现象动态变化的分析和预测。因此,该方法在计算机地学制图与分析中具有重要的意义。信息复合模型(overlay)包括两类,即简单的视觉信息复合和较为复杂的叠加分类模型。

(一)视觉信息复合

视觉信息复合是将不同专题的内容叠加显示在结果图件上,以便系统使用者判断不同专题地理实体的相互空间关系,获得更为丰富的信息。地理信息系统中视觉信息复合包括以下几类:

(1)面状图、线状图和点状图之间的复合;

(2)面状图区域边界之间或一个面状图与其他专题区域边界之间的复合;

(3)遥感影像与专题地图的复合;

(4)专题地图与数字高程模型复合显示立体专题图;

(5)遥感影像与 DEM 复合生成真三维地物景观。

(二)叠加分类模型

简单视觉信息复合之后,参加复合的平面之间没发生任何逻辑关系,仍保留原来的数据结构;叠加分类模型则根据参加复合的数据平面各类别的空间关系重新划分空间区域,使每个空间区域内各空间点的属性组合一致。叠加结果生成新的数据平面,该平面图形数据记录了重新划分的区域,而属性数据库结构中则包含了原来的几个参加复合的数据平面的属性数据库中所有的数据项。叠加分类模型用于多要素综合分类以划分最小地理景观单元,进一步可进行综合评价以确定各景观单元的等级序列。

以下按复合运算方法的不同进行分类讨论。

1. 逻辑判断复合法

设有 A、B、C 三个层面的栅格数据系统,一般可以用布尔逻辑算子以及运算结果的文氏图(见图 4-18)表示其一般的运算思路和关系。

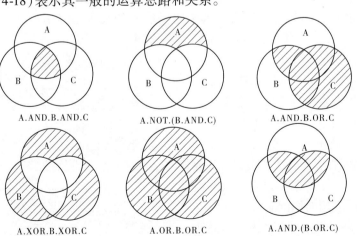

A.AND.B.AND.C　　　　A.NOT.(B.AND.C)　　　　A.AND.B.OR.C

A.XOR.B.XOR.C　　　　A.OR.B.OR.C　　　　A.AND.(B.OR.C)

图 4-18　布尔逻辑算子文氏图

2. 数学运算复合法

数学运算复合法是指不同层面的栅格数据逐网格按一定的数学法则进行运算,从而得到新的栅格数据系统的方法。其主要类型有以下几种:

(1)算术运算:指两层以上的对应网格值经加、减运算,而得到新的栅格数据系统的方法。这种复合分析法具有很大的应用范围。图4-19给出了该方法在栅格数据编辑中的应用例证。

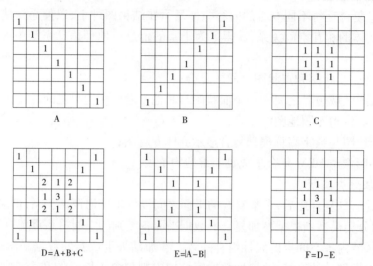

图4-19　栅格数据的算术运算

(2)函数运算:指两个以上层面的栅格数据系统以某种函数关系作为复合分析的依据进行逐网格运算,从而得到新的栅格数据系统的过程。

这种复合叠置分析方法被广泛地应用到地学综合分析、环境质量评价、遥感数字图像处理等领域中。

例如利用土壤侵蚀通用方程式计算土壤侵蚀量时,就可利用多层面栅格数据的函数运算复合分析法进行自动处理。一个地区土壤侵蚀量的大小是降雨(R)、植被覆盖度(C)、坡度(S)、坡长(L)、土壤抗蚀性(SR)等因素的函数。可写成

$$E = F(R,C,S,L,SR,\cdots) \qquad (4\text{-}13)$$

逐网格的复合分析运算如图4-20所示。

类似这种分析方法在地学综合分析中具有十分广泛的应用前景。只要得到对于某项事物关系及发展变化的函数关系式,便可运用以上方法完成各种人工难以完成的极其复杂的分析运算。这也是目前信息自动复合叠置分析法受到广泛应用的原因。

值得注意的是,信息的复合法只是处理地学信息的一种手段,而其中各层面信息关系模式的建立对分析工作的完成及分析质量

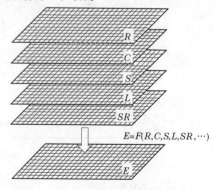

图4-20　土壤侵蚀多因子函数运算复合分析示意图

的优劣具有决定性作用。这往往需要经过大量的试验研究,而计算机自动复合分析法的出现也为获得这种关系模式创造了有利的条件。

三、栅格数据的追踪分析

所谓栅格数据的追踪分析,是指对于特定的栅格数据系统,由某一个或多个起点,按照一定的追踪线索进行追踪目标或者追踪轨迹信息提取的空间分析方法。如图 4-21 所示,栅格所记录的是地面点的海拔高程值,根据地面水流必然向最大坡度方向流动的基本追踪线索,可以得出在以上两个点位地面水流的基本轨迹。此外,追踪分析法在扫描图件的矢量化、利用数字高程模型自动提取等高线、污染源的追踪分析等方面都发挥着十分重要的作用。

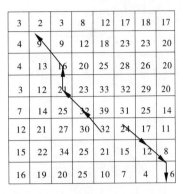

图 4-21　由追踪法提取地面水流路径

四、栅格数据的窗口分析

地学信息除在不同层面的因素之间存在着一定的制约关系外,还表现在空间上存在着一定的关联性。对于栅格数据所描述的某项地学要素,其中的(I,J)栅格往往会影响其周围栅格的属性特征。准确而有效地反映这种事物空间上联系的特点,也必然是计算机地学分析的重要任务。窗口分析是指对于栅格数据系统中的一个、多个栅格点或全部数据,开辟一个有固定分析半径的分析窗口,并在该窗口内进行诸如极值、均值等一系列统计计算,或与其他层面的信息进行必要的复合分析,从而实现栅格数据有效的水平方向扩展分析。

(一)分析窗口的类型

按照分析窗口的形状,可以将分析窗口划分为以下类型:

(1)矩形窗口:是以目标栅格为中心,分别向周围八个方向扩展一层或多层栅格,从而形成如图 4-22 所示的矩形分析区域。

(2)圆形窗口:是以目标栅格为中心,向周围作一等距离搜索区,构成一圆形分析窗口,见图 4-22。

(3)环形窗口:是以目标栅格为中心,按指定的内外半径构成环形分析窗口,见图 4-22。

(4)扇形窗口:是以目标栅格为起点,按指定的起始与终止角度构成扇形分析窗口,见图 4-22。

(二)窗口内统计分析的类型

栅格分析窗口内的空间数据的统计分析类型一般有以下几种类型:①均值(Mean);②最大值(Maximum);③最小值(Minimum);④中值(Median);⑤总和(Sum);⑥范围(Range);⑦多数(Majority);⑧少数(Minority);⑨多样化(Variety)。

在实际工作中,为解决某一个具体的应用命题,以上 4 种栅格数据的分析模式往往综合使用。

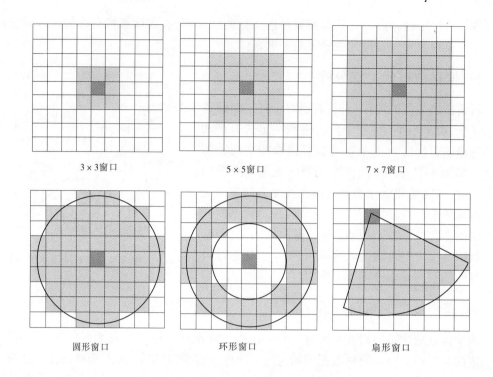

| 3 × 3窗口 | 5 × 5窗口 | 7 × 7窗口 |

| 圆形窗口 | 环形窗口 | 扇形窗口 |

图 4-22　分析窗口的类型

第四节　矢量数据分析的基本方法

与栅格数据分析处理方法相比,矢量数据一般不存在模式化的分析处理方法,而表现为处理方法的多样性与复杂性。本节选择几种最为常见的几何分析法,并以其为例,说明矢量数据分析处理的基本原理与方法。

一、包含分析

确定要素之间是否存在着直接的联系,即矢量点、线、面之间是否存在在空间位置上的联系,这是地理信息分析处理中常要提出的问题,也是在地理信息系统中实现图形—属性对位检索的前提条件与基本的分析方法。例如,若在计算机屏幕上利用鼠标点击对应的点状、线状或面状图形,查询其对应的属性信息;或需要确定点状居民地与线状河流或面状地类之间的空间关系(如是否相邻或包含),都需要利用矢量数据的包含分析与数据处理方法。例如,要确定某个井位属于哪个行政区,要测定某条断裂线经过哪些城市建筑,都需要通过 GIS 信息分析方法中对已有矢量数据的包含分析来实现以上目标,如图4-23所示。

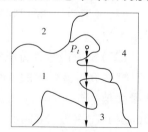

图 4-23　铅垂线算法

在包含分析的具体算法中,点与点、点与线的包含分析一般均可以分别通过先计算点到点、点到线之间的距离,然后,利用最小距离阈值判断包含的结果。点与面之间的包含分析,或称为 Point-Polygon 分析,具有较为典型的意义。可以通过著名的铅垂线算法来解决,如图 4-23 所示,由 P_i 点作一条铅垂线。现在要测试 P_i 是在该多边形之内或之外。其基本算法的思路是如果该铅垂线与某一图斑有奇数交点,则该 P_i 点必位于该图斑内(某些特殊条件除外)。

利用这种包含分析方法,还可以解决地图的自动分色,地图内容从面向点的制图综合,面状数据从矢量向栅格格式的转换,以及区域内容的自动计数(例如某个设定的森林砍伐区内,某一树种的棵数)等。例如,确定某区域内矿井的个数,这是点与面之间的包含分析,确定某一县境内公路的类型以及不同级别道路的里程,是线与面之间的包含分析。分析的方法是:首先对这些矿井、公路要点、线要素数字化,经处理后形成具有拓扑关系的相应图层,然后和已经存放在系统中的多边形进行点与面、线与面的叠加;最后对这个多边形或区域进行这些点或线段的自动计数或归属判断。

通过点的包含提取中国的属性值见图 4-24。

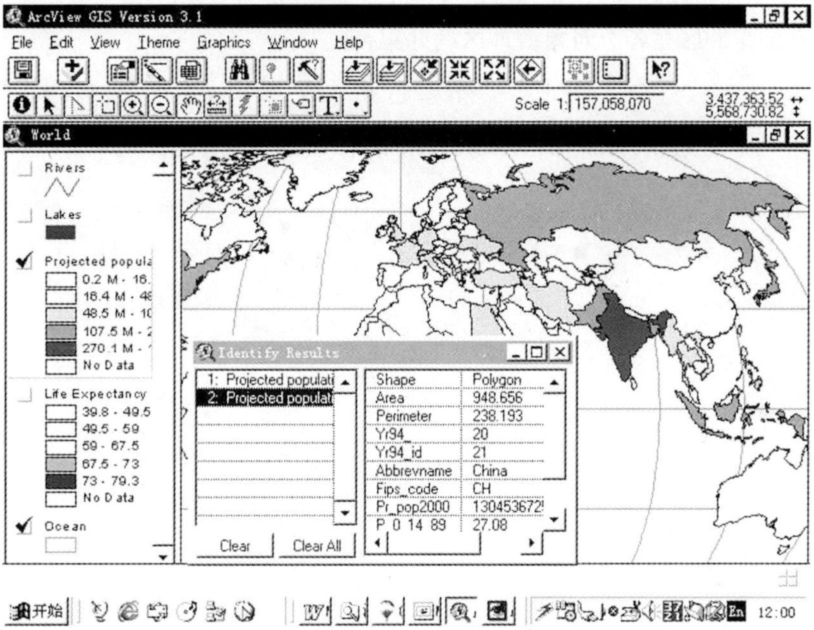

图 4-24   通过点的包含提取中国的属性值

二、矢量数据的缓冲区分析

邻近度(Proximity)描述了地理空间中两个地物距离相近的程度,其确定是空间分析的一个重要手段。交通沿线或河流沿线的地物有其独特的重要性,公共设施(商场、邮局、银行、医院、车站、学校等)的服务半径,大型水库建设引起的搬迁,铁路、公路以及航运河道对其所穿过区域经济发展的重要性等,均是一个邻近度问题。缓冲区分析是解决邻近度问题的空间分析工具之一。

所谓缓冲区就是地理空间目标的一种影响范围或服务范围(见图 4-25)。从数学的角度看,缓冲区分析的基本思想是给定一个空间对象或集合,确定它们的邻域,邻域的大

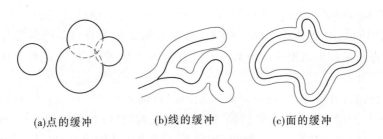

(a)点的缓冲　　　　　(b)线的缓冲　　　　　(c)面的缓冲

图4-25　缓冲区示意图

小由邻域半径 R 决定。因此,对象 O_i 的缓冲区定义为:

$$B_i = \{x : d(x, O_i) \leq R\} \tag{4-14}$$

即对象 O_i 的半径为 R 的缓冲区为距 O_i 的距离 d 小于 R 的全部点的集合。d 一般是最小欧氏距离,但也可是其他定义的距离。对于对象集合

$$O = \{O_i : i = 1, 2, \cdots, n\}$$

其半径为 R 的缓冲区是各个对象缓冲区的并集,即

$$B = \bigcup_{i=1}^{n} B_i \tag{4-15}$$

图4-26 为点对象、线对象、面对象及对象集合的缓冲区示例。

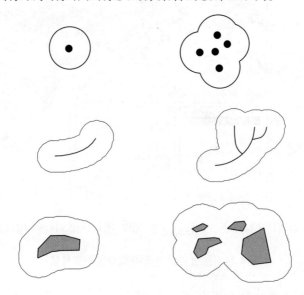

图4-26　点、线、多边形的缓冲区

　　另外还有一些特殊形态的缓冲区,如点对象有三角形、矩形和圈形等,对于线对象有双侧对称、双侧不对称或单侧缓冲区,对于面对象有内侧和外侧缓冲区。这些适合不同应用要求的缓冲区,尽管形态特殊,但基本原理是一致的。

　　缓冲区计算的基本问题是双线问题。双线问题有很多另外的名称,如图形加粗、加宽线、中心线扩张等,它们指的都是相同的操作。

　　(1)角分线法。

　　双线问题最简单的方法是角分线法(简单平行线法)。算法是在轴线首尾点处,作轴

线的垂线并按缓冲区半径 R 截出左右边线的起止点；在轴线的其他转折点上，用与该线所关联的前后两邻边距轴线的距离为 R 的两平行线的交点来生成缓冲区对应顶点。如图 4-27 所示。

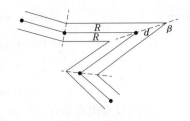

图 4-27　角分线法

角分线法的缺点是难以最大限度保证双线的等宽性，尤其是在凸侧角点在进一步变锐时，将远离轴线顶点。根据图 4-27，远离情况可由下式表示：

$$d = \frac{R}{\sin\dfrac{\beta}{2}} \tag{4-16}$$

当缓冲区半径不变时，d 随张角 β 的减小而增大，结果在尖角处双线之间的宽度遭到破坏。

因此，为克服角分线法的缺点，要有相应的补充判别方案，用于校正所出现的异常情况。但由于异常情况不胜枚举，导致校正措施繁杂。

（2）凸角圆弧法。

在轴线首尾点处，作轴线的垂线并按双线和缓冲区半径截出左右边线起止点；在轴线其他转折点处，首先判断该点的凸凹性，在凸侧用圆弧弥合，在凹侧则用前后两邻边平行线的交点生成对应顶点。这样外角以圆弧连接，内角直接连接，线段端点以半圆封闭。如图 4-28 所示。

在凹侧平行边线相交在角分线上。交点距对应顶点的距离与角分线法类似公式：

$$d = \frac{R}{\sin\dfrac{\beta}{2}} \tag{4-17}$$

该方法最大限度地保证了平行曲线的等宽性，避免了角分线法的众多异常情况。

该算法非常重要的一环是折点凸凹性的自动判断。此问题可转化为两个矢量的叉积：把相邻两个线段看成两个矢量，其方向取坐标点序方向。若前一个矢量以最小角度扫向第二个矢量时呈逆时针方向，则为凸顶点，反之为凹顶点。具体算法过程如下：

由矢量代数可知，矢量 $\overrightarrow{AB}$、$\overrightarrow{BC}$ 可用其端点坐标差表示（见图 4-29）：

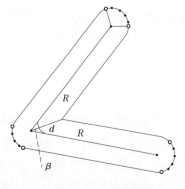

图 4-28　凸角圆弧法

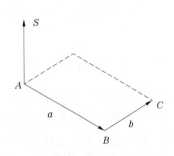

图 4-29　采用向量叉乘判断向量排列

$$\vec{AB} = (X_B - X_A, Y_B - Y_A) = (a_x, a_y)$$

$$\vec{BC} = (X_C - X_B, Y_C - Y_B) = (b_x, b_y)$$

$$\vec{S} = (\vec{AB} \times \vec{BC} = \vec{a} \times \vec{b} = a_x b_y - b_x a_y$$

$$= (X_B - X_A)(Y_C - Y_B) - (X_C - X_B)(Y_B - Y_A) \qquad (4\text{-}18)$$

矢量代数叉积遵循右手法则,即当 ABC 呈逆时针方向时,S 为正,否则为负。

若 $S > 0$,则 ABC 呈逆时针,顶点为凸;

若 $S < 0$,则 ABC 呈顺时针,顶点为凹;

若 $S = 0$,则 ABC 三点共线。

对于简单情形,缓冲区是一个简单多边形,但当计算形状比较复杂的对象或多个对象集合的缓冲区时,就复杂得多。为使缓冲区算法适应更为普遍的情况,就不得不处理边线自相交的情况。当轴线的弯曲空间不容许双线的边线无压盖地通过时,就会产生若干个自相交多边形。图 4-30 给出一个缓冲区边线自相交的例子。

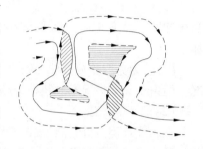

图 4-30　缓冲区边界自相交的情况

自相交多边形分为两种情况:岛屿多边形和重叠多边形。岛屿多边形是缓冲区边线的有效组成部分;重叠多边形不是缓冲区边线的有效组成部分,不参与缓冲区边线的最终重构。对于岛屿多边形和重叠多边形的自动判别方法,首先定义轴线坐标点序为其方向,缓冲区双线分成左右边线,左右边线自相交多边形的判别情形恰好对称。对于左边线,岛屿自相交多边形呈逆时针方向,重叠自相交多边形呈顺时针方向;对于右边线,岛屿多边形呈顺时针方向,重叠多边形呈逆时针方向。

当存在岛屿和重叠自相交多边形时,最终计算的边线被分为外部边线和若干岛屿。对于缓冲区边线绘制,只要把外围边线和岛屿轮廓绘出即可。对于缓冲区检索,在外边线所形成的多边形检索后,要再扣除所有岛屿多边形的检索结果。

基于栅格结构也可以作缓冲区分析,通常称为推移或扩散(Spread)。推移或扩散实际上是模拟主体对邻近对象的作用过程,物体在主体的作用下在一阻力表面移动,离主体越远作用力越弱。例如可以将地形、障碍物和空气作为阻力表面,噪声源为主体,用推移或扩散的方法计算噪声离开主体后在阻力表面上的移动,得到一定范围内每个栅格单元的噪声强度。

三、多边形叠置分析

多边形叠置分析也称为 Polygon-on-polygon 叠置,它是指同一地区、同一比例尺的两组或两组以上的多边形要素的数据文件进行叠置。参加叠置分析的两个图层应都是矢量数据结构。若需进行多层叠置,也是两两叠置后再与第三层叠置,依次类推。其中被叠置的多边形为本底多边形,用来叠置的多边形为上覆多边形,叠置后产生具有多重属性的新多边形。

其基本的处理方法是,根据两组多边形边界的交点来建立具有多重属性的多边形或进行多边形范围内的属性特性的统计分析。其中,前者叫做地图内容的合成叠置(见图4-31),后者称为地图内容的统计叠置(见图4-32)。

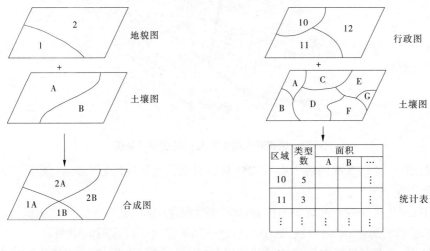

图 4-31　合成叠置　　　　　　　　图 4-32　统计叠置

合成叠置的目的,是通过区域多重属性的模拟,寻找和确定同时具有几种地理属性的分布区域。或者按照确定的地理指标,对叠置后产生的具有不同属性的多边形进行重新分类或分级,因此叠置的结果为新的多边形数据文件。统计叠置的目的,是准确地计算一种要素(如土地利用)在另一种要素(如行政区域)的某个区域多边形范围内的分布状况和数量特征(包括拥有的类型数、各类型的面积及所占总面积的百分比等),或提取某个区域范围内某种专题内容的数据。

多边形叠置方法在国内外已有发展并得到较为广泛的应用,如 ARC/INFO 地理信息系统中,多边形叠置是该系统的关键性软件,英国运用多边形叠置技术进行了土地适宜性评价,此外,国际上已建立起来的地理信息系统中,有许多具备了多边形叠置分析的功能。

四、矢量数据的网络分析

(一)基本概念

网络分析的主要用途是:选择最佳路径;选择最佳布局中心的位置。所谓最佳路径是指从始点到终点的最短距离或花费最少的路线(见图4-33);最佳布局中心位置是指各中心所覆盖范围内任一点到中心的距离最近或花费最小;网流量是指网络上从起点到终点的某个函数,如运输价格、运输时间等。网络上任意点都可以是起点或终点。其基本思想则在于人类活动总是趋向于按一定目标选择达到最佳效果的空间位置。这类问题在生产、社会、经济活动中不胜枚举,因此研究此类问题具有重大意义。

网络中的基本组成部分和属性如下:

(1)链(Link),网络中流动的管线,如街道、河流、水管等,其状态属性包括阻力和需求。

(2)障碍,禁止网络中链上流动的点。

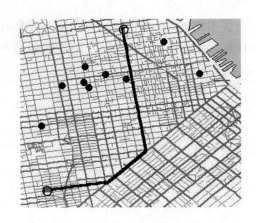

图4-33 城市两点间最佳路径的选择示意图

（3）拐角点，出现在网络链中所有的分割结点上状态属性的阻力，如拐弯的时间和限制（如不允许左拐）。

（4）中心，是接受或分配资源的位置，如水库、商业中心、电站等。其状态属性包括资源容量，如总的资源量；阻力限额，如中心与链之间的最大距离或时间限制。

（5）站点，在路径选择中资源增减的站点，如库房、汽车站等，其状态属性有要被运输的资源需求，如产品数。

网络中的状态属性有阻力和需求两项，实际的状态属性可通过空间属性和状态属性的转换，根据实际情况赋到网络属性表中。

（二）路径分析

路径分析是 GIS 中最基本的功能，其核心是对最佳路径的求解。从网络模型的角度看，最佳路径的求解就是在指定网络的两结点间找一条阻抗强度最小的路径。其求解方法有几十种，而 Dijkstra 算法被 GIS 广泛采用。

另一种路径分析功能是最佳游历方案的求解。弧段最佳游历方案求解是给定一个边的集合和一个结点，使之由指定结点出发至少经过每条边一次而回到起始结点，图论中称为中国邮递员问题；结点最佳游历方案求解则是给定一个起始终点、一个终止结点和若干中间结点，求解最佳路径，使之由起点出发遍历（不重复）全部中间结点而到达终点，也称旅行推销员问题，这是一个 NP 完全问题，一般只能以近似解法求得近似最优解。较好的近似解法有基于贪心策略的最近点连接法、最优插入法，基于启发式搜索策略的分枝算法，基于局部搜索策略的对边交换调整法等。

（三）资源分配

资源分配也称定位与分配问题，它包括了目标选址和将需求按最近（这里的远近是按加权距离来确定的）原则寻找的供应中心（资源发散或汇集地）两个问题。常用的算法是 P 中心模型。

（四）连通分析

人们常常需要知道从某一结点或边出发能够到达的全部结点或边，这一类问题称为连通分量求解。另一类连通分析问题是最少费用连通方案的求解，即在耗费最小的情况下使得全部结点相互连通。连通分析对应图的生成树求解，通常采用深度优先遍历或广度优先遍历生成相应的树。最少费用求解过程是生成最优生成树的过程,一般使用 Prim 算法或 Kruskal 算法。

(五)流分析

所谓流,就是资源在结点间的传输。流分析的问题主要是按照某种优化标准(时间最少、费用最低、路程最短或运送量最大等)设计资源的运送方案。为了实施流分析,就要根据最优化标准的不同扩充网络模型,例如:把结点分为发货中心和收货中心,分别代表资源运送的起始点和目标点。这时发货中心的容量就代表待运送资源量,收货中心的容量就代表它所需要的资源量。弧段的相关数据也要扩充,如果最优化标准是运送量最大,就要设定边的传输能力;如果目标是使费用最低,则要为边设定传输费用等。网络流理论是它的计算基础。

第五节   数字地面模型及其应用

数字地面模型是地理信息系统地理数据库中最为重要的空间信息资料和赖以进行地形分析的核心数据系统。数字地面模型已经在测绘、资源与环境、灾害防治、国防等与地形分析有关的科研及国民经济各领域发挥着越来越巨大的作用。这里特别需要强调的是,数字地面模型的基本理论与数据处理方法,相当全面地反映了地理信息系统空间信息分析的基本方法,本节试图通过较为细致、全面地对数字地面模型的概念、数据分析处理原理以及应用方法的叙述,使读者对数字地面模型有较为全面的认识,并由此强化对地理信息系统空间信息分析方法的理解与认识。

一、DTM 与 DEM 的概念

数字地面模型(DTM)是利用一个任意坐标场中大量选择的已知 x、y、z 的坐标点对连续地面的一个简单的统计表示,或者说,DTM 就是地形表面简单的数字表示。

自从提出 DTM 的概念以后,相继又出现了许多其他相近的术语。如在德国使用的 DHM(Digital Height Model)、英国使用的 DGM(Digital Ground Model)、美国地质测量局 USGS 使用的 DTEM(Digital Terrain Elevation Model)和 DEM(Digital Elevation Model)等。这些术语在使用上可能有些限制,但实质上差别很小。比如 height 和 elevation 本身就是同义词。当然,DTM 趋向于表达比 DEM 和 DHM 更广意义上的内容,如河流、山脊线、断裂线等也可以包括在内。

数字地面模型更通用的定义是描述地球表面形态多种信息空间分布的有序数值阵列,从数学的角度,可以用下述二维函数系列取值的有序集合来概括地表示数字地面模型的丰富内容和多样形式:

$$K_p = f_k(u_p, v_p) \quad (k = 1,2,3,\cdots,m; p = 1,2,3,\cdots,n) \tag{4-19}$$

式中:K_p 为第 p 号地面点(可以是单一的点,但一般是某点及其微小邻域所划定的一个地表面元)上的第 k 类地面特性信息的取值;(u_p, v_p) 为第 p 号地面点的二维坐标,可以是采用任一地图投影的平面坐标,或者是经纬度和矩阵的行列号等;$m(m \geq 1)$ 为地面特性信息类型的数目;n 为地面点的个数,当上述函数的定义域为二维地理空间上的面域、线段或网络时, n 趋于正无穷大;当定义域为离散点集时, n 一般为有限正整数。例如,假定将土壤类型编作第 i 类地面特性信息,则数字地面模型的第 i 个组成部分为:

$$I_p = f_i(u_p, v_p) \quad (p = 1, 2, 3, \cdots, n) \tag{4-20}$$

地理空间实质上是三维的,但人们往往在二维地理空间上描述并分析地面特性的空间分布,如专题图大多是平面地图。数字地面模型是对某一种或多种地面特性空间分布的数字描述,是叠加在二维地理空间上的一维或多维地面特性向量空间,是地理信息系统(GIS)空间数据库的某类实体或所有这些实体的总和。数字地面模型的本质共性是二维地理空间定位和数字描述。

在式(4-20)中,当 $m = 1$ 且 f_i 为对地面高程的映射, (u_p, v_p) 为矩阵行列号时,式(4-20)表达的数字地面模型即所谓的数字高程模型(Digital Elevation Model,简称 DEM)。显然,DEM 是 DTM 的一个子集。实际上,DEM 是 DTM 中最基本的部分,它是对地球表面地形地貌的一种离散的数字表达。

总之,数字高程模型 DEM 是表示区域 D 上的三维向量有限序列,用函数的形式描述为:

$$V_i = (x_i, y_i, z_i) \quad (i = 1, 2, 3, \cdots, n) \tag{4-21}$$

式(4-21)中, (x_i, y_i) 是平面坐标, z_i 是 (x_i, y_i) 对应的高程。当该序列中各平面向量的平面位置呈规则格网排列时,其平面坐标可省略,此时 V_i 就简化为一维向量序列 z_i, $i = 1, 2, 3, \cdots, n$。

数字高程模型既然是地理空间定位的数字数据集合,因此凡牵涉到地理空间定位,在研究过程中又依靠计算机系统支持的课题,一般都要建立数字高程模型。从这个角度看,建立数字高程模型是对地面特性进行空间描述的一种数字方法途径,数字高程模型的应用可遍及整个地学领域。在测绘中可用于绘制等高线、坡度图、坡向图、立体透视图、立体景观图,并应用于制作正射影像图、立体匹配片、立体地形模型及地图的修测。在各种工程中可用于体积和面积的计算、各种剖面图的绘制及线路的设计。军事上可用于导航(包括导弹及飞机的导航)、通信、作战任务的计划等。在遥感中可作为分类的辅助数据。在环境与规划中可用于土地现状的分析、各种规划及洪水险情预报等。

一般而言,可将 DEM 的主要应用归纳为:

(1)作为国家地理信息的基础数据:我国现在强调 4D 产品的建设,即数字线化图(Digital Linear Graphs,简称 DLG),数字高程模型(Digital Elevation Models,简称 DEM),数字正射影像(Digital Orthophoto Quadrangles,简称 DOQ),数字栅格图(Digital Raster Graphs,简称 DRG),并以前三个作为国家空间数据基础设施(NSDl)的框架数据。

(2)土木工程、景观建筑与矿山工程的规划与设计。

(3)为军事目的(军事模拟等)而进行的地表三维显示。

(4)景观设计与城市规划。

(5)流水线分析、可视性分析。

(6)交通路线的规划与大坝的选址。

(7)不同地表的统计分析与比较。

(8)生成坡度图、坡向图、剖面图,辅助地貌分析,估计侵蚀和径流等。

（9）作为背景叠加各种专题信息如土壤、土地利用及植被覆盖数据等，以进行显示与分析等。

二、DTM 的数据采集与表示

（一）DTM 的数据源与采集方法

1. 以航空或航天遥感图像为数据源

这种方法是由航空或航天遥感立体像对，用摄影测量的方法建立空间地形立体模型，量取密集数字高程数据，建立 DTM（见图 4-34）。采集数据的摄影测量仪器包括各种解析的和数字的摄影测量与遥感仪器。摄影测量采样法还可以进一步分成以下几种：

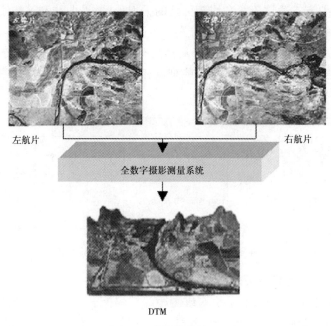

图 4-34　利用航片建立 DTM

（1）选择采样。在采样之前或采样过程中选择所需采集高程数据的样点（地形特征点：如断崖、沟谷、脊等）。

（2）适应性采样。采样过程中发现某些地面没有包含必要信息时，取消某些样点，以减少冗余数据（如平坦地面）。

（3）先进采样法。采样和分析同时进行，数据分析支配采样过程。先进采样在产生高程矩阵时能按地表起伏变化的复杂性进行客观、自动地采样。实际上它是连续的不同密度的采样过程，首先按粗略格网采样，然后在变化较复杂的地区进行精细格网（采样密度增加一倍）采样。由计算机对前两次采样获得的数据点进行分析后，再决定是否需要继续作高一级密度的采样。

计算机的分析过程是，在前一次采样数据中选择相邻的 9 个点作窗口，计算沿行或列方向邻接点之间的一阶和二阶差分。由于差分中包含了地面曲率信息，因此可按曲率信息选取阈值。如果曲率超过阈值，则必须进行另一级格网密度的采样。

2. 以地形图为数据源

主要以大比例尺的国家近期地形图为数据源,从中量取中等密度地面点集的高程数据,建立 DTM(见图4-35)。其方法有下列几种:

(1)手工方法采用方格膜片、网点板或带刻画的平移角尺叠置在地形图上,并使地形图的格网与网点板或膜片的格网线逐格匹配定位,自上而下,逐行从左到右量取高程。当格网交点落在相邻等高线之间时,用目视线性内插方法估计高程值。它的优点是几乎不需要购置仪器设备,而且操作简便。

(2)手扶跟踪数字化仪采集。采集方式有:沿主要等高线采集平面曲率极值点,并选采高程注记点和线性加密点作补充;逐条等高线的线方式连续采集样点,并采集所有高程注记点作补充,这种方式适用于等高线较稀疏的平坦地区;沿曲线和坡折线采集曲率极值点,并补采峰—鞍线和水边线的支撑点,分别以等高线、峰—鞍链和边界链格式存储。

(3)扫描数字化仪采集。这种方式采集速度最快,但目前仅能以扫描分版等高线图方式采集高程。随着研究的不断深入,一些难点和瓶颈问题被解决,从地图扫描数据中自动地建立 DTM 技术必将达到实用水平。

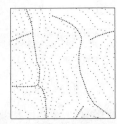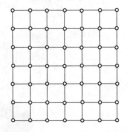

图4-35　以地形图为数据源建立 DTM

3. 以地面实测记录为数据源

用电子速测仪(全站仪)和电子手簿或测距经纬仪配合 PC1500 等袖珍计算机,在已知点位的测站上,观测到目标点的方向、距离和高差三个要素。计算出目标点的 x、y、z 三维坐标,存储于电子手簿或袖珍计算机中,成为建立 DTM 的原始数据。这种方法一般用于建立小范围大比例尺(比例尺大于1:5 000)区域的 DTM,对高程的精度要求较高。另外气压测高法获取地面稀疏点集的高程数据,也可用来建立对高程精度要求不高的DTM。

4. 其他数据源

采用近景摄影测量在地面摄取立体像对,构造解析模型,可获得小区域的 DTM。此时,数据的采集方法与航空摄影测量基本相同。这种方法在山区峡谷、线路工程和露天矿山中有较大的应用价值。

另外,航空测高仪可获得精度要求不太高的高程数据,也可以以此来构造 DTM。

(二)DTM 的表示方法

1. 数学分块曲面表示法

这种方法把地面分成若干块,每块用一种数学函数,如傅立叶级数高次多项式、随机布朗运动函数等,以连续的三维函数高平滑度地表示复杂曲面,并使函数曲面通过离散采样点。这种近似数学函数表示的 DTM 不太适合于制图,但广泛用于复杂表面模拟的机助设计系统。

2. 规则格网表示法

规则格网表示方法是把 DTM 表示成高程矩阵:

$$DTM = \{H_{ij}\}, i = 1,2,\cdots,m-1,m; j = 1,2,\cdots,n-1,n \tag{4-22}$$

图 4-36 显示了几种规则格网的 DTM。

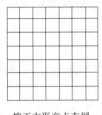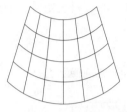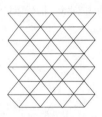

按正方形交点布网   按圆锥网交点布网   按等边三角形交点布网

图 4-36　几种规则格网的 DTM

此时,DTM 来源于直接规则矩形格网采样点或由规则或不规则离散数据点内插产生。由于计算机对矩阵的处理比较方便,特别是以栅格为基础的 GIS 系统中高程矩阵已成为 DTM 最通用的形式。高程矩阵特别有利于各种应用,但规则的格网系统也有下列缺点:

(1)地形简单的地区存在大量冗余数据;

(2)如不改变格网大小,则无法适用于起伏程度不同的地区;

(3)对于某些特殊计算如视线计算时,格网的轴线方向被夸大;

(4)由于栅格过于粗略,不能精确表示地形的关键特征,如山峰、洼坑、山脊、山谷等。为了压缩栅格 DTM 的冗余数据,可采用游程编码或四叉树编码方法。

3. 不规则三角网(TIN)表示法

不规则三角网(Triangulated Irregular Network,TIN)是专为产生 DTM 数据而设计的一种采样表示系统。它克服了高程矩阵中冗余数据的问题,而且能更加有效地用于各类以 DTM 为基础的计算。因为 TIN 可根据地形的复杂程度来确定采样点的密度和位置,能充分表示地形特征点和线,从而减少了地形较平坦地区的数据冗余。TIN 表示法利用所有采样点取得的离散数据,按照优化组合的原则,把这些离散点(各三角形的顶点)连接成相互连续的三角面(在连接时,尽可能地确保每个三角形都是锐角三角形或是三边的长度近似相等),如图 4-37 所示。

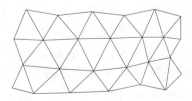

图 4-37　TIN

在概念上,TIN 模型类似于多边形网络中的矢量拓扑结构,只是 TIN 中不必要规定"岛屿"或"洞"的拓扑关系。TIN 把结点看做数据库中的基本实体。拓扑关系的描述,是在数据库中建立指针系统来表示每个结点到邻近结点的关系、结点和三角形的邻里关系,列表是从每个结点的北方向开始按顺时针方向分类排列的。TIN 模型区域之外的部分由拓扑反向的虚结点表示,虚结点说明该结点为 TIN 的边界结点,使边界结点的处理更为简单。

在图 4-38 中,给出了 TIN 网络模型数据结构中的一部分,包括 4 个结点和 2 个三角形,数据则由结点列表、指针列表和三角形列表组成。区域中包括了边界结点,故设置虚指针。

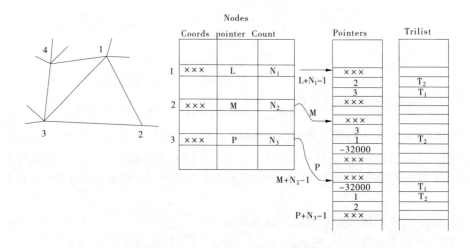

图 4-38　TIN 的数据结构图

由于结点列表和指针列表包含了各种必要的信息和连接关系,因而可以完成 DTM 数值的有效提取和计算。

三、DTM 的空间内插方法

DTM 空间内插的概念十分简单,即在一个由 (x,y) 坐标平面构成的二维空间中,由已知若干离散点 P_i 的高程,估算待内插点的高程值。由于 DTM 采样的数据点呈离散分布形式,或是数据点虽按格网排列,但格网的密度不能满足使用的要求,这就需要以数据点为基础进行插值运算。

DTM 内插按插点分布范围,可分为分块内插、剖分内插和单点移面内插三类,见图 4-39。

分块内插,是把需要建立 DTM 的地区,切割成一定大小的规则方块,形状通常为正方形。它的尺寸应根据地形复杂程度和数据源的比例尺确定。在每一个分块上展铺一张数学面,相邻分块之间有适当宽度的重叠带,以使重叠带内全部数据点成为相邻块展铺数学面时的共用数据,保证一张数学面能够较平滑地与相邻分块的数学面拼接。这种内插方法的优点是可以得到光滑连续的空间曲面。

剖分内插是把需要建立 DTM 的地区切割成大小和形状不同的子区(剖分),子区间拥有公共边但不重叠,在该区内展铺一个数学面,内插剖分区内任意点的高程。该法只在

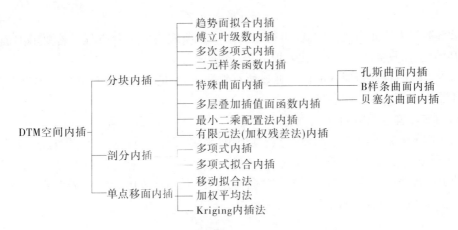

图 4-39　DTM 空间内插方法分类

剖分间边界端点处重合,通常没有严格重合的边界,所以既不连续,也不光滑。剖分多边形的顶点都是数据点,最常见的数据点个数为 3,与 TIN 结构相同。

单点移面内插是以待插点为中心,以适当半径或边长的圆或正方形作为移动面去捕捉适当数目的数据点,并以此展铺一张数学面,内插该中心的高程。图 4-40(a)为分块内插区域;图 4-40(b)为剖分内插区域;图 4-40(c)为单点移面插值区域。

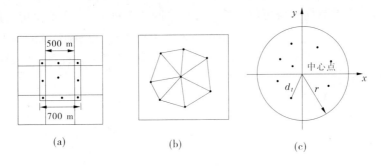

图 4-40　DTM 空间内插

下面介绍几种常用的内插方法。

(一)二元多项式拟合内插

用二元多项式来拟合地形表面,则有

$$z = f(x,y) = \sum_{i=0}^{m} \sum_{j=0}^{m} C_{ij} x^i y^i \tag{4-23}$$

在满项时,多项式的项数 $N = (m+1)^2$,缺项时 $N = (m+1)^2 - N'(N' \geqslant 1)$。如果在内插区域内,数据点个数 n 大于多项式的项数 k,这时可利用 n 个数据点的三维坐标 (x_k, y_k, z_k) 以及逼近面和实际地面在数据点处的高程较差 $V_k(k=1,2,\cdots,n)$。列出 n 个误差方程,按最小二乘法解算出多项式的 N 个系数,即

$$\underset{n \times i}{V} = \underset{n \times m^2}{A} \underset{m^2 \times i}{C} - \underset{n \times i}{Z} \tag{4-24}$$

按 $[VV] = \min$ 的最小二乘法原理,解得

$$C = [A^T]^{-1}[A^TZ] \tag{4-25}$$

将所求参数代入二元高次多项式,可得二元高次多项式曲面拟合方程。若要求内插区任一点 P 的高程,只需把 (x_P, y_P) 代入该方程,就可求出 Z_P。

这种内插的特点是拟合曲面不通过所有数据点,而是取得最靠近数据点的光滑曲面,以保证邻块间的光滑连续拼接。

(二)二元样条函数内插

二元样条函数是在分块范围内,按一定规则,用相邻数据点连线将块分割成若干个多边形分片(当数据点组呈正方形格网结点分布时,各分片是大小相等的正方形),通过每一分片上的全部数据点,展铺一张光滑的数学曲面,并使相邻分片间保持连续光滑的拼接。

对于 DTM 的内插,一般采用二元三次样条函数:

$$z = f(x,y) = \sum_{i=0}^{3}\sum_{j=0}^{3} C_{ij}x^iy^i \tag{4-26}$$

写成矩阵形式为:

$$Z_P = (1 \quad X \quad X^2 \quad X^3)\begin{bmatrix} c_{00} & c_{01} & c_{02} & c_{03} \\ c_{10} & c_{11} & c_{12} & c_{13} \\ c_{20} & c_{21} & c_{22} & c_{23} \\ c_{30} & c_{31} & c_{32} & c_{33} \end{bmatrix}\begin{bmatrix} 1 \\ Y \\ Y^2 \\ Y^3 \end{bmatrix} \tag{4-27}$$

设分块范围内的数据点按单位边长正方形格网结点排列,一个单位边长的正方形为一个分片(见图 4-41)。取分片的左下角点为该分片平面直角坐标系统的原点,分片内任一点 P 的平面直角坐标为 $0 \leqslant x_P \leqslant 1, 0 \leqslant y_P \leqslant 1$,为了保证展铺的曲面在相邻分片上连续且光滑,必须满足弹性材料的力学条件:

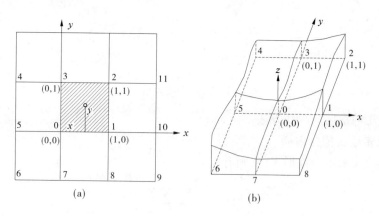

图 4-41 样条函数内插

(1)相邻分片拼接处在 x 轴和 y 轴方向的斜率都应保持连续;

(2)相邻分片拼接处的扭矩连续。

拼接后整个分块的逼近面,就是二元三次样条函数曲面。

由于每个分片仅有 4 个格网结点信息 (x,y,z),只能列出 4 个方程式,而函数的待定系数为 16 个,因此其余 12 个方程只能根据上述力学条件建立。据此建立的 12 个线性方

程中,要用到沿 x 轴方向的斜率 R,沿 y 轴方向的斜率 S 以及扭矩 T,它们可由下式求得:

$$\left.\begin{array}{l} R = \dfrac{\partial z}{\partial x} \\[2mm] S = \dfrac{\partial z}{\partial y} \\[2mm] T = \dfrac{\partial^2 z}{\partial x \partial y} = \dfrac{\partial}{\partial x}\left(\dfrac{\partial z}{\partial y}\right) \end{array}\right\} \tag{4-28}$$

对于图 4-41 中画有阴影线的分片,其 4 个数据点的三维坐标分别是:$0(0,0,z_0)$,$1(1,0,z_1)$,$2(1,1,z_2)$,$3(0,1,z_3)$。以 O 点为例,所建立的 4 个方程为:

$$\left.\begin{array}{l} Z_0 = C_{00} \\[2mm] R_0 = \dfrac{\partial z}{\partial x}\Big|_0 = \dfrac{z_1 - z_5}{2} \\[2mm] S_0 = \dfrac{\partial z}{\partial y}\Big|_0 = \dfrac{z_3 - z_7}{2} \\[2mm] T_0 = \dfrac{\partial}{\partial x}\left(\dfrac{\partial z}{\partial y}\right) = \dfrac{1}{2}\left(\dfrac{z_2 - z_4}{2} - \dfrac{z_8 - z_6}{2}\right) = \dfrac{1}{4}\left[(z_6 + z_2) - (z_8 + z_4)\right] \end{array}\right\} \tag{4-29}$$

按同样的方法可建立分别以 1、2、3 为顶点的共 12 个上述类型的方程。

用分片四个角点的高程,以及由各相关数据点高程计算得到的两个方向的斜率和扭矩数值组成一个 4×4 的常数矩阵 A

$$A = \begin{bmatrix} z_0 & S_0 & z_3 & S_3 \\ R_0 & T_0 & R_3 & T_3 \\ z_1 & S_1 & z_2 & S_2 \\ R_1 & T_1 & R_2 & T_2 \end{bmatrix}$$

按照对斜率 R、S 和扭矩 T 的定义,以及二元三次样条函数定义,得

$$R = \frac{\partial z}{\partial x} = \begin{pmatrix} 0 & 1 & 2x & 3x^2 \end{pmatrix} C \begin{pmatrix} 1 & y & y^2 & y^3 \end{pmatrix}^{\mathrm{T}}$$

$$S = \frac{\partial z}{\partial y} = \begin{pmatrix} x & x^2 & x^3 \end{pmatrix} C \begin{pmatrix} 0 & 1 & 2y & 3y^2 \end{pmatrix}^{\mathrm{T}}$$

$$T = \frac{\partial^2 z}{\partial x \partial y} = \begin{pmatrix} 0 & 1 & 2x & 3x^2 \end{pmatrix} C \begin{pmatrix} 0 & 1 & 2y & 3y^2 \end{pmatrix}^{\mathrm{T}}$$

把分片的 4 个角点的平面直角坐标代入该点,得

$$\begin{bmatrix} z_0 & S_0 & z_3 & S_3 \\ R_0 & T_0 & R_3 & T_3 \\ z_1 & S_1 & z_2 & S_2 \\ R_1 & T_1 & R_2 & T_2 \end{bmatrix} = \begin{bmatrix} 1 & 0 & 0 & 0 \\ 0 & 1 & 0 & 0 \\ 1 & 1 & 1 & 1 \\ 0 & 1 & 2 & 3 \end{bmatrix} C \begin{bmatrix} 1 & 0 & 0 & 0 \\ 0 & 1 & 0 & 0 \\ 1 & 1 & 1 & 1 \\ 0 & 1 & 2 & 3 \end{bmatrix}^{\mathrm{T}}$$

写成紧凑矩阵形式

$$A = XCY^{\mathrm{T}} \tag{4-30}$$

解此方程,有

$$C = X^{-1} A (Y^{-1})^{\mathrm{T}} \tag{4-31}$$

把解得的系数阵代入式(4-27),则建立了二元三次样条函数式。对于分片中任意点 P,把它的平面直角坐标 (x_P, y_P) 代入,就可求出其高程 Z_P。

(三)移动拟合法内插

移动拟合法是典型的单点移面内插方法。对每一个待定点取一个多项式曲面来拟合该点附近的地形表面。此时,取待定点作为平面坐标的原点,并用待定点为圆心,以 r 为半径的圆内诸数据点来定义函数的待定系数(见图 4-40(c))。

设取二次多项式来拟合数据,则待求点的高程可写成下列的一般式:

$$z_P = Ax^2 + Bxy + Cy^2 + Dx + Ey + F \tag{4-32}$$

把坐标原点平移到待定点处,则 $\bar{x} = x - x_P, \bar{y} = y - y_P$,并代入上式,得移动拟合法二次多项式公式为:

$$z_P = A\bar{x}^2 + B\bar{x}\bar{y} + C\bar{y}^2 + D\bar{x} + E\bar{y} + F \tag{4-33}$$

为了求取式(4-33)中的待定系数,应以 x_P 为圆心,以 r 为半径作圆(r 的大小根据落入圆内的数据点个数 n 来确定,$6 < n < 20$),圆内的数据点均被采用,则可建立误差方程式。式中 $(\bar{x_i}, \bar{y_i}, \bar{z_i})$ 为坐标原点平移至 P 点后,各数据点的三维坐标。

$$V_i = A\bar{x_i}^2 + B\bar{x_i}\bar{y_i} + C\bar{y_i}^2 + D\bar{x_i} + E\bar{y_i} + F - \bar{z_i} \quad (i = 1, 2, \cdots, n) \tag{4-34}$$

在求解系数时,可根据数据点至待定点的距离给予适当的权。权的给定按下式进行:

$$\left.\begin{aligned} w_i &= \frac{1}{d_i} \\ w_i &= \left(\frac{r - d_i}{d_i}\right)^2 \end{aligned}\right\} \tag{4-35}$$

式中:$d_i = \sqrt{\bar{x_i}^2 + \bar{y_i}^2}$。

根据最小二乘法原理,按 $vwv^{\mathrm{T}} = \min$ 的方法,建立方程式,求解各待定系数。把系数代入插值公式,就能求得待定点高程 z_P。

(四)加权平均内插法

加权平均法是最简单的单点移面内插方法,它是搜索区域内的高程数据点,并求得加权平均值作为待定点的高程值。一般情况下,所考虑的权仅是距离的单调下降函数。为了提高插值精度,还应考虑数据点的分布方向,权衡搜索圆内所有点的方向和距离的分布情况赋权。搜索圆内数据点一般为 4 个,最多 10 个,这由调节搜索圆半径 r 的方法确定:

$$\left.\begin{aligned} &D_{xi} = x_P - x_i, \quad D_{yi} = y_P - y_i \\ &R_i^2 = D_{xi}^2 + D_{yi}^2 \\ &w_{xi} = D_{xi}/R_i, \quad w_{yi} = D_{yi}/R_i \\ &S_x = \sum_{i=1}^{n} w_{xi} \quad S_y = \sum_{i=1}^{n} w_{yi} \quad S_k = \sum_{i=1}^{n} 1/R_i \\ &w_{Ti} = [S_R - w_{xi}(S_x - w_{xi}) - w_{yi}(S_y - w_{yi})]/R_i \\ &z_P = \sum_{i=1}^{n} w_{Ti} \cdot z_i / \sum_{i=1}^{n} w_{Ti} \end{aligned}\right\} \tag{4-36}$$

式中: (x_P, y_P) 为待定点的平面直角坐标; z_P 为待定点高程; (x_i, y_i, z_i) 为搜索圆内数据点 i 的三维坐标, $i = 1, 2, \cdots, n$, $4 < n < 10$; w_{T_i} 为数据点的权。

四、DTM 在地图制图与地学分析中的应用

DTM 在科学研究与生产建设中的应用是多方面的,这里不可能将其所有的应用方面进行全面、系统的探讨,而仅以 DTM 在地学分析与地图制图中有典型意义的几个应用为例证,说明其应用的基本思路和方法。它也将向我们展示栅格数据系统分析和应用的基本要点,对于帮助我们增强对栅格数据在地学信息自动处理中的作用和意义的理解有着十分重要的意义。

(一)利用 DEM 绘制等高线图

如图 4-42 所示,利用 DEM 绘制等高线图,是以格网点高程数据或者将离散的高程数据由栅格追踪法原理转换为矢量等值线所产生的。该方法可以适用于所有的利用格网数据方法绘制等值线图。

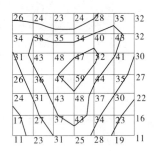

图 4-42 利用 DEM 绘制等高线

(二)利用 DEM 绘制地面晕渲图

晕渲图是以通过模拟实际地面本影与落影的方法有效反映地形起伏的重要的地图制图学方法。在各种小比例尺地形图、地理图,以及各类有关专题地图上得到非常广泛的应用。但是,传统的人工描绘晕渲图的方法不但费工、费时,而且带有很大的主观因素。而利用 DEM 数据作为信息源,以地面光照通量数学函数为自变量,计算该栅格应选用输出的灰度值。由此产生的晕渲图具有相当逼真的立体效果(见图 4-43)。

(a) 光源来自西北产生正立体

(b) 光源来自东南产生反立体

图 4-43 由 DEM 产生的地面晕渲图

(三)透视立体图的绘制

立体图是表现物体三维模型最直观形象的图形,它可以生动逼真地描述制图对象在平面和空间上分布的形态特征与构造关系。通过分析立体图,我们可以了解地理模型表面的平缓起伏,而且可以看出其各个断面的状况,这对研究区域的轮廓形态、变化规律以及内部结构是非常有益的。然而长期以来,人们为了在地图上形象地表示立体效果,制作了鸟瞰图、透视剖面图、写景图等。这些图解在较高艺术技巧的条件下,可以得到好的效

果。但表现它们要花费许多时间和人力,要有较高的艺术修养,因而难以普遍推广应用。机助制图为解决这方面的问题,提供了新的途径,而且在几何精度和实际艺术效果上,都能得到较好的保证。

计算机自动绘制透视立体图的理论基础是透视原理(见图4-44),而 DTM 是其绘制的数据基础。图4-45 为制作透视立体图的基本流程。由 TIN 构成的三维模型见图4-46,DEM 与正射影像叠合的地面三维模型见图4-47。

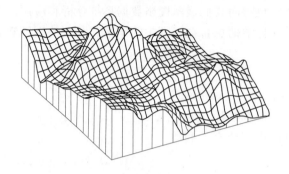

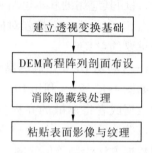

建立透视变换基础

DEM高程阵列剖面布设

消除隐藏线处理

粘贴表面影像与纹理

图4-44　透视变换原理示意图　　　　图4-45　制作透视立体图的基本流程

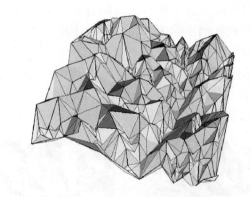

图4-46　由 TIN 构成的三维模型

图4-47　DEM 与正射影像叠合的地面三维模型

(四) DTM 的地形分析

尽管 DTM 的应用十分广泛,但地形分析是其基本应用,其他应用都可由此推演、扩展。地形分析的内容有地形因子提取、地表类型分类以及剖面图的绘制等。现以栅格结构的 DTM 为例讨论地形分析。

1. 坡度和坡向分析

坡度定义为水平面和地形表面之间夹角的正切值；坡向为坡面法线在水平面上的投影与正北方向的夹角（见图 4-48）。

坡度和坡向的计算通常在 3×3 个 DTM 格网窗口中进行。窗口在 DTM 数据矩阵中连续移动后完成整幅图的计算工作。

图 4-48 格网结点示意图

$$\text{坡度 slope} = \tan P = \left[(\frac{\partial z}{\partial x})^2 + (\frac{\partial z}{\partial y})^2 \right]^{\frac{1}{2}}$$

$$\text{坡向} \qquad\qquad \text{Dir} = (\frac{\partial z}{\partial x}) / (\frac{\partial z}{\partial y})$$

式中的 $\frac{\partial z}{\partial x}$、$\frac{\partial z}{\partial y}$ 一般采用 2 阶差分方法计算。$\frac{\partial z}{\partial x} = \frac{z_{i,(j+1)} - z_{i,(j-1)}}{2\delta x}$，$\frac{\partial z}{\partial y} = \frac{z_{(i+1)j} - z_{(i-1)j}}{2\delta y}$。

在图 4-49 所示的格网中，有对于 (i, j) 点，上式中，δx，δy 分别为格网结点 x、y 方向的间隔。

2. 地表粗糙度的计算

地表粗糙度是反映地表的起伏变化和侵蚀程度的指标，一般定义为地表单元的曲面面积与其在水平面上的投影面积之比。但根据这种定义，对光滑而倾角不同的斜面所求出的粗糙度，显然不妥当。实际应用中，以格网顶点空间对角线 L_1 和 L_2 的中点距离 D 来表示地表粗糙度（见图 4-50），D 值愈大，说明 4 个顶点的起伏变化也愈大。

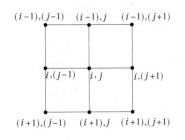

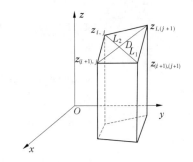

图 4-49 地表单元坡度、坡向示意图　　图 4-50 地表粗糙度计算

3. 地表曲率的计算

1）地面剖面曲率计算

地面剖面曲率（profile curvature）的实质是指地面坡度的变化率，可以通过计算地面坡度的变化而求得。

2）地面平面曲率计算

地面的平面曲率（plan curvature）是指地面坡向的变化率，可以通过计算地面坡向的变化而求得。

图 4-51 ~ 图 4-56 为利用 ArcView 软件进行地形分析的结果。

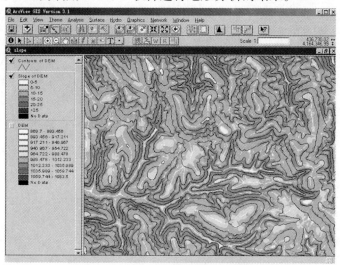

图 4-51　ArcView 提取地面坡度图示例

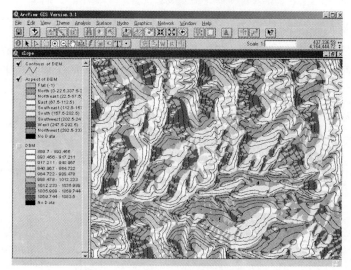

图 4-52　ArcView 提取地面坡向图示例

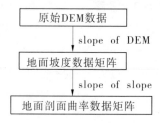

图 4-53　地面剖面曲率提取方法

图 4-54　地面剖面曲率图

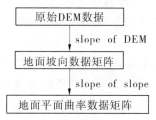

图 4-55　地面平面曲率提取方法

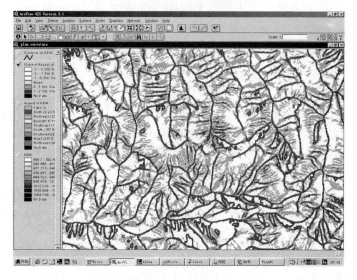

图 4-56　地面平面曲率图

(五)谷脊特征分析

谷和脊是地表形态结构中的重要部分。谷是地势相对最低点的集合,脊是地势相对

最高点的集合。在栅格 DEM 中,可按照下列判别式直接判定谷点和脊点:

(1)当$(z_{i,(j-1)} - z_{i,j})(z_{i,(j+1)} - z_{i,j}) > 0$ 时,若 $z_{i,(j+1)} > z_{i,j}$,则 $V_R(i,j) = -1$;若 $z_{i,(j+1)} < z_{i,j}$,则 $V_R(i,j) = 1$。

(2)当$(z_{(i-1)j} - z_{i,j})(z_{(i+1)j} - z_{i,j}) > 0$ 时,若 $z_{(i+1)j} > z_{i,j}$,则 $V_R(i,j) = -1$;若 $z_{(i+1)j} < z_{i,j}$,则 $V_R(i,j) = 1$。

在其他情况下,$V_R(i,j) = 0$。

其中,$V_R(i,j) = -1$ 表示谷点,$V_R(i,j) = 1$ 表示脊点,$V_R(i,j) = 0$ 表示其他点。

这种判定只能提供概略的结果。当需对谷脊特征作较精确分析时,应由曲面拟合方程建立地表单元的曲面方程,然后,通过确定曲面上各种插点的极小值和极大值,以及当插值点在两个相互垂直的方向上分别为极大值或极小值时,则可确定出谷点或脊点。

(六) DEM 水文分析

从 DEM 生成的集水流域和水流网络数据,是大多数地表水文分析模型的主要输入数据。表面水文分析模型用于研究与地表水流有关的各种自然现象如洪水水位及泛滥情况,或者划定受污染源影响的地区,以及预测当改变某一地区的地貌时对整个地区将造成的后果等。在城市和区域规划、农业及森林等许多领域,对地球表面形状的理解具有十分重要的意义。这些领域需要知道水流怎样流经某一地区,以及这个地区地貌的改变会以什么样的方式影响水流的流动。

地表的物理特性决定了流经其上的水流的特性,同时水流的流动将反过来影响地表的特性。对地表影响最大的水流特性为水流的方向和速度。水流方向由地表上每一点的方位决定。水流能量由地表坡度决定,坡度越大,水流能量也越大。当水流能量增加时,其挟带更多和更大泥沙颗粒的能力也相应增加,因此更陡的坡度意味着对地表更大的侵蚀能力。另外由不同地表曲率决定的凸形或凹形地表也会对水流的流动产生影响,在凸形地表区域,水流加速,能量增大,其挟带泥沙的能力增加,因而凸形剖面的区域为水流侵蚀地区。与此相反,在凹形剖面处水流流速降低,能量减少,导致泥沙的沉积。因此,对水文分析来说,关键在于确定地表的物理特征,然后在此特征之上再现水流的流动过程,最终完成水文分析的过程。

从数字高程模型中可提取大量的陆地表面形态信息,这些形态信息包括坡度、方位以及阴影等。在大多数栅格处理系统中,使用传统的邻域操作便可以提取这些信息。集水流域和陆地水流路径与坡度、方位之类的信息密切相关,但同时也需要一些非邻域的操作计算,比如确定大的平坦地区范围内的水流方向等,因此简单的邻域操作对这些计算是不够的。为克服这些限制,达到提取地形形态的目的,一些研究者提出了既使用邻域技术又使用可称之为区域生长过程的空间迭代技术的算法,这些算法提供了从 DEM 中提取集水流域、地表水流路径以及排水网络等形态特征的能力。

算法的发展大体上经历了两个阶段,前一阶段的算法一般基于格网点与空间相邻的8 个格网之间的邻域操作,但不能很好地处理洼地;后一阶段的算法与此类似,但能完整地处理洼地与平坦地区。

以前的研究普遍认为被高程较高的区域围绕的洼地是进行水文分析的一大障碍,因为在决定水流方向以前,必须先将洼地填充。有些洼地是在 DEM 生成过程中带来的数据错误,但另外一些却表示了真实的地形如采石场或岩洞等。一些研究者曾试图通过平滑处理来消除洼地,但平滑方法只能处理较浅的洼地,更深的洼地仍然得以保留。处理洼地的另一种方法是通过将洼地中的每一格网赋以洼地边缘的最小高程值,从而达到消除洼地的目的。

下面介绍的算法以第二种方法为基础。通过将洼地填充,这些算法使洼地成为水流能通过的平坦地区。整个水文因子的计算由三个主要步骤组成,即无洼地 DEM 的生成、水流方向矩阵的计算和水流累积矩阵的计算,下面将对此分别进行介绍。需要指出的一点是,在整个 DEM 水文分析基础数据的计算过程中,虽然无洼地的 DEM 数据应首先生成,但在确定 DEM 洼地的过程中,使用了每一格网的方向数据,因此 DEM 水流方向矩阵的计算应最先进行,作为洼地填平算法的输入数据,在无洼地 DEM 的计算完成之后,重新计算经填平处理的格网的水流方向,生成最终的水流方向矩阵。

三个数字矩阵的获取的具体方法如下。

1. 无洼地 DEM 的生成

地形洼地是区域地形的集水区域,洼地底点(谷底点)的高程通常小于其相邻近点(至少八邻域点)的高程。对原始 DEM 先进行水流方向矩阵的计算,将结果矩阵中方向值满足下列条件的格网点作为洼地底点:①格网点的方向值为负值(方向值的具体意义在下面介绍);②八邻域格网点对的水流方向互相指向对方。对于自然地形进行分析不难知道,地形洼地一般有三种,分别是单格网洼地、独立洼地区域和复合洼地区域。对于这三种洼地区域分别采用以下三种方法进行填平。

1)单格网洼地的填平方法

数字地面高程模型中的单格网洼地是指数字地面高程模型中的某一点的八邻域点的高程都大于该点的高程,并且该点的八邻域点至少有一个点是该洼地的边缘点(即洼地区域集水流水的出口),对于这样的单格网洼地,可直接赋以其邻域格网中的最小高程值或邻域格网高程的平均值。

2)独立洼地区域的填平方法

独立洼地区域是指洼地区域内只有一个谷底点,并且该点的八邻域点中没有一个是该洼地区域的边缘点。对独立洼地区域的填平可采用以下方法:首先以谷底点为起点,按流水的反方向采用区域增长算法,找出独立洼地区域的边界线,即水流流向该谷底点的区域边界线。在该独立洼地区域边缘上找出其高程最小的点,即该独立洼地区域的集水流出点,将独立洼地区域内的高程值低于该点高程值的所有点的高程用该点的高程代替,这样就实现了独立洼地区域的填平。

3)复合洼地区域的填平方法

复合洼地区域是指洼地区域中有多个谷底点,并且各个谷底点所构成的洼地区域相互邻接。复合洼地区域是地形洼地区域的一种主要表现形式。对于复合洼地的填平可采用下述方法:

首先以复合洼地区域的各个谷底点为起点,按水流的反方向应用区域增长算法,找出各个谷底点所在的洼地的边缘和它们之间的相互关联关系以及各个谷底点所在洼地的集水出水口所在的点位。出水口点的位置有两种,即在与"0"区域(非洼地区域)关联的边上或在与非"0"区域(洼地区域)相关联的边上。对于出水口位于与"0"区域相关联的边上的洼地区域,找出其出水口的高程最小的洼地区域,并将该区域内高程值低于该点的那些点的高程用该出水口的高程值代替。与该洼地区域相邻的洼地区域的集水出水口位于其所在洼地区域与该区域相邻的边缘,且其高程值低于该洼地区域集水出水口时,将这个洼地区域集水出水口点的高程值用该洼地区域集水出水口点的高程值代替。这样就将"0"区域复合洼地区域中的一个谷底点所构成的洼地区域填平,将所剩复合洼地区域用同样的办法依次对各个谷底点所构成的洼地区域进行填平,最后可将整个复合洼地区域填平。

用上述方法对数字高程模型区域中存在的洼地及洼地区域进行填平,可以得到一个与原数字高程模型相对应的无洼地区域的数字高程模型。在这个数字高程模型中,由于无洼地区域存在,自然流水可以畅通无阻地流至区域地形的边缘。因此,我们可借助这个无洼地的数字高程模型对原数字模型区域进行自然流水模拟分析。

2. 水流方向矩阵的计算

水文因子计算的第二步是生成水流方向数据。对每一格网,水流方向指水流离开此格网时的指向。通过将格网 x 的 8 个邻域格网编码,水流方向便可以其中一值来确定,格网方向编码为:

$$
\begin{array}{ccc}
64 & 128 & 1 \\
32 & x & 2 \\
16 & 8 & 4
\end{array}
$$

例如,如果格网 2 的水流流向左边,则其水流方向被赋值 32。方向值以 2 的幂值指定是因为存在格网水流方向不能确定的情况,需将数个方向值相加,这样在后续处理中从相加结果便可以确定相加时中心格网的邻域格网状况。另外需要说明的是,出现在下面步骤中的距离权落差概念,距离权落差通过中心格网与邻域格网的高程差值除以两格网间的距离决定,而格网间的距离与方向有关,如果邻域格网对中心格网的方向值为 1、4、16、64,则格网间的距离为 $\sqrt{2}$,否则距离为 1。确定水流方向的具体步骤是:

(1)对所有 DEM 边缘的格网,赋以指向边缘的方向值。这里假定计算区域是另一更大数据区域的一部分。

(2)对所有在第一步中未赋方向值的格网,计算其对 8 个邻域格网的距离权落差值。

(3)确定具有最大落差值的格网,执行以下步骤:

①如果最大落差值小于 0,则赋以负值以表明此格网方向未定(这种情况在经洼地填充处理的 DEM 中不会出现)。

②如果最大落差值大于或等于 0,且最大值只有一个,则将对应此最大值的方向值作为中心格网处的方向值。

③如果最大落差值大于 0,且有一个以上的最大值,则在逻辑上以查表方式确定水流方向。也就是说,如果中心格网在一条边上的三个邻域点有相同的落差,则中间的格网方向被作为中心格网的水流方向,又如果中心格网的相对边上有两个邻域格网落差相同,则任选一格网方向作为水流方向。

④如果最大落差等于 0,且有一个以上的 0 值,则以这些 0 值所对应的方向值相加。

在极端情况下,如果8个邻域高程值都与中心格网高程值相同,则中心格网方向值赋以255。

(4)对没有赋以负值,0,1,2,4,…,128的每一格网,检查对中心格网有最大落差值的邻域格网。如果邻域格网的水流方向值为1,2,4,…,128,且此方向没有指向中心格网,则以此格网的方向值作为中心格网的方向值。

(5)重复第(4)步,直至没有任何格网能被赋以方向值;对方向值不为1,2,4,…,128的格网赋以负值(这种情况在经洼地填充处理的DEM中不会出现)。

3. 水流累积矩阵的计算

区域流水量累积数值矩阵表示区域地形每点的流水累积量,它可以用区域地形曲面的流水模拟方法获得。流水模拟可以用区域的数字地面高程模型区域的流水方向数值矩阵来进行。其基本思想是,它认为以规则格网表示的数字地面高程模型每点处有一个单位的水量,按照自然水流从高处流往低处的自然规律,根据区域地形的水流方向数字矩阵计算每点处所流过的水量数值,便可得到该区域水流累积数字矩阵。在此过程中实际上使用了权值全为1的权矩阵,如果考虑特殊情况如降水并不均匀的因素,则可以使用特定的权矩阵,以更精确地计算水流累积值。图4-57(a)、(b)、(c)分别给出了一个简单的原始DEM矩阵以及计算出来的水流方向矩阵和水流累积矩阵。图4-58为利用ArcView软件提取的水系图。

78	72	69	71	58	49
74	67	56	49	46	50
69	53	44	37	38	48
64	58	55	22	31	24
68	61	47	21	16	19
74	53	34	12	11	12

2	2	2	4	4	8
2	2	2	4	4	8
1	1	2	4	8	4
128	128	1	2	4	8
2	2	1	4	4	4
1	1	1	1	4	16

0	0	0	0	0	0
0	1	1	2	2	0
0	3	7	5	4	0
0	0	0	20	0	1
0	0	0	1	24	0
0	2	4	7	35	2

(a)原始DEM数据　　　　　(b)水流方向矩阵　　　　　(c)水流累积矩阵

图4-57 利用DEM提取水流累积矩阵示意图

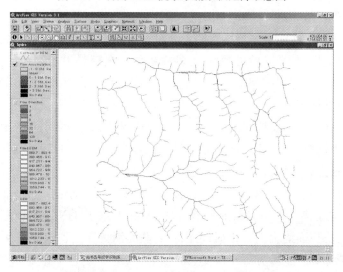

图4-58 ArcView提取地面水系分布图示例

(七)基于 DTM 的可视性分析

可视性分析的基本内容如下。

1.可视性分析的基本因子

可视性分析也称通视分析,它实质上属于对地形进行最优化处理的范畴,比如设置雷达站、电视台的发射站、道路选择、航海导航等,在军事上如布设阵地(如炮兵阵地、电子对抗阵地)、设置观察哨所、铺架通信线路等。

可视性分析的基本因子有两个,一个是两点之间的通视性(Intervisibility),另一个是可视域(ViewShed),即对于给定的观察点所覆盖的区域。

1)判断两点之间的可视性的算法

比较常见的一种算法基本思路如下:

(1)确定过观察点和目标点所在的线段与 XY 平面垂直的平面 S;

(2)求出地形模型中与 S 相交的所有边;

(3)判断相交的边是否位于观察点和目标点所在的线段之上,如果有一条边在其上,则观察点和目标点不可视。

另一种算法是所谓的"射线追踪法"。这种算法的基本思想是对于给定的观察点 V 和某个观察方向,从观察点 V 开始沿着观察方向计算地形模型中与射线相交的第一个面元,如果这个面元存在,则不再计算。显然这种方法既可用于判断两点相互间是否可视,又可用于限定区域的水平可视计算。

需要指出的是,以上两种算法对于基于规则格网地形模型和基于 TIN 模型的可视分析都适用。对于基于等高线的可视分析,适宜使用前一种方法。

对于线状目标和面状目标,则需要确定通视部分和不通视部分的边界。

2)计算可视域的算法

计算可视域的算法对于规则格网 DEM 和基于 TIN 的地形模型则有所区别。基于规则格网 DEM 的可视域算法在 GIS 分析中应用较广。在规则格网 DEM 中,可视域经常是以离散的形式表示的,即将每个格网点表示为可视或不可视,这就是所谓的"可视矩阵"。

计算基于规则格网 DEM 的可视域,一种简单的方法就是沿着视线的方向,从视点开始到目标格网点,计算与视线相交的格网单元(边或面),判断相交的格网单元是否可视,从而确定视点与目标视点之间是否可视。显然这种方法存在大量的冗余计算。Van 和 Kreveld 提出了一种基于"线扫描"的算法,对于 n 个视点,算法的时间复杂度为 $O(n \lg n)$。总的来说,由于规则格网 DEM 的格网点一般都比较多,相应的时间消耗比较大。针对规则格网 DEM 的特点,比较好的处理方法是采用并行处理。

基于 TIN 地形模型的可视域计算一般通过计算地形中单个的三角形面元可视的部分来实现。Lee 讨论了离散的可视域的计算方法,实际上基于 TIN 地形模型的可视域计算与三维场景中的隐藏面消去问题相似,可以将隐藏面消去算法加以改进,用于基于 TIN 地形模型的可视域计算。这种方法在最复杂的情形下,时间复杂度为 $O(n^2)$。各种改进的算法基本都是围绕提高可视分析的速度展开的。

2. 可视性分析的基本用途

可视性分析最基本的用途可以分为以下三种。

1）可视查询

可视查询主要是指对于给定的地形环境中的目标对象（或区域），确定从某个观察点观察，该目标对象是可视还是某一部分是可视。可视查询中，与某个目标点相关的可视只需要确定该点是否可视即可。对于非点的目标对象，如线状、面状对象，则需要确定对象的某一部分可视或不可视。由此，也可以将可视查询分为点状目标可视查询、线状目标可视查询和面状目标可视查询等。

2）地形可视结构计算（即可视域的计算）

地形可视结构计算主要是针对环境自身而言，计算对于给定的观察点，地形环境中通视的区域及不通视的区域。地形环境中基本的可视结构就是可视域，它是构成地形模型的点中相对于某个观察点所有通视的点的集合。利用这些可视点，即可以将地形表面可视的区域表示出来，从而为可视查询提供丰富的信息。

3）水平可视计算

水平可视计算是指对于地形环境给定的边界范围，确定围绕观察点所有射线方向上距离观察点最远的可视点。水平可视计算是地形可视结构计算的一种特殊形式，但它在一些特殊领域中有着广泛的应用，而且需要的存储空间很小。

图 4-59 至图 4-61 为利用 ArcView 软件进行可视域分析的结果。

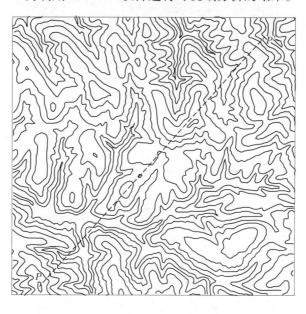

图 4-59　地形及 P、P' 两点位置

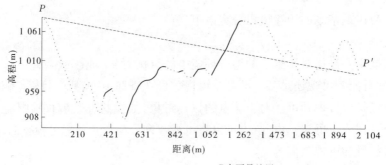

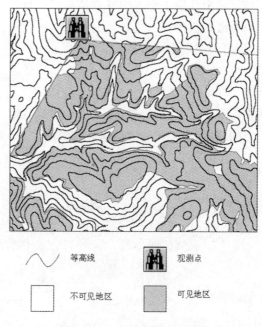

······ P点不可见地区 ———— P点可见地区

图 4-60   *P* 点可视范围及 *P*、*P'* 两点通视示意图

等高线   观测点

不可见地区   可见地区

图 4-61   ArcView 可视域提取

第五章 遥感影像处理方法

第一节 遥感数字图像基础

数字图像是指能够被计算机存储、处理和使用的图像。遥感数据的表示既有光学图像又有数字图像。在遥感图像的使用过程中,有时既需要把光学图像转变成数字图像送到计算机中进行处理,有时又需要把计算机处理后的数字图像转变成光学图像输出为硬拷贝。光学图像又称为模拟量,数字图像又称为数字量,它们之间的转换称为模/数转换,记做 A/D 转换,或反之,称为数/模转换,记做 D/A 转换。

数字量与模拟量的本质区别在于模拟量是连续变量而数字量是离散变量。观察一幅黑白相片,其黑白程度称为灰度,黑和白的变化是逐渐过渡,没有阶梯状。将这样一幅影像通过扫描仪或数字摄影机等外部设备送入计算机时,就是对图像的位置变量进行离散化和灰度值量化。如图 5-1 所示,在黑白图像上沿底边设 x 轴,则 x 轴上的灰度变化是一条连续变化的平滑曲线。当数字化该图像时,数字图像在空间位置上取样,产生离散的 x 值和 y 值,则每一个由 Δx 和 Δy 构成的小方格称为一个像元。像元是数字图像中的最小单位。每一个像元对应一个函数值,即亮度值,它是由连续变化的灰度等分得到。图 5-1 中,亮度是 0～15。0 代表最黑,15 代表最亮,其他值居中。数字化以后,连续空间变量被等间隔取样成离散值。一幅图像可以表示为一个矩阵,若 x 方向上取 N 个样点,y 方向上取 M 个样点,则成为有 MN 个元素的矩阵函数。M、N 为正整数,矩阵中的每一元素代表图像中的一个像元,其面积大小相当于原光学图像分割取样的最小单元 $\Delta x \cdot \Delta y$。

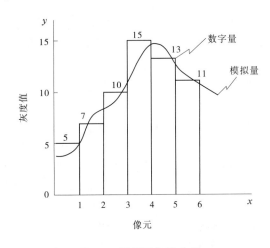

图 5-1　模拟量与数字量

数字图像中的像元值可以是整型、实型和字节型。为了节省存储空间,字节型最常用,即每个像元记录为一个字节(Byte),8 位。量化后,灰度值从 0 到 255,共有 256 级灰阶。0 代表黑,255 代表白,其他值居中渐变。当然,也有更高量化的影像,如 16 位的,共 65 536 级灰阶。

第二节　遥感影像校正

一、遥感影像的辐射校正

进入传感器的辐射强度反映在图像上就是亮度值。辐射强度越大,亮度值越大。当太阳辐射相同时,图像上的像元亮度值的差异直接反映了地物目标光谱反射率的差异,但在实际测量中,利用传感器观测目标物辐射或反射的电磁能量时,从传感器得到的测量值与目标物的光谱反射率或光谱辐射亮度等物理量是不一致的,这是因为测量值中包含太阳位置及角度条件、薄雾等大气条件所引起的失真,这些失真影响了图像的质量和应用。这一受各种条件影响而使辐射强度值改变的部分称为辐射畸变。为了正确评价目标物的反射特性及辐射特性,为遥感图像的识别、分类、解译等后续工作打下基础,必须消除这些畸变。消除图像数据中依附在辐射亮度中的各种失真的过程称为辐射校正(Radiometric Calibration)。辐射校正会改变图像的色调和色彩。

由于传感器响应特性和大气吸收、散射以及其他随机因素影响,导致图像模糊失真,造成图像的分辨率和对比度下降,这些都需要通过辐射校正复原。引起辐射畸变(Radiant Distortion)的因素一般有传感器的灵敏度特性、大气、太阳高度及地形等。所以辐射校正主要包括:①传感器的灵敏度特性引起畸变的校正。主要有边缘减光和光电变换系统的偏差等。②由太阳高度及地形等引起畸变的校正。主要有太阳高度的影响和地形倾斜的影响引起的辐射畸变。③大气校正(Atmospheric Correction)。主要有大气的吸收、散射等影响的辐射畸变。

(一)系统辐射校正

系统辐射畸变主要是由传感器本身产生的,仪器引起的误差是由于多个检测器之间存在差异,以及仪器系统工作产生的误差,这导致了接收的图像不均匀,产生条纹和"噪声"。一般来说,这些畸变应该在数据生产过程中,由生产单位根据传感器参数进行校正,而不需要用户自行校正。

1.由光学系统的特性引起的畸变校正

光学摄影机内部辐射畸变主要是由镜头中心和边缘的透射光的强度不一致造成的。在使用透镜的光学系统中,例如在摄像面中,存在着边缘部分比中心部分发暗的现象(边缘减光),使得在图像上不同位置的同一类地物有不同的灰度值。设原始图像灰度值为 $g(x,y)$,校正后的图像灰度值为 $f(x,y)$,则有:

$$f(x,y) = \frac{g(x,y)}{\cos\theta} \tag{5-1}$$

式中:θ 为像点成像时光线与主光轴夹角。

2.由光电转换系统的特性引起的畸变校正

在扫描方式的传感器中,传感器接收系统收集到的电磁波信号需经光电转换系统变成电信号记录下来,这个过程也会引起辐射量的误差。光电扫描仪的内部辐射畸变主要有两类:一类是光电转换误差;另一类是探测器增益变化引起的误差。卫星接收站地面处理系统通常采用楔校准模型和增益校准模型,对卫星图像进行处理,以消除传感器的光电转变辐射误差和增益变化的误差。

由于光电变换系统的灵敏度特性通常有很高的重复性,所以可以定期地在地面测量其特性,根据测量值可对其进行辐射畸变校正。如对 Landsat 卫星的 MSS 图像和 TM 图像可以按下式对传感器的输出(R)进行校正:

$$V = \frac{D_{\max}}{R_{\max} - R_{\min}} R - R_{\min} \tag{5-2}$$

式中:V 为已校正过的亮度值;R 为传感器输出的辐射亮度值;$R_{\max}$ 和 $R_{\min}$ 为探测器能够输出的最大和最小辐射亮度值;$D_{\max}$ 为最大辐射分辨率。

探测器增益变化引起的辐射误差通常采用楔校准处理方法加以消除。以可见光为例,校准模型为:

$$V_c = \frac{K}{\hat{b}_{s(n)}} \left[V_r - \hat{a}_{s(n)} \right] \tag{5-3}$$

式中:V_c 为校准后的输出亮度值;V_r 为未校正的输入亮度值;K 为太阳校正系数,为一常数;$\hat{b}_{s(n)}$ 为滤波增益,取决于传感器响应因素;$\hat{a}_{s(n)}$ 为滤波偏移值,取决于传感器系统大气干扰。

(二)太阳辐射引起的畸变校正

1.太阳位置引起的辐射畸变校正

太阳位置主要是指太阳高度角和方位角,如果太阳高度角(太阳入射光线与地平面的夹角)和太阳方位角(太阳光线在地面上的投影与当地子午线的夹角)不同,则地面物体入射照度就发生变化。太阳高度角引起的畸变校正是将太阳光线倾斜照射时获取的图像校正为太阳光线垂直照射时获取的图像。太阳高度角 θ 可根据成像时间、季节和地理位置来确定,即

$$\sin\theta = \sin\varphi\sin\delta \pm \cos\varphi\cos\delta\cos t \tag{5-4}$$

式中:φ 为图像对应地区的地理纬度;δ 为太阳赤纬(成像时太阳直射点的地理纬度);t 为时角(地区经度与成像时太阳直射点地区经度的经差)。

太阳高度角的校正是通过调整一幅图像内的平均灰度来实现的。在太阳高度求出后,太阳以高度角 θ 斜射时得到的图像 $g(x,y)$ 与直射时得到的图像 $f(x,y)$ 有如下关系:

$$f(x,y) = \frac{g(x,y)}{\sin\theta} \tag{5-5}$$

太阳方位角的变化也会改变光照条件,它也随成像时间、季节、地理纬度的变化而变化。太阳方位角引起的图像辐射值误差通常只对图像细部特征产生影响,它可以采用与太阳高度角校正相类似的方法进行处理。

由于太阳高度角的影响,在图像上会产生阴影。一般情况下,图像上地形和地物的阴影是难以消除的,但是多光谱图像上的阴影可以通过图像之间的比值予以消除或减弱。

比值图像是用同步获取的相同地区的任意两个波段图像相除而得到的新图像。阴影的消除对影像的定量分析和自动识别是非常重要的,因为它消除了非地物辐射而引起的影像灰度值的误差,有利于提高定量分析和自动识别的精度。

2.地形起伏引起的辐射畸变校正

太阳光线与地表作用后再反射到传感器的太阳光辐射亮度与地面倾斜度有关。当地形倾斜时,经过地表扩散、反射再入射到传感器的太阳光的辐射亮度就会依倾斜度而变化。可以采用地表的法线矢量和太阳光入射矢量的夹角的方法进行校正。

设光线垂直入射时水平地表受到的光照强度为 I_0,则光线垂直入射时倾斜角为 α 的坡面上入射点处的光强度 I 为:

$$I = I_0 \cos\alpha \tag{5-6}$$

因此,若处在坡度为 α 的倾斜面上的地物影像为 $g(x,y)$,则校正后的影像 $f(x,y)$ 为:

$$f(x,y) = \frac{g(x,y)}{\cos\alpha} \tag{5-7}$$

由上式可以看出,地形坡度引起的辐射校正方法需要有影像对应地区的 DEM 数据,校正较为麻烦,一般情况下对地形坡度引起的误差不作校正。另外,对消除了光路辐射成分的图像数据,此项校正也可采用波段间的比值方法来进行校正。

(三)大气校正

进入大气的太阳辐射会发生反射、折射、吸收、散射和透射,其中对传感器接收影响较大的是吸收和散射。在没有大气存在时,传感器接收的辐射能只与太阳辐射到地面的辐照度和地物的反射率有关。由于大气的存在,辐射经过大气吸收和散射,透过率小于1,从而减弱了原信号的强度,该辐射经地面反射到传感器时又要经历一次衰减。同时,大气的散射光也有一部分直接或经过地物反射进入到传感器,这两部分辐射又增强了信号,但却不是有用的。其中大气散射光经地物反射以及通过反射路径上大气吸收后,进入传感器的辐射能较小,基本上可以忽略不计。而相当部分的大气散射光未经地物反射,通过大气反射后,直接进入传感器的辐射叫程辐射,这种辐射进入传感器的辐射能较大。

大气散射的影响降低了图像的对比度,精确的大气校正需要找出每个波段像元亮度值与地物反射率的关系,为此需得到卫星飞行时的大气参数,以求出大气透过率等因子。如果不通过特别的观测,一般很难得到这些数据,所以通常采用一些简化的处理方法,即去掉上述影响因素中的程辐射。

1.基于地面场地数据或辅助数据进行辐射校正

在遥感成像的同时,同步获取成像目标的反射率,或通过预先设置已知反射率的目标,把地面实况数据与传感器的输出数据进行比较,来消除大气的影响。这里假设地面目标发射率与传感器所获得的信号之间属于线性关系。将地面测定的结果与卫星图像对应像元的亮度值进行回归分析,其回归方程为:

$$L = a + bR \tag{5-8}$$

式中:L 为卫星观测值;a 为常数;b 为回归系数。

设 $bR = L_a$ 为地面实测值,该值未受大气影响,则 $L = a + L_a$,a 即为大气的影响。所以可以得到大气影响 $a = L - L_a$,则大气校正公式为:

$$L_a = L - a \tag{5-9}$$

图像中的每一像元亮度值均减去 a，以获得成像地区大气校正后的图像。由于遥感过程是动态的，在地面特定地区、特定条件和一定时间段内测定的地面目标反射率不具有普遍性，因此该方法仅适用于包含地面实况数据的图像。

2. 利用波段特性进行大气校正

严格地说，程辐射度的大小与像元位置有关，随大气条件、太阳照射方向和时间变化而变化，但因其变化量微小而忽略。可以认为，程辐射度在同一幅图像的有限面积内是一个常数，其值的大小只与波段有关。一般来说，程辐射度主要来自米氏散射，即散射主要发生在短波波长，其散射强度随波长的增大而减小，到红外波段基本上接近零。把近红外波段作为无散射影响的标准图像，通过对不同波段图像的对比分析来计算大气影响。根据这个原理，一般有两种大气辐射校正的方法，即直方图最小值去除法和回归分析法。

1）直方图最小值去除法

直方图最小值去除法的前提条件是在一幅图像中总可以找到某种或某几种地物，如深海水体、高山背阴处等，其辐射亮度或反射率接近0，这时其图像直方图的最小亮度值就应该为0，如果不为0，就认为是大气散射导致。

根据具体大气条件，各波段要校正的大气影响是不同的。为确定大气影响，显示有关波段图像的直方图（见图5-2），校正时，将每一波段中每个像元的亮度值都减去本波段的最小值。使图像亮度动态范围得到改善，对比度增强，从而提高了图像质量。

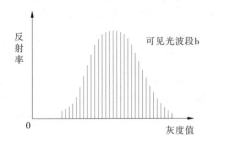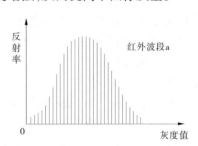

图 5-2　不同波段中灰度最小值比较

2）回归分析法

假定某红外波段，程辐射影响接近于零，设为波段 a，如图5-2所示。现需要找到其他波段相应的亮度最小值，这个值一定比波段 a 的亮度最小值大一些，设为波段 b。分别以 a、b 波段的像元亮度值为坐标，作二维光谱空间，两个波段中对应像元在坐标系内用一个点表示，如图5-3所示。由于波段之间的相关性，通过回归分析在众多点中一定能找到一条直线与波段 b 的亮度 L_b 轴相交，且回归方程为：

$$L_b = kL_a + c \tag{5-10}$$

式中：c 为直线在 L_b 轴上的截距；k 为斜率，且

$$k = \frac{\sum (L_a - \bar{L}_a)(L_b - \bar{L}_b)}{\sum (L_a - \bar{L}_a)^2} \tag{5-11}$$

其中 $\bar{L}_a$、$\bar{L}_b$ 分别为 a、b 波段亮度的均值。

$$c = L_b - kL_a \tag{5-12}$$

式中：c为波段 a 中亮度为零处在波段 b 中所具有的亮度,可以认为c就是波段 b 的程辐射度。校正的方法就是将波段 b 中的所有像元值都减去这个截距值c,来改善图像,去掉程辐射。同理,依次完成其他较长波段的校正。

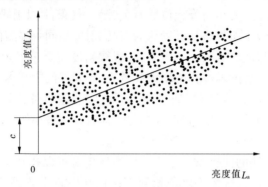

图 5-3　回归分析校正参数的确定

3. 基于辐射传输模型的大气校正

上述方法仅仅是对大气影响进行粗校正,去掉了大气程辐射的影响。绝对大气校正方法是根据实况的或标准的大气模式和地面实测资料,将遥感图像的 DN(Digital Number)值转换为地表反射率或地表反射辐亮度的方法。在诸多的大气校正方法中,校正精度高的方法是辐射传输模型法(Radiative Transfer models)。辐射传输模型法是利用电磁波在大气中的辐射传输原理建立起来的模型对遥感图像进行大气校正的方法。其算法在原理上基本相同,差异在于不同的假设条件和适用的范围。常用的大气校正模型有 6S 模型(Second Simulation of the Satellite Signal in the Solar Spectrum)、LOWTRAN 模型(Low Resolution Transmission)、MORTRAN 模型(Moderate Resolution Transmission)、ATCOR 模型(A Spatially Adaptive Fast Atmospheric Correction)等。

1)6S 模型

6S 模型是在法国大气光学实验室 Tanre、Deuze、Herman 和美国马里兰大学地理系 Vermote 在 5S 模型的基础上发展起来的。该模型采用了最新近似和逐次散射的算法来计算散射和吸收,改进了模型的参数输入,使其更接近实际。该模型对主要大气效应:H_2O、O_3、O_2、CO_2、CH_4、N_2O 等气体的吸收,大气分子和气溶胶的散射都进行了考虑。不仅可以模拟地表非均一性,还可以模拟地表双向反射特性。

2)LOWTRAN 模型

LOWTRAN 模型是美国空军地球物理实验室研制的。它是以 20 cm^{-1} 的光谱分辨率的单参数带模式计算 0 cm^{-1} 到 50 000 cm^{-1} 的大气透过率,大气背景辐射,单次散射的光谱辐射亮度、太阳直射辐射度。LOWTRAN7 增加了多次散射的计算及新的带模式、臭氧和氧气在紫外波段的吸收参数,提供了 6 种参考大气模式的温度、气压、密度的垂直廓线,H_2O、O_3、O_2、CO_2、CH_4、N_2O 的混合比垂直廓线及其他 13 种微量气体的垂直廓线,城乡大气气溶胶、雾、沙尘、火山喷发物、云、雨廓线和辐射参量如消光系数、吸收系数、非对称因子的光谱分布。还包括地外太阳光谱。

3）MORTRAN 模型

MORTRAN 模型主要是对 LOWTRAN7 模型的光谱分辨率进行了改进，它把光谱分辨率从 20 cm^{-1} 减少到 2 cm^{-1}，发展了一种 2 cm^{-1} 光谱分辨率的分子吸收的算法和更新了对分子吸收的气压温度关系的处理，同时维持 LOWTRAN7 的基本程序和使用结构。

4）ATCOR 模型

ATCOR 大气校正模型是由德国 Wessling 光电研究所的 Rudolf Richter 博士于 1990 年研究提出的一种快速大气校正算法，并且经过大量的验证和评估。该模型已经广泛应用于很多通用图像处理软件，如 PCI、ERDAS。目前，ATCOR2 模型是 ATCOR 经历了多次改进和完善的产品，上述软件中引入的即为 ATCOR2 版本。1999 年和 2000 年 ATCOR3 及 ATCOR4 模型适用范围推广到更广泛的山区。虽然受局地气候的控制以及新模块需要进一步的完善，但 ATCOR2 系列仍然是 ATCOR 的主产品。ATCOR2 是一个应用于高空间分辨率光学卫星传感器的快速大气校正模型，它假定研究区域是相对平的地区并且大气状况通过一个查证表来描述。在具体实施过程中将针对太阳光谱区间和热光谱范围进行计算。

当然，大气校正除上述介绍的方法外，还有很多模型，如大气去除程序 ATREM（The Atmosphere Removal program）、紫外线和可见光辐射模型 UVRAD（Ultraviolet and Visible Radiation）、TURNER 大气校正模型、黑暗像元法、不变目标法、大气抗阻植被指数法等。在实际应用中应根据自己所掌握的数据多少以及对软件的了解选择合适的方法。

二、遥感影像的几何校正

当遥感图像在几何位置上发生了变化，产生诸如行列不均匀、像元大小与地面大小对应不准确、地物形状不规则变化等畸变时，即说明遥感影像发生了几何畸变。遥感影像的总体变形（相对于地面真实形态而言）是平移、缩放、旋转、偏扭、弯曲及其他变形综合作用的结果。产生畸变的图像给定量分析及位置配准造成了困难。

（一）遥感影像变形的原因

1.遥感平台位置和运动状态变化的影响

无论是卫星还是飞机，运动过程中都会由于种种原因产生飞行姿势的变化从而引起影像变形。

航高：当平台运动过程中受到力学因素影响，产生相对于原标准航高的偏离，或者说卫星运行的轨道本身就是椭圆的。航高始终发生变化，而传感器的扫描视场角不变，从而导致图像扫描行对应的地面长度发生变化。航高越向高处偏离，图像对应的地面越宽。

航速：卫星的椭圆轨道本身就导致了卫星飞行速度的不均匀，其他因素也可导致遥感平台航速的变化。航速快时，扫描带超前，航速慢时，扫描带滞后，由此可导致图像在卫星前进方向上（图像上下方向）的位置错动。

俯仰：遥感平台的俯仰变化能引起图像上下方向的变化，即星下点俯时后移，仰时前移，发生行间位置错动。

翻滚：遥感平台姿态翻滚是指以前进方向为轴旋转了一个角度。可导致星下点在扫描线方向偏移,使整个图像的行向翻滚角引起偏离的方向错动。

偏航:指遥感平台在前进过程中,相对于原前进航向偏转了一个小角度,从而引起扫描行方向的变化,导致图像的倾斜畸变。

以上各种变化均属于外部误差,即成像过程中,传感器相对于地物的位置、姿态和运动速度变化而产生的误差。此外,还有因传感器而异的内部误差,如扫描仪扫描一个视场角时,卫星前进导致的位置偏离或扫描速度不均,检测器不一致等所导致的误差,这类误差一般较小,不作讨论。

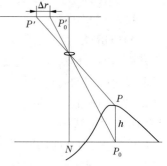

图 5-4　高差引起的像点位移

2. 地形起伏的影响

当地形存在起伏时,会产生局部像点的位移,使原来本应是地面点的信号被同一位置上某高点的信号代替。由于高差的原因,实际像点 P 距像幅中心的距离相对于理想像点 P_0 距像幅中心的距离移动了 Δr,如图 5-4 所示。

3. 地球表面曲率的影响

严格说,地球是个椭球体,因此地球表面是曲面。这一曲面的影响主要表现在两个方面,一是像点位置的移动,二是像元对应于地面宽度的不等。像点位移如图 5-5(a)所示,当选择的地图投影平面是地球的切平面时,实际地球表面是曲面,使地面点 P_0 相对于投影平面点 P 有一高差 Δh。

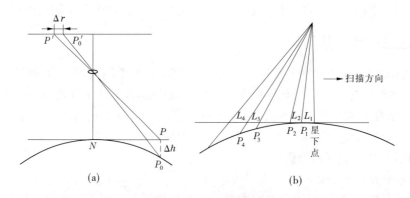

图 5-5　地球表面曲率的影响

像元对应地面宽度不等是由于传感器通过扫描取得数据,在扫描过程中每一次取样间隔是星下视场角的等分间隔,如图 5-5(b)所示。如果地面无弯曲,在地面瞬时视场宽度不大的情况下,$L_1,L_2,L_3,\cdots$ 的差别不大。但由于地球表面曲率的存在,对应于地面的 $P_1,P_2,P_3,\cdots$,显然 $P_3-P_1>L_3-L_1$,距星下点越远畸变越大,对应地面长度越长。当传感器扫描角度较大时,影响更加突出,造成边缘景物在图像显示时被压缩。假定原地面真实景物是一条直线,成像时中心窄、边缘宽,但图像显示时像元大小相同,这时直线被显示成反 S 形弯曲,这种现象又叫全景畸变。如图 5-6 所示。

4. 大气折射的影响

大气对辐射的传播产生折射。由于大气的密度分布从下向上越来越小,折射率不断变化,因此折射后的辐射传播不再是直线而是一条曲线,从而导致传感器接收的像点发生位移(见图5-7)。

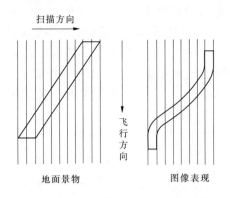

图5-6　全景畸变导致反S弯曲现象

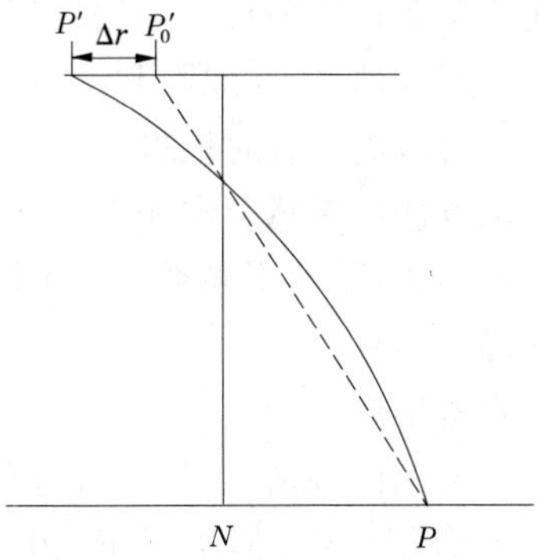

图5-7　大气折射影响

5.地球自转的影响

卫星前进过程中,传感器对地面扫描获得图像时,地球自转影响较大,会产生影像偏离。因为多数卫星在轨道运行的降段接收图像,即卫星自北向南运动,这时地球自西向东自转。相对运动的结果使卫星的星下位置逐渐产生偏离。偏离方向如图5-8所示,所以卫星图像经过校正后成为图5-8(c)的形态。

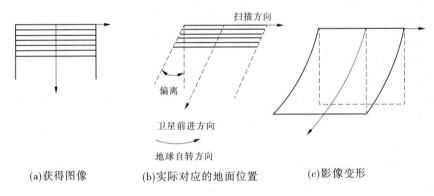

(a)获得图像　　　　(b)实际对应的地面位置　　　　(c)影像变形

图5-8　地球自转的影响

(二)几何校正的种类

遥感影像的几何校正包括粗校正和精校正两种。

粗校正一般由遥感数据地面接收站处理,也叫系统级的几何校正,它仅作系统误差改正,即利用卫星等所提供的轨道参数和姿态参数等,以及地面系统中的有关处理参数对原始数据进行几何校正。粗校正对传感器内部畸变的改正很有效,但处理后的图像仍有较大的几何偏差,因此必须对遥感影像进行进一步处理,即几何精校正。

几何精校正是在粗校正的基础上进行的,可以由遥感数据接收部门完成,也可以由用户完成。几何精校正是利用地面控制点(Ground Control Point, GCP),用一种数学模型来近似描述遥感图像的几何畸变过程,并利用畸变的遥感图像与标准地图之间的一些对应同名点求得这个几何畸变模型,然后利用该模型进行几何校正。这种校正不考虑畸变的具体原因,只考虑如何利用畸变模型来校正影像。

(三)遥感影像几何校正

几何畸变有多种校正方法,但常用的是一种通用的精校正方法,适合于在地面平坦,不需考虑高程信息,或地面起伏较大而无高程信息,以及传感器的位置和姿态参数无法获取的情况时应用。有时根据遥感平台的各种参数已做过一次校正,但仍不能满足要求,就可以用该方法作遥感影像相对于地面坐标的配准校正、遥感影像相对于地图投影坐标系统的配准校正,以及不同类型或不同时相的遥感影像之间的几何配准和复合分析,以得到比较精确的结果。

1.基本思路

校正前的图像看起来是由行列整齐的等间距像元点组成的,但实际上,由于某种几何畸变,图像中像元点间所对应的地面距离并不相等(见图5-9(a))。校正后的图像亦是由等间距的网格点组成的,且以地面为标准,符合某种投影的均匀分布(见图5-9(b)),图像中格网的交点可以看做是像元的中心;校正的最终目的是确定校正后图像的行列数值,然后找到新图像中每一像元的亮度值。

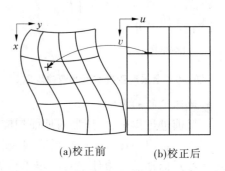

(a)校正前　　　　(b)校正后

图5-9　几何校正前后

2.具体步骤

1)选择控制点

在遥感图像上选择控制点,以建立图像与地面坐标系统之间的投影关系。

2)构建整体映射函数

根据图像的几何畸变性质及地面控制点的多少来确定校正数据模型,建立起图像与地面坐标系统之间的空间变换关系,如多项式法等。

3)校正模型求解

根据地面控制点和对应像点坐标进行平差计算变换参数,评定精度,并对原始影像进行几何变换计算。

4)像元亮度值重采样

为了使校正后的输出图像像元与输入的未校正图像相对应,根据确定的校正公式,对输入图像的数据重新排列。在重采样中,由于所计算的对应位置的坐标不是整数值,必须通过对周围的像元值进行内插来求出新的像元值。

3.建立数学模型

建立两图像像元点之间的对应关系,记做:

$$\begin{cases} x = f_x(u,v) \\ y = f_y(u,v) \end{cases} \tag{5-13}$$

通常数学关系 f 表示为二元 n 次多项式:

$$\begin{cases} x = \sum_{i=0}^{n} \sum_{j=0}^{n-1} a_{ij} u_i v_i \\ y = \sum_{i=0}^{n} \sum_{j=0}^{n-1} b_{ij} u_i v_i \end{cases} \quad (n = 1,2,3,\cdots) \tag{5-14}$$

实际计算时常采用二元二次多项式,其展开式为:

$$\begin{cases} x = a_{00} + a_{10}u + a_{01}v + a_{11}uv + a_{20}u^2 + a_{02}v^2 \\ y = b_{00} + b_{10}u + b_{01}v + b_{11}uv + b_{20}u^2 + b_{02}v^2 \end{cases} \tag{5-15}$$

为了通过(u,v)找到对应的(x,y),首先必须计算出式(5-15)中的12个系数。由线性理论知,求12个系数必须至少列出12个方程,即找到6个已知的对应点,也就是这6个点对应的(u,v)和(x,y)均为已知。故称这些已知坐标的对应点为控制点。然后通过这些控制点,解方程组求出12个系数值。

实际工作中发现,6个控制点只是解线性方程所需的理论最低数,这样少的控制点使校正后的图像效果很差,因此还需要大大增加控制点的数目,以提高校正的精度。控制点增加后,计算方法也有所改变,需采用最小二乘法,通过对控制点数据进行曲面拟合来求系数。

4. 控制点的选取

几何校正的第一步便是位置计算,首先是对所选取的二元多项式求系数,必须已知一组控制点坐标。

1) 控制点数的确定

控制点数目的最低限是按未知系数的多少来确定的。一次多项式

$$\begin{cases} x = a_{00} + a_{10}u + a_{01}v \\ y = b_{00} + b_{10}u + b_{01}v \end{cases} \tag{5-16}$$

有6个系数,就需要有6个方程来求解,需要3个控制点的3对坐标值,即6个坐标数。二次多项式有12个系数,需要12个方程(6个控制点)。依次类推,三次多项式至少需要10个控制点,n次多项式,控制点的最少数目为$(n+1)(n+2)/2$。

实际工作表明,选取控制点的最少数目来校正图像,效果往往不好。在图像边缘处,在地面特征变化大的地区,如河流拐弯处等,由于没有控制点,而靠计算推出对应点,会使图像变形。因此,在条件允许的情况下,控制点数的选取都要大于最低数很多才能达到很好的效果。

2) 控制点选取原则

控制点的选择要以配准对象为依据。以地面坐标为匹配标准的,叫做地面控制点(GCP)。有时也用地图作地面控制点标准,或用遥感图像(如用航空像片)作为控制点标准。无论用哪一种坐标系,关键在于建立待匹配的两种坐标系的对应点关系。

一般来说,控制点应选取图像上易分辨且较精细的特征点,这很容易通过目视方法辨别,如道路交叉点、河流弯曲或分叉处、海岸线弯曲处、湖泊边缘、飞机场、城廓边缘等。特征变化大的地区应多选些。图像边缘部分一定要选取控制点,以避免外推。此外,尽可能满幅均匀选取,特征实在不明显的大面积区域(如沙漠),可用求延长线交点的办法来弥补,但应尽可能避免这样做,以避免造成人为的误差。

5. 灰度值重采样

几何校正过程中,由于校正前后图像的分辨率可能变化,像元点位置相对变化等原因,不能简单地用原像元灰度值代替输出图像像元灰度值。由于计算后的(x,y)多数不在原图像的像元中心处,因此必须重新计算新位置的亮度值。一般来说,新点的亮度值介于邻点亮度值之间,所以常用内插法计算。为了确定校正后图像上每点的亮度值,只要求出其原图所对应点(x,y)的亮度。通常有三种方法:最近邻法、双向线性内插法和三次卷积内插法。

1)最近邻法

最近邻法(Nearest Neighborhood)以离被计算点最近的一个像元的灰度值作为输出像元的灰度值。如图 5-10 所示,图像中两相邻点的距离为 1,即行间距 $\Delta x = 1$,列间距 $\Delta y = 1$,取与所计算点(x,y)周围相邻的 4 个点,比较它们与被计算点的距离,哪个点距离最近,就取哪个点的亮度值作为(x,y)点的亮度值 $f(x,y)$。设该最近邻点的坐标为 (k,l),则:

$$\begin{cases} k = \text{Integer}(x + 0.5) \\ l = \text{Integer}(y + 0.5) \end{cases} \tag{5-17}$$

式中,Integer 为取整(不是四舍五入),于是取:

$$f(x,y) = f(k,l) \tag{5-18}$$

这种方法保持了原来的亮度值不变,即光谱信息不变,几何位置上的精度为 ± 0.5 像元,相比之下,几何精度差,灰度失真大。但方法简单,计算速度快。

2)双线性内插法

当实施双线性内插法(Bilinear Neighborhood)时,需要有计算点(x,y)周围 4 个已知像素的亮度值参加计算。具体算法是:取(x,y)点周围的 4 个邻点,在 y 方向(或 x 方向)内插两次,再在 x 方向(或 y 方向)内插一次,得到(x,y)点的亮度值 $f(x,y)$,该方法称为双线性内插法。如图 5-11 所示,设 4 个邻点分别为$(i,j),(i,j+1),(i+1,j),(i+1,j+1)$,过$(x,y)$作直线与 x 轴平行,与 4 邻点组成的边相交于点(i,y)和$(i+1,y)$。先在 y 方向内插,由 $f(i,j+1)$ 和 $f(i,j)$ 计算交点的亮度 $f(i,y)$;由 $f(i+1,j+1)$ 和 $f(i+1,j)$ 计算交点的亮度 $f(i+1,y)$。然后计算 x 方向,以 $f(i,y)$ 和 $f(i+1,y)$ 来内插 $f(x,y)$ 值:

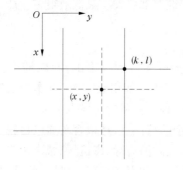

图 5-10　最近邻法

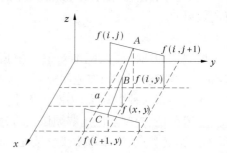

图 5-11　双线性内插法

$$f(x,y) = \alpha[\beta f(i+1,j+1) + (1-\beta)f(i+1,j)] +$$

$$(1 - \alpha)[\beta f(i,j+1) + (1-\beta)f(i,j)] \tag{5-19}$$

其中，i,j 的值由 x,y 取整得到；α,β 为点 (x,y) 与点 (i,j) 在 x 方向和 y 方向上的偏移量。

双线性内插法虽然比最近邻法计算量增加，但精度明显提高，几何上比较准确，保真度较高。缺点是破坏了原来的数据，但具有平均化的滤波效果，从而使对比度明显的分界线变得模糊。鉴于该方法的计算量和精度适中，只要不影响应用所需的精度，作为可取的方法而常被采用。

3）三次卷积内插法

三次卷积内插法是进一步提高内插精度的一种方法，其基本思想是增加邻点来获得最佳插值函数。取与计算点 (x,y) 周围相邻的 16 个点，如图 5-12 所示，与双线性内插类似，可先在某一方向上内插，如先在 x 方向上，每 4 个值依次内插 4 次，求出 $f(x,j-1)$，$f(x,j)$，$f(x,j+1)$，

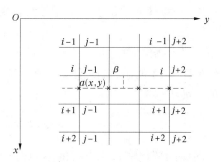

图 5-12　三次卷积内插法

$f(x,j+2)$，再根据这四个计算结果在 y 方向上内插，得到 $f(x,y)$ 值：

$$f(x,y) = \beta^2(\beta-1)f(x,j+2) + \beta(1+\beta-\beta^2)f(x,j+1) +$$
$$(1-2\beta^2+\beta^3)f(x,j) + \beta(1-\beta)^2 f(x,j-1) \tag{5-20}$$

因这种三次多项式内插过程实际上是一种卷积运算，故称三次卷积内插。三次卷积内插法使用内插点周围的 16 个观测点的像元值，用三次卷积函数对所求像元值进行内插，可得到较高的图像质量。缺点是计算量很大，破坏了原来的数据，但具有图像的均衡化和清晰化的效果。当变形比较严重时，必须使用三次卷积法，以保证质量。

第三节　遥感影像增强处理

图像增强是数字图像处理的最基本方法之一，在数字图像处理中受到广泛重视。是具有重要实用价值的技术，其目的是提高图像的质量、突出图像中的有用信息、扩大不同影像特征之间的差别，从而提高对图像的解译和分析能力。经过增强处理后，可以改善图像的视觉效果或将图像转换成一种更适合于人或机器进行分析处理的形式。然而图像增强处理是不以图像保真为原则的，也不能增加原图像的信息。而是通过增强处理设法有选择地突出某些对人或机器分析感兴趣的信息，抑制一些无用信息，以提高图像的使用价值。

一、辐射增强

辐射增强是计算机图像处理中最基本、最常用的增强技术。主要通过改变灰度分布态势，扩展灰度分布区间，达到增加反差的目的，是一种通过直接改变图像像元的灰度值来改变图像像元对比度，从而改善图像质量的图像处理方法。常用的方法有对比度线性变换和非线性变换、直方图调整等。该处理方式属于点运算，对于一幅输入图像，通过点运算后产生的输出图像的灰度值仅由相应输入像素点的灰度值决定，与周围的像元不发

生直接联系。

(一)线性变换

在改善图像的对比度时,需要运用符合一定数学规律的变换函数。如果变换函数是线性的或分段线性的,这种变换就是线性变换(Linear Transformation)。线性变换也称线性拉伸,是将像元值的变动范围按线性关系扩展到指定的范围,关系式如下:

$$y = ax + b \tag{5-21}$$

式中:x 为原始图像的灰度值;y 为扩展后的灰度值;a 为扩展系数;b 为常数。

如图 5-13 所示,源图像灰度值 x 的灰度范围为 $[x_{min}, x_{max}]$,经线性变换后,图像的灰度值 y 被扩展到 $[y_{min}, y_{max}]$,则变换公式可写为:

$$y = \frac{y_{max} - y_{min}}{x_{max} - x_{min}}(x - x_{min}) + y_{min} \tag{5-22}$$

图像的变化随直线方程的不同而不同。直线与横轴的夹角大于 45°时,图像被拉伸,灰度的动态范围扩大;直线与横轴的夹角小于 45°时,图像被压缩,灰度范围缩小。

(二)分段线性变换

有时为了更好地调节图像的对比度,需要在一些灰度段拉伸,而在另一些灰度段压缩,这种变换称为分段线性变换(Piecevise Linear Transform)。分段线性变换时,变换函数不同,在变换坐标系中成为折线,折线间断点的位置根据需要决定。以图 5-14 的图像为例,对其进行分段线性变换,从图像的端点算起,间断点取作(0,0)、(6,2)、(11,12)、(15,15),共三个线段,从图中可以看出,第一段、第三段为压缩,第二段为拉伸。每一段的变换方程为:

$$y = \begin{cases} \dfrac{1}{3}x & 0 \leq x \leq 6 & 0 \leq y \leq 2 \\ 2x - 10 & 6 \leq x \leq 11 & 2 \leq y \leq 12 \\ \dfrac{3}{4}x + \dfrac{15}{4} & 11 \leq x \leq 15 & 12 \leq y \leq 15 \end{cases} \tag{5-23}$$

式中:x 为输入图像的灰度值;y 为输出图像的灰度值。

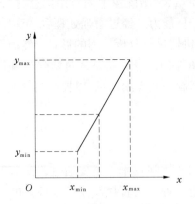

图 5-13　线性变换

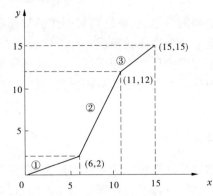

图 5-14　分段线性变换

（三）非线性变换

当变换函数是非线性时,即为非线性变换。非线性变换的函数很多,常用的有指数变换和对数变换。指数变换函数如图 5-15 所示,它的意义是在亮度值较高的部分 x_a 扩大亮度间隔,属于拉伸,而在亮度值较低的部分 x_b 缩小亮度间隔,属于压缩,其数学表达式为:

$$x_b = be^{ax_a} + c \qquad (5\text{-}24)$$

式中:a,b,c 为可调参数,可以改变指数函数曲线的形态,从而实现不同的拉伸比例。

对数变换函数如图 5-16 所示,与指数变换相反,意义是在亮度值较低的部分拉伸,而在亮度值高的部分压缩,数学表达式为:

$$x_b = b\lg(ax_a + 1) + c \qquad (5\text{-}25)$$

式中:a,b,c 仍为可调参数,根据需要确定。

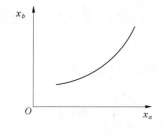
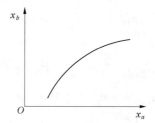

图 5-15　指数变换函数　　　　图 5-16　对数变换函数

（四）直方图调整

大多数原始的遥感图像由于其灰度分布集中在较窄的范围内,使图像的细节不够清晰,对比度较低。为了使图像的灰度范围拉开或使灰度均匀分布,从而增大反差,使图像细节清晰,以达到增强的目的。直方图调整是通过变换函数,使原图像的直方图变换为所要求的直方图,并根据新直方图变更原图像的灰度值。

1. 直方图均衡化

直方图均衡化(Histogram Equalization)是将如图 5-17(a)所示的随机分布的图像直方图修改成均匀分布的直方图,其实质是对图像进行非线性拉伸,重新分配图像像元值,使一定灰度范围内像元的数量大致相等,如图 5-17(b)所示。从数学的观点来看,就是把一个概率密度函数通过某种变换变成均匀分布的随机概率密度函数。由于数字图像是离散的,一般是通过累加的方式实现的。累积直方图曲线即为直方图均衡化的基本变换函数。

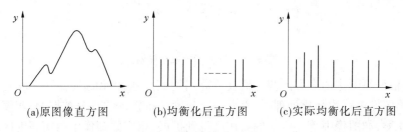

　(a)原图像直方图　　　　(b)均衡化后直方图　　　　(c)实际均衡化后直方图

图 5-17　直方图均衡化

图 5-17(a)为原图像直方图,可以用一维数组 $P(A)$ 表示:

$$P(A) = [P_0, P_1, \cdots, P_{n-1}] \tag{5-26}$$

图 5-17(b)为均衡化后直方图,也可以用一维数组 $\bar{P}(A)$ 表示:

$$\bar{P}(A) = [\bar{P}_0, \bar{P}_1, \cdots, \bar{P}_{m-1}] \tag{5-27}$$

其中,$\bar{P}_0 = \bar{P}_1 = \cdots = \bar{P}_{m-1} = \dfrac{1}{m}$,$m$ 为均衡化后的直方图灰度级,因此直方图均衡需要知道图像均衡化后的灰度级 m。由直方图可知:

$$\sum_{i=0}^{n-1} P_i = \sum_{j=0}^{m-1} \bar{P}_j = 1 \tag{5-28}$$

为达到均衡化直方图的目的,可以用累加的方法来实现,即当

$$P_0 + P_1 + \cdots + P_K = \frac{1}{m} \tag{5-29}$$

时,其原图像上的灰度为 $d_0, d_1, d_2, \cdots, d_k$ 的像元都合并成均衡化后的灰度为 d_0' 的像元。同理,当

$$P_{K+1} + P_{K+2} + \cdots + P_L = \frac{1}{m} \tag{5-30}$$

时,其 $d_{K+1}, d_{K+2}, \cdots, d_L$ 合并为 d_1',以此类推,直到

$$P_R + P_{R+1} + \cdots + P_{n-1} = \frac{1}{m} \tag{5-31}$$

时,其 $d_R, d_{R+1}, \cdots, d_{n-1}$ 合并为 d_{m-1}'。

可以用累加值直方图来图解解求均衡直方图在原灰度轴上的区间,如图 5-18 所示,在 y 轴上等分 m 份,通过累积值曲线投影到 x 轴上,则 x 轴上交出的各点就为均衡所取的原直方图灰度轴上的区间值。一般先求出区间阈值,列成查找表(LUT, Look Up Table),即建立原始图像灰度和变换后图像灰度之间的对应值,然后对整幅图像每个像元查找它们变换后的灰度值。

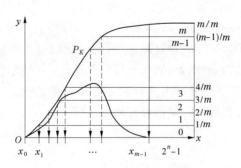

图 5-18　直方图均衡化图解

因此,根据原图像的直方图统计值就可算出均衡后各像元的灰度值。按上述的这些公式对遥感图像进行均衡化处理时,直方图上灰度分布较密的部分被拉伸;灰度分布稀疏的部分被压缩,如图像中等亮度区的对比度得到扩展,相应原图像中两端亮度区的对比度相对压缩。从而使一幅图像的对比度在总体上得到很大的增强。

直方图均衡后每个灰度级的像元频率理论上应相等,实际上为近似相等。直接从图

像上看,直方图均衡效果是:各灰度级所占图像的面积近似相等,因为某些灰度级出现高的像元不可能被分割;原图像上频率小的灰度级被合并,频率高的灰度级被保留,因此可以增强图像上大面积地物与周围地物的反差;如果输出数据分段级较小,则会产生一些大类地物的近似轮廓。

2. 直方图正态化

直方图正态化(Histogram Normalization)是将随机分布的原图像直方图变换成高斯(正态)分布的直方图,如图5-19所示。实现的方法与均衡化类似,采用累加方法。

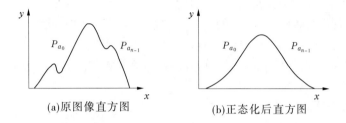

(a)原图像直方图　　　　　　　　(b)正态化后直方图

图5-19　直方图正态化调整

设原图像的直方图为:

$$P(A) = \left[P_{a_0}, P_{a_1}, P_{a_2}, \cdots, P_{a_r}, \cdots, P_{a_{n-1}} \right] \tag{5-32}$$

正态化图像直方图为:

$$P(B) = \left[P_{b_0}, P_{b_1}, P_{b_2}, \cdots, P_{b_r}, \cdots, P_{b_{n-1}} \right] \tag{5-33}$$

正态分布公式为:

$$P(x) = \frac{1}{\sqrt{2\pi}\sigma} \int_{-\infty}^{\infty} \exp\left[\frac{-(x-\bar{x})^2}{2\sigma^2} \right] dx \tag{5-34}$$

式中:x 为变量;$\bar{x}$ 为均值;σ 为标准差。

由于图像是非负的、有限的,数字图像又是离散函数,所以正态公式可以写为:

$$P(x) = \frac{1}{\sqrt{2\pi}\sigma} \sum_{x=0}^{m-1} \exp\left[\frac{-(x-\bar{x})^2}{2\sigma^2} \right] \tag{5-35}$$

式中:x 为直方图的每一个元素值,即每个灰度处的频率值 $P_{b_0}, P_{b_1}, P_{b_2}, \cdots, P_{b_{m-1}}$;$P(x)$ 为正态曲线下的面积,$P(x)=1$。

对于某一区间的频率累加值,有:

$$P(x_j) = \frac{1}{\sqrt{2\pi}\sigma} \sum_{j=b_r}^{b_j} \exp\left[\frac{-(x_j-x)^2}{2\sigma^2} \right] \tag{5-36}$$

修改直方图的方法与直方图均衡化类似,采用累加法,即当

$$\sum_{i=0}^{K} P(a_i) = P(b_0) \tag{5-37}$$

时,原图像直方图上灰度值为 $0 \sim K$ 的像元其灰度值合并为正态化后图像的灰度值。当

$$\sum_{i=0}^{L} P(a_i) = P(b_0) + P(b_i) \tag{5-38}$$

时,则原图像上灰度值为 $K+1 \sim L$ 的像元其灰度值合并为正态化后图像的顺序灰度值。

以此类推,可以得到正态化后的图像。

3. 直方图匹配

直方图匹配(Histogram Matching)又称直方图规定化,是指把原图像的直方图变换为某种指定形态的直方图或某一参考图像的直方图,然后按照已知直方图调整原图像各像元的灰度值,最后得到一幅直方图匹配的图像。直方图正态化是直方图匹配中的一种情况。直方图匹配对在不同时间获取的同一地区或邻接地区的图像,或者由于太阳高度角或大气影响引起差异的图像,特别是对图像镶嵌或变化检测很有用。为了使图像直方图匹配获得好的效果,两幅图像加有相似的特征:图像直方图总体形状应类似;图像中黑与亮的特征应相同;对某些应用,图像的空间分辨率应相同;图像上地物分布应相同,尤其是不同地区的图像匹配。如果一幅图像里有云,那么在直方图匹配前,应将云去掉。

为了进行图像直方图匹配,同样可以建立一个查找表,作为将一个直方图转换成另一个直方图的函数。

(五)图像灰度反转

灰度反转是指对图像灰度范围进行线性或非线性取反,产生一幅与输入图像灰度相反的图像,其结果是原来亮的地方变暗,原来暗的地方变亮。

灰度反转有两种算法,一种是条件反转,其表达式为:

$$\begin{cases} D_{out} = 1.0 & 0 < D_{in} < 0.1 \\ D_{out} = \dfrac{0.1}{D_m} & 0.1 < D_{in} < 1.0 \end{cases} \tag{5-39}$$

式中:D_{in}为输入图像灰度,且已归一化为($0 \sim 1.0$);D_{out}为输出反转灰度。

另一种为简单反转,其表达式为:

$$D_{out} = L - D_{in} \tag{5-40}$$

式中:L为图像灰度级;如256级灰度图像,$L = 255$。第一种方法强调输入图像中灰度较暗的部分,第二种方法则是简单取反。

二、空间域增强

空间域增强目的在于突出图像上某些特征,如边缘或线性地物等,也可以有目的地抑制或去除某些特征(如噪声)。强调像元与其周围相邻像元的关系,采用邻域处理方法,在被处理像元周围像元的参与下,进行运算,通常称为空间滤波(Filter)。通常利用卷积进行4邻域或8邻域的运算,以达到图像增强的目的。

(一)平滑处理

平滑的目的在于消除图像中的各种噪声,保存图像的低频成分,削弱图像的高频成分,平滑掉图像的细节,使其反差降低,图像产生模糊效果,因此该方法也称为低通滤波。具体的应用中,可以使用均值平滑和中值平滑。

均值平滑是将每个像元在以其为中心的区域内取平均值来代替该像元值,以达到消除噪声和平滑图像的目的。3×3的滤波器常采用以下形式:

$$\begin{bmatrix} 1/9 & 1/9 & 1/9 \\ 1/9 & 1/9 & 1/9 \\ 1/9 & 1/9 & 1/9 \end{bmatrix} \quad 或 \quad \begin{bmatrix} 1/8 & 1/8 & 1/8 \\ 1/8 & 0 & 1/8 \\ 1/8 & 1/8 & 1/8 \end{bmatrix}$$

与均值滤波相似,中值滤波是将邻域中的像元灰度值排序,取其中间值代替中心像元,以达到增强的目的。一般来说,图像的灰度为阶梯状变化时,均值滤波要比中值滤波明显,而对于突出亮点"噪声"干扰时,中值滤波要优于均值滤波。

(二)锐化处理

锐化的目的在于增强图像中的高频部分,突出图像的边缘信息,提高图像细节的反差,故称为高通滤波或边缘增强。是通过对邻域窗口内的图像微分使得图像边缘突出、清晰,最常用的微分方法是梯度法(梯度是反映相邻像元的亮度变化率)。常用的锐化算子有 Roberts 梯度算子、Sobel 梯度算子和拉普拉斯算子等。

Roberts 梯度是一种交叉差分计算法,意义在于用交叉的方法检测出像元与其上下之间或左右之间或斜方向之间的差异。采用 Roberts 梯度对图像中的每一个像元计算其梯度值,最终产生一个梯度图像,达到突出边缘的目的。Sobel 梯度是在 Prewitt 梯度算法的基础上发展的,将邻域从 2×2 扩展到 3×3,并采用加权算法进行差分,因此对边缘的检测更加精确。拉普拉斯(Laplace)算子属于二阶导数算子,不检测均匀的灰度变化,而检测变化的变化率,计算出的图像更加突出灰度值突变的位置。当然也可以根据需要自定义算子。

三、频率域增强

图像像元的灰度值随位置变化的频繁程度可以用频率来表示,这是一种随位置变化的空间频率。傅立叶变换(Fourier Transform)把遥感图像从空间域变换到频率域,即得到一个频率域平面。一幅图像在频率域上的信息分布特征被称为频谱。原图像上的灰度突变部位经傅立叶变换后,其信息大多集中在高频区;而原图像上灰度变化平缓的部位经傅立叶变换后,大多集中在频率域中的低频区。在频率域平面中,低频区位于中心部位,而高频区位于低频区的外围边缘部位。

在频率域增强技术中,平滑主要保留图像的低频部分而抑制高频部分,锐化则是保留图像的高频部分而削减低频部分。傅立叶变换是可逆的,即对一幅图像进行傅立叶变换后所得出的频率函数再作反向傅立叶变换(Inverse Fourier Transform),又可得出原来的图像。因此,频率域增强时在正变换之后人为地改造频率域,即在频率域平面上设置一定的滤波器,有目的地压制或过滤掉某些频率成分,然后再经过傅立叶反变换,从而达到增强原图像的目的。空间滤波与频域滤波本质是一样的,在空间域上作卷积相当于在频率域上作乘积。频率域增强方法首先将空间域图像 $f(x,y)$ 通过傅立叶变换为频率域图像 $F(u,v)$,然后选择合适的滤波器 $H(u,v)$ 对 $F(u,v)$ 的频谱成分进行增强得到图像 $G(u,v)$,再经傅立叶逆变换将 $G(u,v)$ 变回空间域,得到增强后的图像 $g(x,y)$。

傅立叶变换在实际中有非常明显的物理意义。从纯数学意义上讲,傅立叶变换是将一个函数转换成一系列周期函数来处理的;而从物理效果看,是将图像从空间域转换到频率域,其逆变换是将图像从频率域转换到空间域。也就是说,是将图像的灰度分布函数变换为图像的频率分布函数,而逆变换是将图像的频率分布函数变换为灰度分布函数。

频率域平滑处理常用的滤波器有理想低通滤波器、Butterworth 低通滤波器、指数低通滤波器和梯形低通滤波器。频率域锐化处理常用的滤波器有理想高通滤波器、Butterworth 高通滤波器、指数高通滤波器和梯形高通滤波器。同态滤波是指在频率域中同时对图像亮度范围进行压缩和对图像对比度进行增强的方法,最终结果是既使图像的动态范围压缩又使图像各部分之间的对比度增强。

四、彩色增强

人眼对灰度级别的分辨能力是有限的,至多能分辨 20 多级,而对色彩差异的分辨能力却要高得多,是灰度分辨能力的几十倍。因此,将灰度图像变为彩色图像,以及进行各种彩色变换可以明显改善图像的可视性,以增强对图像的判读能力。彩色变换一般有三种:伪彩色密度分割、假彩色合成和 IHS 变换。

(一)伪彩色密度分割

伪彩色(Pseudo-color)增强是把黑白图像的不同灰度级按照线性或非线性的映射函数变换成不同的色彩,得到一幅彩色图像的技术。密度分割法(Dnsity Slicing)是伪彩色增强中最简单的方法,是将一幅单波段黑白遥感图像按灰度的大小,划分为不同的层,并对每层赋予不同的颜色,使之变为一幅彩色图像。密度分割中的彩色是人为赋予的,与地物的真实色彩无关。黑白图像经过密度分割后分辨力得到明显提高。根据不同的目的,设计好的分层方案,将黑白单波段影像赋上彩色,可以区分出地物的类别。例如,在红外波段水体的吸收很强,若取低亮度值为分割点并以某种颜色表现则可以分离出水体;同理,植被反射率高,取较高亮度为分割点可以分离出植被。因此,只要掌握地物光谱的特点,就可以获得较好的地物类别图像。当地物光谱的规律性在某一影像上表现不太明显时,也可以简单地对每一层亮度值赋色,以得到彩色影像,也会较一般黑白影像的目视效果好。

(二)假彩色合成

假彩色合成(Fale-color Composite)是彩色增强中最常用的方法之一,是利用三个波段进行合成生成的彩色图像的技术。根据加色法彩色合成原理,选择遥感影像的三个波段,并分别赋予红、绿、蓝三种原色,就可以合成彩色影像。由于原色的选择与原来遥感波段所代表的真实颜色不同,因此生成的合成色不是地物真实的颜色,因此称为假彩色合成。

由于地物波谱辐射在不同的波段上是不同的,如果能把这种地物在不同波段上的信息差异综合反映出来,那么图像上的地物信息差别就显著扩大了,也即提高了识别效果。多波段影像合成时,方案的选择十分重要,决定了彩色影像能否显示较丰富的地物信息或突出某一方面的信息。以陆地卫星 Landsat TM 影像为例,在假彩色合成图像中有两种典型的合成方法:一种是当合成图像的红、绿、蓝三色与三个多光谱波段相吻合,这幅图像所代表的色彩近似地代表了地物本身的颜色;另一种是标准假彩色合成,即将多光谱波段中的近红、红、绿波段分别被赋予红、绿、蓝三色合成。在这种合成图像上,植被由于在近红外波段的光谱反射远远高于它在可见光波段的光谱反射,呈现不同程度的品红到红色,易于识别,水在近红外波段的光谱反射率很低,表现为蓝到青色。

(三)IHS 变换

颜色除用三原色表示外,也可以用明度(Intensity,I)、色调(Hue,H)和饱和度(Saturation,S)来表示,即 IHS 模型表示法。RGB 模型和 IHS 模型可以相互转换,把 RGB 转换成

HIS 称为 IHS 正变换,而由 IHS 转换为 RGB 称为 IHS 反变换。由于 IHS 变换是一种图像显示、增强和信息综合方法,且有灵活使用的优点,因此产生了多种 IHS 变换式。常用的 IHS 变换有球体变换、圆柱体变换、三角形变换和单六棱锥变换。

五、图像运算

对于多光谱图像或经过配准的多幅单波段影像,可以进行一系列的代数运算,从而达到增强的目的。常用的有加法运算、差值运算、乘法运算和比值运算等。

六、多光谱图像变换

遥感多光谱影像波段多,信息量大,但数据量过大常常耗费大量时间,占据大量磁盘空间。实际上,一些波段的遥感数据之间都有不同程度的相关性,存在着数据冗余。多光谱变换方法可通过函数变换,达到保留主要信息、降低数据量、增强或提取有用信息的目的。变换的本质是对遥感图像进行线性变换,使多光谱空间的坐标系按一定规律旋转。多光谱变换主要有两种变换:主成分变换和缨帽变换。

(一)主成分变换(K—L 变换)

主成分变换是在统计特征基础上的多维正交线性变换,重要特征是不丢失信息。对于某一多光谱图像 X,利用 K—L 变换矩阵 A 进行线性组合,产生一组新的多光谱图像 Y,表达式为:

$$Y = AX \tag{5-41}$$

式中:X 为变换前多光谱特征空间的像元矢量;Y 为变换后多光谱特征空间的像元矢量;A 为一个 $n \times n$ 的线性变换矩阵。

主成分变换可以把图像所含的大部分信息用假想的少数波段表示出来,也即在信息几乎不丢失的情况下减少数据量。从几何意义来看,变换后的主分量空间坐标系与变换前的多光谱空间坐标系相比旋转了一个角度。而且新坐标系的坐标轴一定指向数据信息量较大的方向。变换后,第一主分量集中了最大的信息量,常常占80%以上,第二主分量次之,其他分量依次很快递减,最后一个分量信息几乎为零。由于 K—L 变换对不相关的噪声没有影响,所以信息减少的同时突出了噪声,最后的分量几乎全是噪声,所以这种变换又可分离出噪声。由于 K—L 变换的这些特征,因此常用于图像数据压缩、增强和分类前预处理等。

(二)缨帽变换(K—T 变换)

缨帽变换也是一种坐标空间发生旋转的线性组合变换,但旋转后的坐标轴不是指向主成分方向,而是指向与地物,特别是和植被生长以及土壤有密切关系的方法。其变换公式为:

$$Y = BX \tag{5-42}$$

式中:X、Y 为变换前后多光谱空间的像元矢量;B 为变换矩阵。

K—T 变换为植被研究特别是分析农业特征提供了一个优化显示的方法,同时又实现了数据压缩,因此具有重要的实际应用意义。

第四节　遥感影像分类

遥感图像分类是将图像上的每个像元或区域归属于若干类别中的一类,即完成图像数据从灰度空间向目标模式空间的转换。分类的结果是将图像空间划分为若干个子区域,每个区域代表一种实际地物。分类方法分为目视解译和计算机自动分类。目视解译是根据人对图像的了解和认识,基于解译标志手工勾绘,从而划分图像空间的方法。计算机自动分类是对传感器所收集的遥感信息进行处理、运算,基于统计特征或语义特征给出分类结果的方法。

一、影像分类的一般原理

遥感图像是通过亮度值或像元灰度值的高低差异(反映地物的光谱信息)以及空间变化(反映地物的空间信息)来表示不同的地物的,这是我们区分不同图像地物的物理基础。遥感图像计算机分类是对遥感图像中各类地物的光谱信息和空间信息进行分析,选择作为分类判据的特征(光谱特征、纹理特征等),并用一定的手段将特征空间划分为互不重叠的子空间,然后将图像中的各个像元划归到各个子空间去。

遥感图像分类的理论依据是,在理想的条件下,遥感图像中的同类地物在相同的条件下(纹理、地形、光照以及植被覆盖等)应具有相同或相似的光谱信息特征和空间信息特征,从而表现出同类地物的某种内在的相似性,即同类地物像元的特征向量将集群在同一特征空间区域,而不同地物的光谱信息特征或空间信息特征应不同,因而将集群在不同的特征空间区域。计算机用以识别和分类的主要依据是物体的光谱特性。随着方法研究的深入,图像上的其他信息如大小、形状、纹理等也正在逐步得到应用。由于地物的成分、性质、分布情况的复杂程度和成像条件不同,以及一个像元或瞬时视场里往往有两种或多种地物的情况,即混合像元,使得同类地物的特征向量也不尽相同,而且使得不同地物类型的特征向量之间的差别也不都是显著的。按具有相同或相似光谱信息特征和空间信息特征的像元或像元组集群,并赋予集群间的分割标准(分类规则,也即分类器),每个最终集群将代表一种目标。因而遥感图像分类的方法一般都是建立在随机变量统计分析的基础上。遥感图像的光谱特征通常是以地物在多光谱图像上的灰度体现出来的,即不同地物在同一波段图像上表现的灰度一般互不相同;同时,不同地物在多个波段图像上的灰度呈现规律也不同,这就构成了我们在图像上区分不同地物的物理依据。

二、地物特征及解译标志

各种地物具有各自的波谱特性。基于地物的反射率与波长的关系,地物的反射波谱特性一般用一条连续的曲线表示。而多波段传感器一般分成一个一个波段进行探测,在每个波段里传感器接收的是该波段区间的地物辐射能量的积分值(或平均值)。当然还受到大气、传感器响应特性等的影响。地物在多波段图像上特有的这种波谱响应就是地物的光谱特征的判读标志。

地物的各种几何形态为其空间特征,与地物的空间坐标密切相关,这种空间特征在图像上也是由不同的色调表现出来的。通常目视解译中所用的空间特征,如形状、大小、图形、阴影、位置、纹理、类型等。形状是各种地物的外形和轮廓,不同地物显然其形状不同;大小是地物的尺寸、面积、体积在图像上按比例缩小后的相似记录;图形是自然或人造复合地物所构成的图形;阴影是由地物高度阻挡太阳辐射产生的影像,既表示地物隆起的高度,又显示了地物侧面形状;位置是地物存在的地点和所处的环境;纹理是图像上细部结构以一定频率重复出现,是单一特征的集合,实地是同类地物的聚集分布;各种地物类别构成类型,如水系类型、地貌类型、土壤类型等。

三、监督分类

监督分类(Supervised Classification)是一种有先验(已知)类别标准的分类方法。首先从欲分类的图像区域中选定一些训练(Training)样区,在这些训练区中地物的类别是已知的,来源于野外调查、地形图或人的经验、知识等。通过学习(Learning)来建立分类标准,然后计算机将按同样的标准对整个图像进行识别和分类。它是一种由已知样本外推未知区域类别的方法。即从图像上已知目标类别区域中提取数据,统计出代表总体特征的训练数据,然后进行分类。采用这种方法必须事先知道图像中包含哪几种地物类别。根据判别规则的不同,常用的监督分类方法有最小距离分类、平行六面体分类和最大似然法分类等。

四、非监督分类

非监督分类(Unsupervised Classification)是一种无先验(已知)类别标准的分类方法,其前提是假定遥感图像上同类地物在同样条件下具有相同或相似的光谱特征。对于待研究的对象和区域,没有已知类别或训练样本作为标准,而是利用图像数据本身内在特征测量空间中聚集成群的特点,先形成各个数据集,然后再核对这些数据集所代表的物体类别。当图像中包含的目标不明确或没有先验确定的目标时,则需将像元先进行聚类,用聚类方法将遥感数据分割成比较匀质的数据群,把它们作为分类类别,使得同一类别的像元之间距离尽可能的小,而不同类别像元之间的距离尽可能的大。在此类别的基础上确定其特征量,继而进行类别总体特征的测量。

五、面向对象的分类

随着技术的发展,影像分辨率越来越高,地物的细节越来越明显,从而使传统的基于像元的分类方法难以适应分类的需要。为了更好地解决以上基于面向像元分类方法存在的不足,面向对象的遥感影像处理方法应运而生。面向对象的分类方法首先基于影像分割技术将影像进行分割,从而使相邻且相似的像元聚集成一个对象。相对于像元,对象具有更多的语义信息,如大小、形状、周长、面积等特征,同时面向对象的方法还可以利用邻近关系、类间关系等特征,从而进一步提高了影像的分类精度。大量研究表明,面向对象的分类方法能更好地区分地物类型,提高分类精度。与传统方法相比,以多尺度分割技术为关键技术的面向对象分类方法确实先进了很多,分割后能获取具有纹理结构信息的具有足够几何精度的同质影像对象,实现以影像对象为基础的类别自动提取。

面向对象的分类方法具有明显的特点:①面向对象遥感影像分类方法能够模拟人脑的解译方式,充分利用高分辨率遥感影像更丰富的形状和纹理信息等多种特征,提高了遥感信息分类的精度。②面向对象方法更适合处理空间尺度、空间分析等问题。③面向对象方法是基于语义层次的遥感影像高层理解。④面向对象方法可以在不同尺度空间提取特定主题的信息,提高了面向对象分类方法的分类精度与可靠性。⑤速度快。影像分割与信息提取是两个严格分开的步骤,自动的影像分割是信息提取的前提基础,由计算机完成,技术人员只需根据不同的应用任务设置分割参数;与目视解译相比节省了大量的时间,而且很明显减少了人为参与的时间。⑥精度高。因为信息提取的基本单元为有意义的影像对象,参与分类的有对象空间信息与邻域信息。在样本数足够的情况下,结合技术人员的测区实地经验,充分训练样本多边形对象的成员函数,要达到高精度的信息提取成果是完全有可能的。

六、其他分类方法

(一)人工神经网络

该方法是以模拟人体神经系统的结构和功能为基础而建立的一种信息处理系统,是一种人工智能。目前这种技术在遥感图像分类处理中应用的较为广泛和深入,从单一的BP网络发展到模糊神经网络、多层感知机、自组织特征分类器等多种分类器。除神经网络自身分类器的改进外,专家们还研究了神经网络与其他处理技术相结合的方法,以更好地提高分类精度,如有学者引入分维向量来强化输入模式在纹理特征上的信息表达,使总体识别精度更高;也有将神经网络技术与分层处理技术相结合,提出并设计了分层神经网络分类方法。许多研究实验表明,神经网络在数据处理速度和地物分类精度上均优于最大似然分类法的处理速度和分类精度,容错能力强,对不规则分布的复杂数据具有很强的处理能力,而且它能够促进目视解译与计算机自动分类相结合。

(二)模糊数学分类方法

模糊数学分类方法是一种针对不确定性事物的分析方法,它是以模糊集合论作为基础。模糊分类方法的详细步骤主要包括地理信息的模糊集表达、模糊参数的估计和光谱空间的模糊划分等。有学者引入了模糊数学理论,建立起地物特征与土地利用之间的从属度关系。也有学者用多时相的SAR进行作物识别,认为比传统的最大似然分类法有较高的识别精度。使用模糊分类方法,必须首先确定训练样本中像元各类别的隶属度,过程比较麻烦,因而研究不多,也影响了该方法的推广应用。

(三)GIS支持下的遥感分类

遥感和GIS的研究对象都是自然界中的空间实体,GIS作为空间数据处理和分析的有效工具,可为遥感应用提供良好环境,使得遥感图像在GIS支持下可得到较高的分类精度。Paul et al研究了在GIS支持下对SPOT分类结果作矩阵叠加分析,以使分类图像与土地利用分区信息结合起来,精度提高到78%。Paul V. Bolstad利用土壤质地、地形等空间专题信息,提高了TM数据的土地利用分类精度。刘行华在利用TM数据进行分类及辅助制图研究时指出,GIS辅助分类,不仅能提高分类精度,而且能提高可靠性。黎夏在他的研究中也提出了利用GIS技术来提取形状信息和改善分类精度的新方法,从而使一些容易混淆的分类得到纠正。

(四)多时相多源遥感数据复合分类

充分利用遥感数据多平台、多传感器、多波段、多分辨率、多时相等众多优势,可使各种遥感数据相互补充,提高地物识别率。多源数据复合已被证明是提高遥感分类精度的有效途径,而且它是解决充分利用已有遥感信息资源的有效手段。如在多光谱数据与高空间分辨率数据融合时,若保证光谱辐射的整体性,可提高分类精度。近10年来,对雷达和光学数据、多光谱和高空间分辨率数据的融合用于土地利用/土地覆盖的研究逐渐增多。

(五)专家系统分类方法

专家系统也是人工智能的一个分支,采用人工智能语言将某一领域的专家分析方法或经验,对地物的多种属性进行分析、判断,从而确定各地物的归属。如有学者首先利用现有的统计分类技术进行预分类,并检测出"不确定"像元,然后综合光谱、地理、土壤类型、早期判别结果、目视判读经验等各种知识和信息,充分发挥专家系统的推理判断能力,对"不确定"像元的类别作进一步判别,使得整幅图像的分类精度得到改善。实践证明,由专家系统分类器得到的结果要比常规分类法的精度高。专家系统方法由于总结了某一领域内专家分析方法,可容纳更多信息按某种可信度进行不确定性推理,因而具有较强大的功能。

第六章 基于遥感影像的土壤侵蚀信息提取技术

第一节 植被信息提取

一、植被的减蚀作用

植被包括森林、灌丛和草地，既是生态环境的重要构成部分，又是维持生态环境，发挥有效生态效能的功能体，是衡量自然生态环境状况和性质的主要指示物。在土壤侵蚀、水土流失的诸影响因素中，植被是一个十分重要的因子，一切形式的植被覆盖，均可不同程度地抑制水土流失的发生。植被是防止水土流失的积极因素，良好的植被覆盖可以有效抑制水土流失，破坏植被则加剧水土流失。不适宜的土地利用和破坏地表植被，必将导致水土流失的加剧。据唐克丽调查，林地垦为农田后，其土壤侵蚀量急剧增加，土壤年侵蚀模数达 7 500～12 000 t/km^2。汪有科利用泾河、北洛河、延河等 18 条流域的资料分析表明，当森林覆盖率达 85% 以上时，减沙效益高于 90%；当森林覆盖率达 95% 时，土壤侵蚀量接近于零。

植被对水土流失的影响，是通过植被单株的各个官能体及多株综合作用来实现的。就单株而言，包括冠层或叶面的抗雨滴击溅作用和截留作用、根系的固土及改善土壤物理性能作用(增强土壤抗冲性)、枯落物层的抗击减流作用；就多个植株的综合作用而言，除单株作用外，还包括茎干的阻流调流作用、降低风速、林草地结皮抗冲刷等作用。

植被可以提高土壤的抗冲蚀能力，其减蚀作用表现为 3 个方面：植被茎叶对降雨雨滴动能的削减作用，植物茎及枯枝落叶对径流流速的减缓作用，植物根系对提高土壤抗冲蚀的作用。植被覆盖层能减小雨滴对地面的打击，增加地面糙率，使气流或水流的作用力分散在覆盖物之间，并且植被腐烂后可增加土壤中有机质的含量，进一步改善土壤的理化性质。植被能截留降水，减少雨滴的冲击，改善土壤结构，提高土壤抗蚀能力。有研究表明，当植被覆盖度大于 65% 时，不同植被类型的影响在削弱。

植被抗蚀功能可以通过它的水文效应和机械效应来实现。在水文方面，植被调节近地面气候、地表和地下水文状况，使植被生长地区的水循环途径发生变化，因而影响了侵蚀过程，减少水土流失。在机械方面，植被通过其枝干和根系与土壤的机械作用，增加根际土层的机械强度，甚至直接加固土壤，起到固土护坡的作用。根系对根际土层土壤的加强作用是植被稳定土壤的最有效的机械途径。侧根加强土壤的聚合力，在土壤本身内摩擦角度不变动情况下，通过土壤中根的机械束缚增强根际土层的抗张强度；同时垂直生长的根系把根际土层稳固地锚固到深处的土层上，更增加了土体的迁移阻力，提高土层对滑移的抵抗力。植被的水文-机械效应受降雨、坡面、土壤和植被状况的影响,如降雨强度大时,林冠截留率降低;强度小时,林冠溅蚀量增加。又如坡面的草丛或林下枯枝落叶层,发育好时可以降低斜坡地表径流和土壤流失量,发育差则面蚀和溅蚀得不到控制。再如,在深层土壤较稳定的缓坡上,森林植被具有较明显的土壤加强和锚固作用;在不稳定土层厚度超过根系主要分布范围的陡坡上,森林植被会因自身的重量和对风力的传导反而造成坡面的不稳定。植被的水文效应和机械效应相互作用,形成复杂的因果关系,决定于特定地点的气候、土壤和植被状况。

二、植被指数

(一)植被指数的研究意义

植被在地球系统中扮演着重要的角色,植被影响地球系统的能量平衡,在气候、水文和生化循环中起着重要作用,是气候和人文因素对环境影响的敏感指标。因此,地球植被及其变化一直被各国科学家和政府所关注。卫星遥感是监测全球植被的有效手段,卫星从太空遥视地球,不受自然和社会条件的限制,迅速获取大范围观测资料,为人类提供了监测、量化和研究人类有序活动与气候变化对区域或全球植被变化影响的可能。植被指数与叶面积指数、叶绿素含量、植被覆盖度、生物量等植被的生物物理参数之间有密切的关系,同时也是气候参数、植物蒸散、土壤水分等地表生态环境参数的指标之一(Lu,2005;Moreau et al,2003;仝兆远等,2007)。基于高时间分辨率的卫星传感器得到的植被指数时间序列资料已经在植被动态变化监测、宏观植被覆盖分类和植物生物物理参数反演方面得到了广泛的应用(顾娟等,2007)。近年来,从时间域上定量地研究陆地覆盖变化成为热点(Jiang et al,2008;王红说等,2008;那晓东等,2007)。

NDVI 曲线是 NDVI 时间序列数据构成的反映植被生物学特征相随时间变化的最佳指示因子,也是季节变化和人为活动影响的重要指示器(赵英时,2003)。理论上,由于植被冠层随时间变化幅度较小,该曲线应该是一条连续平滑的曲线。然而,由于云层干扰、数据传输误差、二向性反射或地面冰雪的影响,在 NDVI 曲线中总是会有明显的突升或突降(Ma & Veroustraete,2006)。然而,植被指数仍然可以看做是对地表植被状况的简单、有效和经验的度量。

植被指数有助于增强遥感影像的解译力,并已作为一种遥感手段广泛应用于土地利用覆盖探测、植被覆盖密度评价、作物识别和作物预报等方面,并在专题制图方面增强了分类能力。植被指数还可用来诊断植被一系列生物物理量,如叶面积指数(LAI)、植被覆盖率、生物量、光合有效辐射吸收系数(APAR)等;反过来又可用来分析植被生长过程、净初级生产力(NPP)和蒸散(蒸腾)等。目前已经定义了 40 多种植被指数,广泛地应用在全球与区域土地覆盖、植被分类和环境变化,第一性生产力分析,作物和牧草估产、干旱监测等方面;并已经作为全球气候模式的一部分被集成到交互式生物圈模式和生产效率模式中;且被广泛地用于诸如饥荒早期警告系统等方面的陆地应用。植被指数还可以转换成叶冠生物物理学参数。

(二)植被指数的概念

植被指数(VI)是对地表植被活动的简单、有效和经验的度量,是指通过选用多光谱遥感数据经过分析运算(加、减、乘、除等线性或非线性组合方式)产生某些对植被长势、生物量等有一定指数意义的数值(赵英时,2003)。将两个(或多个)光谱观测通道组合可得到植被指数,这一指数在一定程度上反映着植被的演化信息。通常使用红色可见光通道(0.6~0.7 μm)和近红外光谱通道(0.7~1.1 μm)的组合来设计植被指数。经验性的植被指数是根据叶子的典型光谱反射率特征得到的。由于色素吸收在蓝色(470 nm)和红色(670 nm)波段最敏感,可见光波段的反射能量很低。而几乎所有的近红外(Nm)辐射都被散射掉了(反射和传输),很少吸收,而且散射程度因叶冠的光学和结构特性而异。从红光(R)到红外光,裸地反射率较高但增幅很小。植被覆盖度越高,红光反射越小,近红外光反射越大。红光吸收很快达到饱和,而近红外光反射随着植被增加而增加。因此,红色和近红外波段的反差(对比)是对植物量很敏感的度量。无植被或少植被区反差最小,中等植被区反差是红色和近红外波段的变化结果,而高植被区则只有近红外波段对反差有贡献。

植被指数是反映植被在可见光、近红外波段反射与土壤背景之间差异的指标,各个植被指数在一定条件下能用来定量说明植被的生长状况。对植被指数可以总结一些基本的认识:①健康的绿色植被在 NIR 和 R 的反射差异比较大,原因在于 R 对于绿色植物来说是强吸收的,NIR 则是高反射、高透射的;②建立植被指数的目的是有效地综合各有关的光谱信号,增强植被信息,减少非植被信息;③植被指数有明显的地域性和时效性,受植被本身、环境、大气等条件的影响。

(三)植被指数的原理

理想状况指天气晴朗,植被指数不受大气、土壤背景变化影响,"太阳—地物—传感器"相对位置固定。这时传感器收到的信号来自地物,没有信号丢失和噪声介入。植物叶片组织对蓝光(470 nm)和红光(650 nm)有强烈的吸收,对绿光尤其是近红外有强烈反射(见图6-1)。这样可见光只有绿光被反射,植物呈现绿色。叶片中心海绵组织细胞和叶片背面细胞对近红外辐射(700~1 000 nm)有强烈反射。从红光到红外,裸地反射率基数较高但增幅很小。植被覆盖度越高,红光反射越小,近红外反射越大。由于对红光的吸收很快饱和,只有 NIR 反射的增加才能反映植被增加。任何强化 R 和 NIR 差别的数学变换都可以作为植被指数描述植被状况。

遥感植被指数的真正优势是空间覆盖度范围广、时间序列长、数据具有一致可比性。但是,在应用中,获得这样的植被指数需要解决许多现实问题。

1. 大气影响

大气中的水汽、臭氧、气溶胶、瑞利散射等增加或减少 R 和 NIR 反射。700 km 厚的大气通过散射和吸收等作用,使传感器只收到来自目标的部分信号,同时收到部分噪声。由于传感器的视角范围为 0~55°,实际穿越的大气层更厚。因此,必须恢复已经被大气扭曲的 R 和 NIR 反射值,或通过其他方法消除这些影响,才能保证植被指数真实可信。

2. 土壤影响

尽管研究对象是植被,但植被只覆盖实际观测目标的一部分,传感器接收的信号包括植被以外的背景。在植被状况相同,植被背景有变化时,传感器接收到的信号也可能变化。必须分割土壤背景的影响,才能观测真实的植被变化。

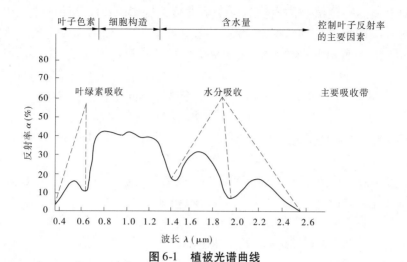

图 6-1　植被光谱曲线

3. 角度影响

全球平均云雾覆盖 55% , 为了弥补云雾影响,需要多次观测地面同一地点才有可能获得较大区域的无云观测。但每次观测时"太阳—地物—传感器"的几何关系都可能变化,这种变化除强化以上的大气影响外,还可能直接影响植被指数计算。如一棵树,从树顶(被观测对象处于星下点)、迎光面(前向散射)、背光面(后向散射)等角度观测,所得到的植被指数可能不同。必须去除这些角度变化引起的植被指数变化,如使角度影响归一化,才能使系列数据具有可比性。

(四)植被指数的类型

植被指数的目的是要建立一种经验的或半经验的、强有力的、对地球上所有生物群体都适用的植被观测量。植被指数是无量纲的,是利用叶冠的光学参数提取的独特的光谱信号。植被光谱受到植被本身、环境条件、大气状况等多种因素的影响,植被指数往往具有明显的地域性和时效性。对植被指数归纳如下。

1. 比值植被指数(Ratio Vegetation Index,RVI)

1969 年 Jordan 提出最早的一种植被指数——比值植被指数(RVI)。基于可见光近红外波段(NIR)和红波段(R)对绿色植被相应的差异,用两个波段反射率的比值表示,表达式为:

$$RVI = DN_{NIR}/DN_R \text{ 或 } RVI = \rho_{NIR}/\rho_R \tag{6-1}$$

式中:DN_{NIR} 和 DN_R 分别为近红外和红波段的灰度值;ρ_{NIR} 和 ρ_R 分别是近红外和红光波段的反射率。对于浓密植物反射的红光辐射很小,RVI 将无限增长。

该植被指数的特点:①对于绿色健康植被覆盖,由于叶绿素的红光吸收和叶肉组织引起的近红外强反射,RVI 值远大于 1,而对于无植被覆盖的地面,包括裸土、人工建筑、水体、植被枯死或严重虫害的植被,因不显示这种强反差的特殊光谱效应,则 RVI 值低,一般土壤的 RVI 值在 1 附近,而植被的 RVI 通常大于 2。因此,比值植被指数能增强植被与土壤背景之间的辐射差异,可提供植被反射的重要信息,是植被长势、丰度的度量方法之一。②RVI 是绿色植物的灵敏指示参数,与 LAI、叶干生物量(DM)、叶绿素含量相关性高,被广泛用于估算和监测绿色植物的生物量。③植被覆盖度影响 *RVI*，当植被覆盖度较高时，*RVI* 对植被十分敏感，与生物量相关性最好；当植被覆盖度 <50% 时，这种敏感性显著降低；④*RVI* 受大气条件影响，大气效应大大降低对植被检测的灵敏度，尤其是当 *RVI* 值高时。因此，在计算 *RVI* 前最好先对遥感数据进行大气校正，或将两个波段的灰度值（*DN*）转换成反射率（ρ）再计算 *RVI*，以消除大气对两个波段不同非线性衰减的影响。

2. 差值植被指数（Difference Vegetation Index，*DVI*）

差值植被指数（*DVI*）被定义为近红外和红波段反射率之差，即

$$DVI = DN_{NIR} - DN_R \tag{6-2}$$

其中，DN_{NIR} 和 DN_R 分别为近红外和红波段的灰度值。它对土壤背景的变化极为敏感，有利于对植被生态环境的监测，因此又称其为环境植被指数（*EVI*）。另外，当植被覆盖度大于 80% 时，它对植被的灵敏度下降，适用于植被发育早中期，或低中覆盖度的植被监测。

3. 归一化植被指数（Normalized Difference Vegetation Index，*NDVI*）

针对浓密植被的红光反射很小，其 *RVI* 值将无界限增长，Deering（1978）提出将比值植被指数 *RVI* 经非线性归一化处理，得到归一化植被指数（*NDVI*），使其比值限定在 [−1,1] 范围内，即

$$NDVI = \frac{DN_{NIR} - DN_R}{DN_{NIR} + DN_R} \quad \text{或} \quad NDVI = \frac{\rho_{NIR} - \rho_R}{\rho_{NIR} + \rho_R} \tag{6-3}$$

在植被遥感中，*NDVI* 的应用最为广泛，具有如下特征：

（1）*NDVI* 是植被生长状态和植被覆盖度的最佳指示因子。许多研究表明，*NDVI* 与 *LAI*、绿色生物量、植被覆盖度、光合作用等植被参数有关，还与叶冠阻抗、潜在水汽蒸发、碳固留等过程有关，甚至整个生长期的 *NDVI* 对半干旱区的降雨量、对大气 CO_2 浓度随季节和维度变化均敏感。因此，*NDVI* 被认为是监测地区或全球植被和生态环境变化的有效指标。

（2）*NDVI* 经比值处理，可以部分消除与太阳高度角、卫星观测角、地形、云/阴影和大气条件有关的辐照度条件变化等的影响。同时 *NDVI* 的归一化处理，使因遥感器标定衰退（即仪器标定误差）对单波段的影响从 10% ~30% 降低到对 *NDVI* 的 0 ~6%，并使由地表二向反射和大气效应造成的角度影响减小。因此，*NDVI* 增强了对植被的响应能力。

（3）对于陆地表面主要覆盖而言，云、水、雪在可见光波段比近红外波段有较高的反射作用，因而其 *NDVI* 值为负值；岩石、裸土在两波段有相似的反射作用，因而其 *NDVI* 值近于 0；而在有植被覆盖的情况下，*NDVI* 为正值，且随植被覆盖度的增加而增大。几种典型的地面覆盖类型在大尺度 *NDVI* 图像上区分鲜明，植被得到有效的突出。因此，它特别适合用于全球或各大陆等大尺度的植被动态监测。此外，研究表明，对于 MSS、TM、NO-AA/AVHRR、SPOT 这四种遥感器，*NDVI* 的变动远小于 *RVI*。

（4）*NDVI* 增强了近红外与红色通道反射率的对比度，它是近红外和红色比值的非线性拉伸，其结果是增强了低值部分，抑制了高值部分。结果导致对高植被区较低的敏感性。

（5）*NDVI* 对土壤背景的变化较为敏感。试验证明，当植被覆盖度小于 15% 时，植被的 *NDVI* 值高于裸土的 *NDVI* 值，植被可以被检测出来，但因植被覆盖度很低，如干旱、半

干旱地区,其 $NDVI$ 很难指示区域的植物生物量;当植被覆盖度在 25% ~80% 范围增加时,其 $NDVI$ 值随植物量的增加呈线性迅速增加;当植被覆盖度大于 80% 时,其 $NDVI$ 值增加延缓而呈饱和状态,对植被检测灵敏度下降。试验表明,作物生长初期利用 $NDVI$ 将过高估计植被覆盖度,而在作物生长的后期 $NDVI$ 值偏低。因此,$NDVI$ 更适用于植被发育中期或中等植被覆盖度(低等至中等叶面积指数)的植被检测。

4. 调节土壤亮度的植被指数($SAVI$、$TSAVI$、$MSAVI$)

为修正 $NDVI$ 对土壤背景的敏感,Huete et al(1988)提出了土壤调节植被指数(Soil-Adjusted Vegetation Index,$SAVI$),其表达式为:

$$SAVI = \left(\frac{DN_{NIR} - DN_R}{DN_{NIR} + DN_R + L} \right)(1 + L)$$

或

$$SAVI = \left(\frac{\rho_{NIR} - \rho_R}{\rho_{NIR} + \rho_R + L} \right)(1 + L) \tag{6-4}$$

式中 L 为土壤调节系数。L 由实际区域条件所决定,用来减小植被指数对不同土壤反射变化的敏感性。当 L 为 0 时,$SAVI$ 就是 $NDVI$。对于中等植被覆盖度区域,L 一般接近于 0.5。乘法因子 $(1 + L)$ 主要是用来保证 $SAVI$ 值与 $NDVI$ 值一样介于 -1 和 $+1$ 之间。

大量试验证明,土壤调节植被指数 $SAVI$ 降低了土壤背景的影响,改善了植被指数与叶面积指数 LAI 的线性关系,但可能失去部分植被信号,使植被指数偏低。

Baret 和 Guyot(1989)提出植被指数应该依特殊的土壤特征来校正,以避免其在低 LAI 值时出现错误。为此他们又提出了转换型土壤调节指数($TSAVI$):

$$TSAVI = [a(NIR - aR - b)]/(aNIR + R - ab) \tag{6-5}$$

式中:a、b 为描述土壤背景值的参数;R、NIR 为红波段和近红外波段地物的反射率。

为了减少 $SAVI$ 中裸土影响,又发展了修正型土壤调节植被指数($MSAVI$),可以表示为:

$$MSAVI = (2NIR + 1) - \sqrt{(2NIR + 1)^2 - 8(NIR - R)}/2 \tag{6-6}$$

$SAVI$ 和 $TSAVI$ 在描述植被覆盖和土壤背景方面有着较大的优势。由于考虑了(裸土)土壤背景的有关参数,$TSAVI$ 比 $NDVI$ 对低植被覆盖度有更好的指示意义,适用于半干旱地区的土地利用制图。

5. 穗帽变换中的绿度植被指数(Green Vegetation Index,GVI)

为了排除或减弱土壤背景值对植被光谱或植被指数的影响,除了前述的一些调整、修正土壤亮度的植被指数(如 $SAVI$、$TSAVI$、$MSAVI$ 等)外,还广泛采用了光谱数值的穗帽变换技术(Tasseled Cap,TC)。

6. 垂直植被指数(Perpendicular Vegetation Index,PVI)

PVI 是在 R、NIR 二维数据中对 GVI 的模拟,两者物理意义相似。在 R、NIR 二维坐标系内,土壤的光谱响应表现为一条斜线,即土壤亮度线,如图 6-2 所示。随着土壤特性的变化,其亮度值沿土壤线上下移动。而植被一般在红波段光谱响应低,而在近红外波段光谱响应高。因此,在这二维坐标系内植被多位于土壤线的左上方,不同植被与土壤亮度线的距离不同。

Richardson(1977)把植物像元到土壤亮度线的垂直距离定义为垂直植被指数,表达

式为:

$$PVI = \sqrt{(S_R - V_R)^2 - (S_{NIR} - V_{NIR})^2} \tag{6-7}$$

式中:S 为土壤反射率;V 为植被反射率。

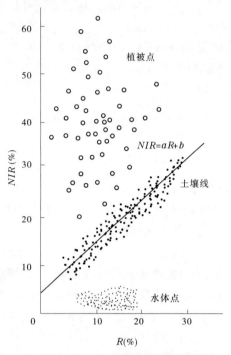

图 6-2 NIR、R 二维空间中的土壤线

(五)植被指数的提取方法

在对遥感影像进行必要的预处理之后,根据上述植被指数的计算公式,在遥感处理软件中对相应的波段进行运算即可得到需要的植被指数。大部分遥感软件提供常用的植被指数计算模型,如在 ERDAS IMAGE 遥感影像处理软件中,工具条中选择 Image Interpreter\Spectral Enhancement\Indices,即为其提供可以计算植被指数的工具(见图 6-3)。

该工具涵盖了 Landsat TM、MSS、SPOT XS/XI、NOAA AVHRR 等传感器,可以计算 $NDVI$、RVI、DVI 等。当然也可以根据计算公式,利用自定义模型计算植被指数。

三、植被覆盖度

(一)植被覆盖度的概念

植被是地球生态系统的重要组成成分之一,在陆地表面的能量交换过程、生物地球化学循环过程和水文循环过程中扮演着重要的角色,是全球变化重要的一环。其与太阳辐射的相互作用对人类及人类的生存环境有着极其重要的影响,一方面植被的光合作用提供了人类的食物基础,另一方面这种相互作用影响了水、气、碳等的循环。植被覆盖变化的环境效应一直是国内外全球变化研究的重要内容。

植被覆盖度(Vegetation cover fraction)是指植被(包括叶、茎、枝)在地面的垂直投影面积占统计区总面积的百分比。通常林冠称郁闭度,灌草等植被称覆盖度。它是植物群

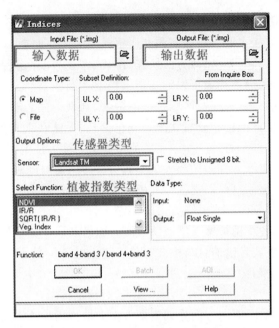

图 6-3　ERDAS IMAGE 软件提供的计算植被指数工具

落覆盖地表状况的一个综合指标,是衡量地表植被状况的一个最重要的指标,也是许多学科的重要参数,是研究区域或全球性水文、气象、生态等方面问题的基础数据,已经在各类相关理论和模型中得到了广泛应用。

(二)植被覆盖的研究意义

植被,包括森林、灌丛、草地与农作物,既是生态系统的主要组分,也是生态系统存在的基础,具有截留降雨、减缓径流、防沙治沙、保持水土等功能。植被联结着土壤、大气和水分等自然过程,在陆地表面的能量交换、生物地球化学循环和水文循环等过程中扮演着重要角色,是全球变化研究中的"指示器"。同时,植被也是土地覆盖的最主要部分,是生态系统存在的基础,是联结土壤、大气和水分的自然"纽带",植被覆盖是主要的地球生态系统指标,大区域植被覆盖变化体现了自然和人类活动对生态环境的作用,同时植被变化与气候变化之间也具有密切的关系。另外,植被依据生态系统中水、热、气等状况,调控其内部与外部的物质、能量交换,植被覆盖度的变化是地球内部作用(土壤母质、土壤类型等)与外部作用(气温、降水等)的综合结果,是区域生态系统环境变化的重要指示。全球变化与陆地生态系统响应是当前全球变化研究的重要内容,而有关地表植被覆盖与环境演变关系的研究是其中最复杂和最具活力的研究内容。因此,植被覆盖变化研究在全球变化研究中具有重要意义。

植被覆盖度是反映植被基本情况的客观指标,在许多研究中常将其作为基本的参数或因子。植被覆盖度及其精准测算研究具有重要意义。①作为科学研究必要的基础数据,为生态、水保、土壤、水利、植物等领域的定量研究提供基础数据,确保相关研究结果、模型理论更加科学可信;②作为生态系统变化的重要标志,为区域或全球性地表覆盖变化、景观分异等前沿问题的研究提供指示作用,促进自然环境研究不断深入发展。

(三)植被覆盖的提取方法研究现状

植被覆盖度获取方法主要有地表实测和遥感测量两种。地表实测根据测量原理分为目估法、采样法、仪器法和模型法,该方法快速、准确、客观,在一定程度上得到广泛应用,尤其是在低植被覆盖区,地表测量可以消除土壤反射率对植被生态属性的遥感定量化研究的影响,但该方法受时间、天气及区域条件的限制,耗费时间、支出较大,并且只能在很小的尺度范围内提供植被结构和分布状况的变化信息,无法在大尺度范围内快速提取植被覆盖度,不宜大范围推广,另外一些地表实测植被覆盖度方法的可靠性也受到怀疑。遥感技术的发展及光学、热红外和微波等大量不同卫星传感器对地观测的应用,获取同一地区的多时相、多波段遥感信息可以提取地表植被覆盖状况,为监测大面积区域甚至全球的植被覆盖度和动态变化分析提供了强有力的手段。

近年来,国内外学者在植被覆盖度遥感监测方面已开展了大量研究,发展了许多植被遥感监测方法。依据植被光谱信息与植被覆盖度建立的不同关系,植被覆盖度遥感监测方法可分为统计模型法和物理模型法两类。其中,统计模型法中使用较多的有植被指数法、回归模型法、像元分解法。回归模型法依赖于对特定区域的实测数据,虽在小范围内具有一定的精度,但在推广应用方面受到诸多限制。植被指数法不需要建立回归模型,所用的植被指数一般都通过验证,且与覆盖度具有良好的相关关系,而且对地表实测数据依赖较小。因此,直接利用植被指数近似估算植被覆盖度是一种比较好的方法,其相对于回归模型法更具有普遍意义,经验证后的模型可以推广到大范围地区,形成通用的植被覆盖度计算方法。而物理模型法将辐射传输的机制和植被的化学特性相结合,可从机制上把握植被生化组分对光谱特征的影响,但通常模型较为复杂,变量多且难以测量,会影响植被覆盖度的提取精度。下面列举一些常见的植被覆盖度测量方法。

1. 样本统计测算

样本统计测算是按照统计学要求,在研究区内抽取一定数量的样本区域,通过测算样本区域的植被覆盖度,利用部分推算总体的统计学原理,估算整个研究区域的植被覆盖度。样本统计测算属于地面测量,曾经是植被覆盖度测算的主要手段,在应用中具有显著的特点:①测量精度相对较高。样本统计测算是对研究区的植被进行实地测算,较遥感等测量手段精度高,通常作为遥感测量和经验模型基准数据来源。②测量范围相对较小。样本统计测算基于抽样调查的统计学原理,对于大范围的植被调查可能产生较大误差;同时大范围植被调查要求样本数较多,从而造成野外工作量较大。

常用的样本统计测算方法有目测估算法、概率计算法和仪器测量法。目测估算法是指采用肉眼并凭借经验直接判别或利用相片、网格等参照物来估计植被覆盖度;概率计算法是将借助一定测量工具和手段获得的研究区内植被出现的概率,视为该研究区域的植被覆盖度的一种方法;仪器测量法是将新的测量手段应用于植被覆盖度测算中,出现了许多专门测量植被覆盖度的仪器。

2. 回归模型法

该方法又称经验模型法,是通过对遥感数据的某一波段、波段组合或利用遥感数据计算出的植被指数与植被覆盖度进行回归,建立经验模型,并利用空间外推模型求取大范围区域的植被覆盖度。根据回归关系的不同,回归模型法有线性回归模型和非线性回归模型两种。线性回归模型的应用,如 Graetz et al 利用 Landsat MSS 第 5 波段与植被覆盖度的样本实测数据建立线性回归模型,估算了稀疏草地的植被覆盖度。Peter 分别利用 ATSR-2 遥感数据中的多个波段的数据与植被覆盖度和叶面积指数建立了线性回归模型,并计算了植被覆盖度,结果发现,使用这 4 个波段组合的线性混合模型估算植被覆盖度的精度较单一波段的线性回归模型高。非线性回归模型的应用,如 Dymond et al 利用归一化植被指数(NDVI)与植被覆盖度建立了非线性回归模型,估算了新西兰退化草地的植被覆盖度。Boyd et al 通过建立非线性回归模型估算了美国太平洋西北部的针叶林覆盖度。也可以同时使用线性和非线性模型。

回归模型仅适用于特定区域与特定植被,需要空间分辨率较高的遥感数据,不易推广,不具普遍意义,但在局部区域内测算结果精度较高。

3. 植被指数法

此法是在分析植被光谱信息特征的基础上,选取与植被覆盖度具有良好相关关系的植被指数,通过建立植被指数与植被覆盖度的转换关系,进而估算植被覆盖度的一种方法。在不同的区域针对不同的植被类型,采用的植被指数不同。Choudhury et al 与 Gillies et al 分别使用不同的方法和数据集均得到相同的植被覆盖度估算公式,Fcover = (NDVI − NDVIo)/(NDVIs—NDVIo),其中 NDVIo 为无植被像元的 NDVI 值。用其估算美国太平洋西北部的针叶林覆盖度结果显示,常用的 NDVI 并非与乔木层覆盖度相关性最好;他还利用 NOAA AVHRR 的遥感数据,采用两种植被指数,估算了针叶林覆盖度,结果发现在 99% 的置信度下相关性达 0.55。验证后的植被指数模型可以推广到较大尺度范围,形成比较通用的植被覆盖度计算方法,较回归模型更具有普遍意义,但在局部区域对植被覆盖度的估算精度有可能低于回归模型法。目前使用较广泛的 NDVI 植被指数,主要是基于可见光和近红外这两个对植被反应最敏感的波段信息,忽略了包括林下灌、草、背景、树冠阴影、树冠密度等诸多影响因素,且消除土壤背景影响能力较差,此外 NDVI 的饱和点较低,易达到饱和。

4. 像元分解模型

此方法是在一定假设条件下,分解多个组分构成的像元中的遥感信息(光谱波段或植被指数),建立像元分解模型,从而获得植被覆盖度。由于一般使用植被指数分解各组分的遥感信息,因此像元分解法可看做是植被指数法的改进。目前像元分解模型主要有线性模型、概率模型、几何光学模型、随机几何模型和模糊分析模型。像元分解模型法中最常用的是线性模型中的像元二分模型。Leprieur et al 利用 SPOT 数据计算了 NDVI,并代入像元二分模型,估算了萨赫勒地区的植被覆盖度;Gutman et al 在像元二分模型基础上,将像元分为均一和混合像元,混合像元又进一步分为等密度、非密度和混合密度亚像元。对不同的亚像元结构,分别建立了不同的植被覆盖度模型,求取植被覆盖度;Qi et al 将 Landsat TM、SPOT4 VEGETATION 和航片 3 种数据计算的 NDVI 代入像元二分模型,研究了美国西南部圣佩德罗盆地地区的植被时空动态变化,认为即使不经过大气纠正,像元二分模型也能可靠估算植被动态变化。像元分解模型法所需的全植被覆盖像元在低空间分辨率的遥感数据中很难找到,所以此法要求空间分辨率较高的遥感数据。由于在森林遥感影像数据中很难找到纯光谱像元,故该方法不适于森林树冠覆盖度的高精度测算。

5. 人工神经网络法

此法是基于模拟人脑神经系统的结构和功能建立的一种数据分析处理系统,通过特定的学习算法对植被光谱信息和实测植被覆盖度进行训练,在网络内部不断适应算法并修改权值分布,最终达到一定的精度要求,获取与实测植被覆盖度解接近的结果。Boyd et al 等采用神经网络法估算了美国太平洋西北部的针叶林覆盖度,计算结果在99%的置信度下相关性达 0.58。神经网络对数据没有假设条件,能容忍噪声,容易集成多源数据,通过对判别变量赋予权重提高了覆盖度的估算精度。但是,神经网络的建立存在较多的个人主观成分,即使是基于物理黑箱原理的神经网络也难以确定遥感数据与覆盖度的模型关系。

6. 分类决策树法

该方法是基于统计理论的非参数识别技术,将植被光谱信息与实测植被覆盖度数据作为连续变量自动解算,建立相关关系的方法。Huang et al 将高分辨率正射影像的分类结果与 TM 影像叠加,计算出逐个像元的树冠密度,利用70%的样本数据作为参考样本数据建立分类决策树模型,在 TM 影像上进行了空间外推,并用其余30%的样本数据作为检验数据对外推模型结果进行了精度验证,该方法也适用于估算乔木层的覆盖度;Hansen et al 利用一年的 MODIS 数据,结合分类决策树法和线性回归模型法估算了连续场的森林乔木层覆盖度,结果表明,基于分类决策树的模型估算的覆盖度的精度较高;有学者认为,运用基于高空间分辨率遥感数据的分类决策树法估算乔木层覆盖度有较高的精度及诸多优势。

7. 光谱梯度差法

该方法是一种基于植被光谱曲线特征提取植被信息,利用体现植被物理特性的光谱信息获得植被覆盖度的方法。谭倩等详细分析了典型植被光谱曲线的 8 个特征点,并提取植被光谱特征建立了 VSFEM 模型;唐世浩等提出了基于像元红、绿、近红外 3 波段梯度的植被覆盖度计算模型。

8. 模型反演法

模型反演法指利用植被覆盖度与植被叶面积指数间的物理或光学关系,通过从遥感影像上提取 LAI,进而反演植被覆盖度的方法。根据 LAI 与植被覆盖度的反演关系,模型反演法可分为物理模型反演法和几何光学模型反演法两种。其中,物理模型反演法主要利用辐射传输模型理论,如 Verhoef 建立的任意倾斜叶子散射模型。几何光学模型反演法,如 Scarth 等在 TM 影像上结合几何光学模型和波谱分离分析,研究了澳大利亚昆士兰州东南部的森林年龄和生长阶段指标,并利用采用波谱分离法获得的地面像元的几何光学模型的四分量,反演了冠层覆盖度,结果表明,模型估算的冠层覆盖度与野外实测和航空影像的解译结果较为一致。

植被覆盖度是植被覆盖状况的良好指示,是地表植被覆盖与环境演变关系、土地利用/土地覆盖变化(LUCC)与陆地生态系统变化等前沿问题中的重要研究对象,在全球变化与陆地生态系统响应(GCTE)和国际地圈生物圈计划(IGBP)等研究中具有重要地位。作为模型的必要因子,需要探索适时、精准、多时空尺度的植被覆盖度测算。传统的地面统计测算虽然精确但耗时多,可以作为遥感等现代测量的辅助、校检方法。遥感测量已成为植被覆盖监测的主要途径,研制能自动提取数字影像中的植被信息并利用样本数据自动统计推算整个研究区域植被覆盖度,并通过更好地利用高光谱分辨率和高空间分辨率的遥感数据,提高模型及反演结果的精度将是今后研究的一个重点。因此,本项目针对已有模型,旨在改进相关参数快速准确地提取的方法,提高植被覆盖度的反演精度。

(四)常用的植被覆盖度的提取方法

假设一个像元的信息可以分为土壤与植被两部分。通过遥感传感器所观测到的信息(S),就可以表达为由绿色植被成分所贡献的信息(S_v)与由土壤成分所贡献的信息(S_s)这两部分组成。将 S 线性分解为 S_s 与 S_v 两部分:

$$S = S_v + S_s \tag{6-8}$$

对于一个由土壤与植被两部分组成的混合像元,像元中有植被覆盖的面积比例即为该像元的植被覆盖度(f_c),而土壤覆盖的面积比例为 $1 - f_c$。设全由植被所覆盖的纯像元,所得的遥感信息为 S_{veg}。混合像元的植被成分所贡献的信息 S_v 可以表示为 S_{veg} 与 f_c 的乘积:

$$S_v = f_c \cdot S_{veg} \tag{6-9}$$

同理,设全由土壤所覆盖的纯像元,所得的遥感信息为 S_{soil}。混合像元的土壤成分所贡献的信息 S_s 可以表示为 S_{soil} 与 $1 - f_c$ 的乘积:

$$S_s = (1 - f_c) \cdot S_{soil} \tag{6-10}$$

将式(6-9)与式(6-10)代入式(6-8),可得:

$$S = f_c \cdot S_{veg} + (1 - f_c) \cdot S_{soil} \tag{6-11}$$

式(6-11)可以理解为将 S 的线性分解为 S_{veg} 与 S_{soil} 两部分,这两部分的权重分别为它们在像元中所占的面积比例,即 f_c 与 $1 - f_c$。对式(6-11)进行变换,可得以下计算植被覆盖度的公式:

$$f_c = (S - S_{soil}) / (S_{veg} - S_{soil}) \tag{6-12}$$

其中 S_{soil} 与 S_{veg} 都是参数,因而可以根据式(6-12)利用遥感信息来估算植被覆盖度。

根据像元二分模型,一个像元的 $NDVI$ 值可以表达为由绿色植被部分所贡献的信息 $NDVI_{veg}$ 与裸土部分所贡献的信息 $NDVI_{soil}$ 这两部分组成,以归一化植被指数作为反映像元信息的指标代入式(6-12)得:

$$NDVI = f_c \cdot NDVI_{veg} + (1 - f_c) \cdot NDVI_{soil} \tag{6-13}$$

由此导出植被覆盖度的计算公式:

$$f_c = (NDVI - NDVI_{soil}) / (NDVI_{veg} - NDVI_{soil}) \tag{6-14}$$

其中,$NDVI_{soil}$ 为裸土或无植被覆盖区域的 $NDVI$ 值,即无植被像元值,而 $NDVI_{veg}$ 则代表完全被植被所覆盖的像元的 $NDVI$ 值,即纯植被像元 $NDVI$ 值。

第二节 土地利用/土地覆盖信息提取

一、土地利用/土地覆盖研究的意义

土地利用/土地覆盖变化(LUCC)是"国际地圈生物圈计划(IGBP)"和"全球环境变

化人文计划(HDP)"的核心研究计划之一,是全球环境研究的热点和前沿问题。土地利用/土地覆盖变化之所以受到人们的关注,是因为它对环境造成了巨大的影响。土地系统作为近地表层的生态系统将生物圈、水圈、大气圈和岩石圈与人类社会活动圈层有机结合在一起,将传统景观水平上以地质大循环与生物小循环的交互界面过程为主体的研究延伸到人类社会发展活动驱动、考虑地球生物化学循环乃至陆气过程的土地变化过程研究,最终为更好地描述和预测复杂的人—地环境系统服务。土壤侵蚀作为 LUCC 引起的主要环境效应之一,是自然和人为因素叠加的结果,是世界上头号的环境问题。各研究领域专家普遍认为人类及其活动是造成土壤侵蚀的主要原因,不合理的土地利用方式和地表植被覆盖的减少对土壤侵蚀具有放大效应。

遥感是实现土地利用/土地覆盖信息提取与动态监测的基本信息源,土地利用/土地覆盖变化也是遥感重要的应用方向,并已成为许多领域应用的切入点。20 世纪 90 年代以后,遥感技术的发展进入了全球变化研究的新阶段,形成了一个从地面到空中、空间乃至星体,从信息数据收集、处理到应用,对人类生存空间进行多层次、多视角、多领域的立体观测体系。为土地可持续利用研究奠定了基础。联合国环境署(UNEP)、美国、日本在土地变化研究中都将遥感技术作为关键技术加以采用和发展。世界上许多国家都制定了一系列对地观测计划,包括美国的地球观测系统(EOS)、欧洲空间局的环境卫星(ENVI-SAT)、日本国家空间发展局地球资源卫星和中巴资源卫星系列等。遥感系统与应用技术方法的发展,为土地变化分析研究提供了不同尺度上的系列化数据,为实现地球表层系统的全方位一体化动态分析提供了可行性。土地变化科学的系统综合性、时空多尺度的复杂性和格局—过程的难定量化进一步推动了遥感等相关信息技术在该领域中的应用理论与技术方法研究,进而推动了遥感技术的自身发展和在全球变化研究中的应用前景。

二、遥感在土地利用/土地覆盖变化中的应用

为适应全球和区域土地利用/土地覆盖数据库对比和衔接的要求,Loveland 等利用卫星数据研制开发了具有统一分类方法、统一数据处理规范并具有统一精度评价结果的全球 1 km 空间分辨率土地覆盖数据库。该数据库依据地表覆盖的动态变化过程,将图像像元划分为不同的土地覆盖单元——季节性土地覆盖单元,每一个单元内部的像元具有相似的物候生长期,相似的地上累积生物量以及相似的植被种类组合和生态环境,辅之以一系列有关光谱、地形、生态区、气候等属性特征,成为分类系统中最底部的一层。根据土地覆盖单元的类型和一系列属性特征,用户可以根据应用需要将季节性单元调整和归并至所需土地利用/土地覆盖系统中(Loveland et al,1997),近几年较为典型的应用包括利用 AVHRR 1 km 季节性土地覆盖数据库改进中尺度区域天气与气候模拟,以深入了解地表覆盖及其复杂的组合对中尺度大气环流和区域天气的影响(Pielke et al,1997),另外利用土地覆盖数据库作为全球环流模型的输入,检验和分析气候干湿交替变化及季节降水、温度和蒸发变化对地表植被及其动态变化的依赖性和敏感性(Fennessy et al,1997)。全球和区域尺度的土地覆盖数据库还广泛应用于生态系统模拟、流域水资源及质量评估、农作物面积估算等各领域研究。

在国家尺度上,美国 USGS 与 EPA(Environment Protection Agency)从 1998 年开始,以

陆地卫星 MSS、TM 数据为主要数据源,基于变化分析与采样技术的方法在 4 年时间内完成近 30 年来全美国逐区域上的土地覆盖变化分析。美国 USGS 城市动态研究计划研究城市区域随时间增长引起的景观变化。该计划以历史图件和陆地卫星数据等为数据源,首次开始建立城市土地利用数据库,反映至少近 100 年的城市变化,并在设定的增长因子下模拟城市扩展和土地利用变化情况,对未来的城市发展进行预测。USGS 城市动态研究计划的目标在于为环境可持续发展政策的制定提供依据。我国在原国家土地管理局推动下在全国范围内进行了土地动态遥感监测的研究,其目标是从我国的实际国情出发,在土地详查工作的基础上,探索适合中国的土地动态监测方法体系。随后在新成立的国土资源部支持下,成为年度例行遥感动态监测。

三、遥感在土地利用/土地覆盖研究中的任务及关键问题

当前遥感技术在土地利用/土地覆盖研究中应用的主要任务包括土地利用/土地覆盖遥感分类、土地利用/土地覆盖遥感动态监测等。其中一些关键问题包括以下几点。

(1)分类体系拟定:LUCC 遥感监测中的分类体系有许多不同的方法,目前采用较多的是国家土地利用详查分类系统以及刘纪远等在中国资源环境遥感宏观调查与动态研究中建立的土地资源三级分类系统。

(2)分类方法:常用的方法仍是基于像元光谱特征的分类方法,如监督分类、非监督分类等,随着对 LUCC 研究的深入,基于地学知识系统改进的自动分类方法得到广泛应用,进一步的发展方向则是 GIS 与遥感一体化的 LUCC 遥感信息提取与分析。

(3)参考数据获取:LUCC 研究需要与实地数据对照,并与其他生态环境过程、陆地系统碳循环、陆面过程等相结合,为了提高分析精度,参考数据质量非常重要。除通过土地利用现状图等选择训练样本外,还经常采用 GPS 辅助外业调查获取现势土地利用数据。

(4)变化检测算法:当多时相遥感信息直接应用于动态监测时,变化检测算法非常重要,对于动态规律与趋势分析的正确性至关重要。

(5)分类(聚类)结果分析:LUCC 结果的分析、LUCC 数据与其他生态环境过程和地学模型的集成都是提高土地利用/土地覆盖遥感监测结果利用水平、实现多学科研究目标的基础,也是需要重点解决和研究的问题。

四、土地利用与土地覆盖遥感影像特征

一般同一植物或作物,在不同的生育期其反射率也有差异,最明显的是作物的苗期、抽穗期及成熟期,其反射率显著不同,所以对植被和土地利用进行解译时,应当结合当地的物候期及作物日历。

在影像上所反映的不仅是植物本身特征,而且也包括其生态背景,如农田中间同为小麦,一块地刚进行了灌溉,而另一块地则没有灌溉,当然前者的颜色就要深于后者,所以颜色的特征往往是综合反映。对于多波段影像,因为同一目标在不同光谱区的反射是不一样的,如绿色植物在 TM3 波段以吸收为主,故影像颜色的灰阶较深,但在 TM4 波段为近红外波段,反射强烈,故影像的亮度较大。这样,一方面可利用不同的波段来区别不同的物体;另一方面可利用假彩色合成的原理,合成具有红外彩色特征的影像,如彩红外航片

那样,绿色植物在此影像上就形成不同程度的红色,根据其红色色调及其饱和度、亮度等关系,就可以区分不同的植被类型及其主要组成。

在航空像片上,土地覆盖的信息是很直观的,通过立体观察并结合有关资料综合分析,大多数土地利用类型很容易识别。国内外早已广泛利用黑白航空像片和彩色航空像片编制较大比例尺的土地利用图。在土地利用详查中,利用信息量丰富的彩色红外航片,其效果尤佳。

卫星图像是进行土地利用调查制图的重要信息源,也是对土地利用的年内和年际变化进行动态监测的理想手段,它还可以为一个区域土地利用的合理性以及变化趋势的评价、预测提供直观的信息依据。

遥感图像均是从高空向下的俯瞰地表,所以和我们平常在地面所观察的物体的形状有所不同,特别是那些垂直高度大而平面面积并不大的物体,如城市的高层建筑、烟囱等。所以物体的几何分辨率要取决于影像的系统分辨率、物体与背景的反差、物体自身的清晰和整齐程度等。如在大比例尺的航空像片或分辨率高的卫星图像上,可根据树冠的形状识别出不同种类的树木。而土地利用类型由于多具一定的几何外形较易分辨,如不同类型的农田、果园、菜地、居民点、道路、水利工程等。还能根据道路的曲直程度与转弯的角度大小来辨别道路类型及级别。

第三节　土壤信息提取

与其他资源调查相比,土壤调查具有其复杂性,因为土地广而大及地表的植被覆盖和农作物覆盖。而且土壤含水量、有机质经常发生变化从而影响其光谱反射,在中低光谱分辨率和空间分辨率的遥感图像上很难对土壤的结构进行识别,这些都增加了土壤调查分类和制图的难度。研究人员已经测量了大量不同土壤的光谱反射曲线,但受到土壤矿物质含量、有机质含量、含水量的影响,曲线变化较大,同时由于土壤上覆盖了大量植被,也使土壤光谱值变化差异增加,尽管可以应用一些模型来去掉植被的影响,但其作用很有限,为此一些学者从植被分布与土地的规律性进行分析,用指示性植物来识别土壤类型。由于航天与航空遥感图像存在空间分辨率和大气干扰影响程度不同,在图像上二者土壤特征具有明显的差异。

一、基于航空像片的土壤判读

航空像片土壤判读可参考的影响因子有颜色、形状、纹理、阴影、海拔和分布位置、关联性和辅助信息。

(一)颜色

影响土壤颜色或灰度的因子有:①土壤有机质含量:土壤有机质含量多则颜色暗。我国土壤有机质一般含量偏低,国外分 0 ~ 3%、3% ~ 5%、5% ~ 10% 三个等级,我国土壤有机质少有超过 2%。②土壤的机械组成:最高反射在颗粒级 0.002 ~ 0.02 mm 处,当颗粒级达 5 ~ 10 mm 时,由于颗粒粗糙反射值低。③含水量:在近红外区反应明显,水对近红外有较多的吸收区,故在近红外区光谱反射低、色暗,可见光区在水分条件较好的表层色调亦偏暗,但在可见光范围一般反射较高。④土壤盐分:盐化和含一定量石灰的反射率高,但有些盐分为湿性盐分,则色调暗。⑤植被覆盖度:植被覆盖的大小在可见光区和反红外区其反射有明显的差异,但通过不同植被类型与地貌相结合,根据许多指示植物和地貌特征,能较好地识别土壤类型。

(二)形状

地形和植被覆盖形态是土壤间接判读的重要因子。而土地利用结构,如坡旱地、水稻地又是耕作土壤判读的重要特征。不同的土壤是在不同母岩上风化形成的,风化过程会形成粗糙不同的母质,如粗糙的母岩、不同粒径的沙地、平滑粉末状的黄土,都具有其特有的形状特征,根据这些形状特征可以进行土类的判读。

(三)纹理

纹理结构对没有植被覆盖的土壤识别有重要的帮助,一般纹理结构有平滑、粗糙、斑点、颗粒、条带和波纹等,如黄土为平滑纹理,戈壁为粗糙簇状与平滑相间,沙地多为波纹状,而沙丘为垄状条带纹理。

(四)阴影

对土壤判读有帮助的阴影一般指较大地形结构对土壤判读有指示性的阴影,如不同结构的山地阴影、黄土切割沟道阴影、平原河谷切割阴影等。通过这些阴影的判读间接地对土壤进行识别。

(五)海拔和分布位置

土类具有垂直和水平地带性,如黄土、红壤分布在我国西北和南方,而棕色森林土多分布在海拔较高的山地,其上多分布有针叶林,自然生长分布的柏树一般反映地下水深,而水稻为潮湿(润)耕作土壤。

(六)关联性

所谓关联性是找出土壤与自然界的规律性,通过这种规律性对有些难以识别的土壤进行判读,具有专家性质。

(七)辅助信息

我国曾进行过土壤普查和地面典型地段的土壤调查,具有不同尺度的土壤分布图,但其土壤类型的边界大多是从地形图上进行目视勾绘,具有不准确性,如果将土壤分布图作为辅助信息对照航空像片进行分类,则能提高土壤类型识别和图斑区划的精度,尤其是将DEM与其叠置后其绘图效果更佳。

二、基于卫星影像的土壤调查

(一)土壤光谱特征

卫星图像与航片不同,它是从更高层空间向地面扫描或摄影,气层干扰更强,同物异谱现象增加。应用卫星图像获取土壤信息,不少学者从土壤光谱反射曲线上进行了分析,并且得到了一些有价值的数据,但仅仅根据光谱曲线进行土壤识别,由于同物异谱的大量存在,还是相当困难的,因此与航空摄影图像土壤判读一样,土壤的有机质、矿物成分、土壤含水量、植被覆盖度等因子仍是土壤识别的重要因子。而且其特征与航片识别基本相同。此处仅介绍一下土壤指数方法。

(二)土壤指数

土壤指数(soil index):利用像元混合光谱特点,采用可见光中的红光与近红外波段土壤光谱反射特征,并以该两波段作 x、y 坐标图,分别求出坐标系由于植物覆盖度不同、土壤有机质不同、地类不同在该两波段构成的坐标系中的不同斜率,以此作为数字图像处理的参考,通过数字图像处理来减少植被覆盖的作用。数字图像处理中常用土壤线法,即

$$P_{NIR} = b + aP_R$$

式中:P_{NIR} 为土壤在近红外波段的反射率;P_R 为土壤在红光波段反射率;a、b 为土壤斜率和截距。该线反映了土壤有机质、土壤湿度、不同土壤类型的特点,图 6-4、图 6-5 是利用 MSS5、MSS7 所作的土壤有机质、不同地类反射值分布图。

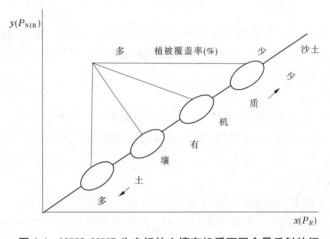

图 6-4　MSS5、MSS7 为坐标的土壤有机质不同含量反射特征

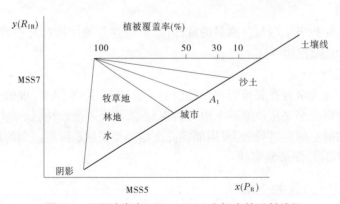

图 6-5　不同地类在 MSS5、MSS7 坐标中的反射特征

当存在大量混合像元时,还可应用如下公式对混合像元进行分解:

$$E_{vs} = k[P_v C + P_s(1 - C)]$$

式中:P_v 代表植物反射率;P_s 为土壤反射率;C 为植被所占面积;$1 - C$ 为裸露地所占面积。一个像元内具有植被(v)和土壤(s)时亮度值是混合像元光谱辐射值。

由于卫星遥感图像具有宏观性,所以应利用其地貌、母质、植被类型、植被地理分布、土地利用结构及分布、水系水文特征等信息来提取土壤类型的信息。

三、提取土壤信息的数字图像处理常用方法

在土壤类型信息提取中主要应用了如下方法:第一种处理方法是主成分分析法,该法充分利用了尽量多的波段信息,来提取土地类型信息。第二种处理方法是应用了光谱混合分解模型。它是利用线性和非线性混合分解模型来提取混合像元中的土壤类型信息,利用 DEM 图、土地调查专题图作为辅助信息将对土壤类型信息提取有很大的帮助。

遥感技术的土壤水分监测:国外当前对土壤水分监测主要应用了热惯量、作物缺水指数法、距平植被指数法、植被供水指数法(陈怀亮等,1999),水利部应用微波遥感对北京、石家庄地区进行航飞试验,获得了地表 10 ~ 20 cm 土层水含量分布图,试验表明,应用微波方法测定 20 cm 以下的土壤水分能力有限。而应用红外遥感波段对地表水的调查亦可获得较好的效果。如果以地面水文地质地下水资源调查数据作为辅助信息,将能获取地表、地下水分布的较准确分布图。在内蒙古自治区的昭盟沙地地区,应用 MSS 可见光与近红外的组合图像上呈现较暗色调处与水文地质图相匹配,对沙地地下水及地表水能进行很好的识别。

第四节 水土保持措施信息提取

一、水土保持措施

水土保持措施是根据水土流失产生的原因,水土流失的类型、方式和流失过程,以及水土保持的目标所设计的防治土壤侵蚀的工程。水土保持措施类型很多,大体上可以概括为植被措施、耕作措施和工程措施。

(一)植被措施

植被措施也称林草措施,主要用于因失去林草的荒山坡和退耕的坡耕地的水土流失防治。植被措施适用于凡是具备植被生长条件的地区。植被措施应该根据当地的自然环境条件和植物的生境条件来决定。从防治水土流失的角度出发,水土保持林种选择和配置应该依据当地的自然生态环境和立地条件确定,如黄土高原 20 世纪 50 年代在林木戴帽原则的指导下,在梁峁顶和梁峁坡造林,由于土壤水分不适宜,大都成了长不大的小老树,这样的生境只适宜草灌生长。

(二)耕作措施

耕作措施专指坡耕地通过改变耕作方法实施防治水土流失的工程。坡耕地是水土流失的主要发生区泥沙的主要来源区。为了减少水土和养分流失,需要采取既利于生产又利于防治水土流失的耕作措施。水土保持措施按其作用可以分为三类:一是通过改变微地形蓄水保土;二是增加地面粗糙度的耕作措施;三是改良土壤理化性质的耕作措施。常用的耕作措施如表 6-1 所示。

表 6-1　水土保持耕作措施

耕作措施	措施功能	适宜条件	适宜地区
1. 等高耕作	拦蓄径流	<25°的坡耕地	全国
2. 等高带状间作	拦蓄径流	<25°的坡地	全国
3. 等高沟垄作	拦蓄径流	<20°的坡地	黄土高原
4. 蓄水聚肥耕作	拦蓄径流增加抗蚀力	<15°的坡地	西北
5. 水平犁沟	改变微地形	<20°的坡地	全国
6. 草田带状轮作	增加地面覆盖	<25°的坡地	全国土石丘陵
7. 覆盖耕作	增加粗糙度滞缓径流	<15°的坡地	全国缓坡丘陵
8. 免耕	增加粗糙度滞缓径流	缓坡地	全国

（三）工程措施

工程措施是重要的水土保持措施之一,涵盖治坡工程和治沟工程,保水保土的基本原理与功能是拦蓄或截留坡面径流,从而减少坡面与沟道的侵蚀产沙,同时也能充分利用水资源改善农业生产条件,主要的工程措施如表 6-2 所示。

表 6-2　水土保持工程措施

工程类型	工程名称	适宜条件	适宜地区
治坡工程	(1)梯田		
	水平梯田	<15°的坡地	全国
	坡式梯田	<15°的坡地	全国
	反坡梯田	<15°	全国
	隔坡梯田	<25°	半干旱地区
	(2)截留沟	<15°	南方
	(3)鱼鳞坑	<25°	北方
治沟工程	(1)沟头防护工程		全国
	(2)谷坊工程	集水面积不大	北方
	(3)淤地坝	小流域沟道	北方
	(4)骨干坝		北方
	(5)塘堰		南方

三类水土保持措施具有相互合作的关系。对于任一水土流失区域,产生水土流失的地貌部位不外乎坡面和沟谷,从土地利用看无非是坡耕地、荒坡地或沟道地。全面地制止水土流失就必须在不同的地貌部位,根据不同的土地利用类型,采用不同的措施。如坡耕地最有效的是采取工程措施,修建梯田;沟谷的水土流失防治需要通过谷坊、淤地坝和小型水利工程。梯田、林草和坝库等三项措施分别拦蓄不同部位、不同土地利用方式产生的

水土流失,各自都起到保持水土的作用,相互不能替代,又不排斥。另外,三类措施又是相互促进的关系。各项水土保持措施之间有严格的分工,又是相互关联的,这种关联既存在相互制约,又有相互促进的作用。因此,综合地利用三类措施,形成完备的水土保持措施体系,在发挥自身作用的同时,还可促使相关措施更持久地发挥最大效益。

二、水土保持措施遥感解译

由于水土保持措施类型繁多,且形态各异,利用遥感进行信息的自动提取非常困难。因此,通常以治理规划图或竣工图为基础,结合野外采样的数据,进行影像人工解译、勾绘,重点关注颜色比较单一、边界比较规则的几何类型、线状地物等。所用的影像数据应该为高分辨率的卫星影像或航片。解译的水土保持措施数据类型可以根据研究的目的分为三类:面状、线状、点状。以下列出常见水土保持措施的解译方法。

(1)水土保持林措施解译。根据用途分为水保型薪炭林、水保型饲料林、水保型用材林等,根据植被种类分为水土保持乔木林、水土保持灌木林。一般分三种林木类型种植:灌林纯林(干旱、半干旱地区)、乔木纯林(立地条件好,多种经济林和速生丰产林)和混交林(立地条件差)。大多数水土保持林为混交林。混交林种植一般分株间混交、行间混交和带状混交,在影像上可以识别光谱特征的不均一性、条带状纹理。总体上这一类型地类在影像上较难分辨。

(2)种草措施解译。由于大面积种草措施通常采用飞机播种,这样的人工草地与自然植被差异不大,因此影像上很难识别,主要依据工程规划图或竣工图来判断。

(3)封禁措施解译。该类措施仅是减少了人为干扰,从而加快自然植被生长发育,影像也很难识别。但作为治理措施,通常实施单位会在封禁的地区用铁丝网等圈起来,不让人或牲畜进入。因此,在实地调查过程中很容易识别哪些是封禁地区。解译主要依据竣工资料或采样资料。

(4)梯田解译。梯田的特点比较明显,有排列式的田坎,宽度不等,由于田坎多由石头和裸土组成,水分含量少,在影像各光谱波段上多为高值,波段组合后显白色,梯田与等高线一致,若在影像上出现环形线性地物,并与坡度图吻合,即可将影像图与坡度图进行坐标热联接,同时与土地利用图进行对比分析,确保地类在"耕地"地类中。作物收割后的梯田光谱不是很明显,需要对影像进行增强处理分析。

(5)农田防护林网解译。空间格局为棋盘式,防护林显深红色至鲜红色。通常防护林与公路、水渠平行建设。公路在中央,防护林在两旁,水渠在外侧。

(6)经果林措施解译。经果林主要为人工种植的水果、经济林为主的林木。在影像上为树木的特征,植被覆盖度不会太高,边界比较规则,有自然边界过渡突变现象,一般离水源和公路较近,便于种植与运输。

(7)保土耕作措施解译。影像上很难识别,但在高分辨率的影像上可以结合采样数据,并通过纹理识别。主要还是需要依据竣工资料。

(8)小型工程治理措施解译。小型工程治理措施有很多种,可分为两大类:线状类型,如道路、排水渠、输水渠等;面状类型,有谷坊、淤地坝、拦沙坝、沟头防护、坡面防护、截水沟、蓄水池、水窖、小水库等工程。这一类型只要超过影像分辨率,就能在影像中反映出来。在影像上解译时,沿沟壑两边进行搜索,重点解译沟头、高坡度的区域,将坡度图和土地利用图作为辅助图进行解译。小型工程治理措施一般为规则的几何形态。谷坊分布在沟头的支沟上,有点状分布的特征,颜色为小亮点,横切毛细沟。拦沙坝分为坝体和淤泥体,平面上呈现均匀的"掌状"形态。小水库和塘坝为水体,在影像上容易划分,需要注意的是与自然水体区别,一般小水库和塘坝比较规则,靠近居民地,小水库有明显的坝体。排水、输水沟为线性地物,有水时,显水体色调,无水时,为高亮度的白色,在沟头与支沟地区,有一些闸门和分流的建筑设施。

(9)治沟骨干工程措施解译。治沟骨干工程措施工程量大,在影像上容易分辨,它有大坝、溢洪道、防洪堤、汇水洞、护坝、桥梁、公路、房屋等建筑组合。多分布在沟头、坡降高的地区。从影像上分析,有高亮度、纹理清晰的特征,在边界勾绘时,大坝上游要按最高集水范围的面积勾绘,下游勾绘至防洪堤的部位即可。

(10)道路工程措施解译。作为线性地物处理,道路工程的一端一般通向另一水土保持工程建设用地。

(11)其他措施解译。其他用于重力侵蚀的防护坝工程、防风固沙等工程。重力侵蚀的护坝工程多出现在公路旁、居民地周边,影像上为高亮度的块状或条状形态。防风固沙分布于风沙区与非风沙区交错带中,包括生物和工程措施两种类型,生物措施在影像上表现为带状或网状的空间布局,呈现植被光谱特征;工程措施不容易分辨,应从小流域竣工资料中提取。

上述治理措施信息的提取是一些常见的类型,具体工作中需要结合大量辅助数据,如土地利用信息、坡度信息等,并在空间位置经过严格配准,通过大量野外调查,真正解译出治理区的水土保持措施。另外,治理措施的质量是反映治理措施实施的效果和进度。依据措施效果进行分级,通过遥感影像信息提取与小流域治理规划、小流域治理竣工资料进行对比,对治理的生物措施和工程进行评价,生成治理区环境措施质量效果图,因此这个方面也需要进一步深入研究。

第七章 遥感在土壤侵蚀分析中的应用实践

第一节 土壤侵蚀定性监测评估

一、目视解译

目视判读法(目视解译)主要是通过对遥感影像的判读,对一些主要的侵蚀控制因素进行目视解译后,根据经验对其进行综合,进而在叠加的遥感图像上直接勾绘图斑(侵蚀范围),标识图斑相对应的属性(侵蚀等级和类型)来实现的。目视解译是土壤侵蚀调查中基于专家的方法中最典型的应用。这一方法利用对区域情况了解和对水土流失规律有深刻认识的专家,使用遥感影像资料,结合其他专题信息,对区域土壤侵蚀状况进行判定或判别,从而制作相应的土壤侵蚀类型图或强度等级图,其实质是对计算机储存的遥感信息和人所掌握的关于土壤侵蚀的其他知识、经验,通过人脑和电脑的结合进行推理、判断的过程。

我国水土保持部门于 1985 年使用该方法,采用 MSS 影像在全国范围内进行第一次土壤侵蚀遥感调查;印度使用 MSS 和 TM 以及 IRS-1A 的 LISS-II 数据进行土壤侵蚀和耕地变化的解译调查;欧洲几位土壤侵蚀专家于 1989 年利用目视判读方法制作西欧地区的土壤侵蚀风险图;Hassan M. Fadul et al 于 1999 年在 Sudan 的 Atbara 流域采用目视判读方法结合多期 TM 影像进行沟道侵蚀的调查研究。

该方法的优点在于可以将人的经验和知识与遥感技术结合起来,充分利用专家的先验知识和对土壤侵蚀影响因素的综合理解以及利用人脑对影像纹理结构的理解优势,避免了单纯的光谱分析可能带来的误差。缺点主要是:①主观性强。由于没有明确的标准,且影响土壤侵蚀的各种要素组合和变化的复杂性以及调查人员认识的差异性,往往造成不同专家各抒己见,难得一致。②成本高,效率低。由于这种方法需要投入大量的人力、资金和时间,使得其成本和时效不能兼顾。③可对比性差。由于方法的主观性使得其结果难以在空间区域和时间序列上进行对比。

二、指标综合

这类方法的共同特征是综合应用单个或多个侵蚀因子,制定决策规则,与各侵蚀等级建立关联关系。侵蚀因子的选择以及决策规则的制定通常是基于专家的判断,或对区域侵蚀过程的深刻认识。最基本的方法是,根据侵蚀过程中各侵蚀因子的重要性,分别赋予不同的权重,通过因子的加权和或加权平均结合已制定的决策规则确定侵蚀风险。

Hill et al 于 1994 年应用 If-then 决策规则结合 Landsat TM 数据光谱分离得到植被覆盖信息和土壤状态,并将结果关联到侵蚀等级上,进一步结合相同季节不同年份的结果进行对比,给出最终的侵蚀风险评价结果。Vrieling A et al 采用在专家打分基础上各因子综合的方法,对哥伦比亚东部平原上侵蚀风险绘图法进行研究,根据地质、土壤、地貌、气候4 个因子的平均值得出该点位的潜在侵蚀风险图,由上面 4 个因子结合管理(包括土地利用及植被因子等)等 5 个因子的平均值为该点位的真实风险图。张增祥等在对植被、坡度、坡向、沟谷密度和海拔等专题数据进行标准化后,对每一个栅格上的专题属性数据进行加权求和,计算综合侵蚀指数法来代表该空间位置的土壤侵蚀强度状况。

中华人民共和国水利部部颁标准《土壤侵蚀分类分级标准》(SL 190—96)是我国水土保持部门最常用的一种计算土壤侵蚀风险的方法,按照耕地与非耕地分别在坡度与覆盖度上的表现进行分级,从而划分土壤侵蚀等级。1999 ~ 2001 年,在此方法的基础上利用 TM 影像进行第二次全国土壤侵蚀遥感调查。

该方法的优势在于省去了大量的人力和时间,结合遥感影像和 GIS 技术可以快速地进行土壤侵蚀的调查。但基于专家经验的侵蚀控制因子的分级、权重与判别规则对调查结果影响很大,需要深入研究。

三、影像分类

影像分类方法是直接利用遥感记录的地表光谱信息进行土壤侵蚀评价的方法,将常用的遥感影像分类方法引入到土壤侵蚀的研究中,以区分土壤侵蚀强度以及空间分布。Alice Servenay 和 Christian Prat 采用航空影像和 SPOT 卫星数据,来确定土壤侵蚀在时间和空间上的强度,结果表明,SPOT 影像分类结果可以区分 4 个不同的侵蚀等级,但使用 SPOT 数据不能区分裸露的灰盖和安山石。Metternicht 和 Zinck 基于 Erdas 软件进行影像分类,通过确定土地退化分类类别来进行土壤侵蚀状态制图。他们比较了只利用 TM 的波段信息进行分类和将 TM 与 JERS-1 SAR 融合后的影像进行监督分类这两种方法进行土壤侵蚀特征信息提取的效果,分析表明,相对于单一的 Landsat TM 影像,融合后影像进行信息提取监测精度明显提高。李锐使用陆地资源卫星 Landsat MSS,通过多波段组合和非监督分类,在澳大利亚新南威尔士州巴伦加克(Buringjuck)流域对土地退化类型及其分布范围进行了研究。

由于土壤侵蚀本身并不是以特定的土地覆盖等地表特征出现,而且指示土壤侵蚀的土壤属性光谱信息往往被植被覆盖、田间管理和耕种方式等这样的土壤表层信息所掩盖,理论上只利用遥感信息是难以提取土壤侵蚀状况的,影像分类法在土壤侵蚀研究中的应用往往局限在某些特定的半干旱地区,这些地区反映不同侵蚀状态的地表覆盖差异明显。

四、其他方法

2000 年、2004 年 Liu et al 在西班牙半干旱地区,利用多时相 SAR 干涉解相干影像进行侵蚀调查,从 Landsat 影像中提取岩性和植被信息,从 SAR 干涉图中提取坡度信息,应用模糊逻辑和多标准评价方法进行侵蚀研究。1996 年 Metternicht 在波利维亚半干旱区域,应用模糊逻辑确定特定像元对所考虑因子的隶属度,这些因子包括从 DEM、重力等势面和 TM 数据的光谱分离中提取的坡度、地形位置、植被覆盖、岩石碎裂度、土壤类型(微红壤、白壤)。成员函数从最低到最高被编译成五类以表达侵蚀风险,决策规则为不同的因子确定其综合范围。

第二节　土壤侵蚀监测预报模型

一、经验统计模型

最为广泛使用的经验模型是 USLE，它是一个基于美国东部的数据，评估长期片蚀和细沟侵蚀的经验模型，常被用来评估土壤侵蚀风险。由于 USLE 全面考虑了影响土壤侵蚀的自然因素，并通过降雨侵蚀力、土壤可蚀性、坡度坡长、作物覆盖和水土保持措施五大因子进行定量计算，具有很强的实用性，因此 USLE 及其改进版本 RUSLE 和 MUSLE 被应用在世界范围内的不同空间尺度、不同环境和不同大小的区域。USLE 的应用中卫星影像解决的是植被参数，它已经被运行在不同大小的区域：2.5 km² 的小流域，10～100 km² 的区域，100～5 000 km² 的区域，10 000 km² 的大流域，一个国家如墨西哥和一个洲如欧洲。但也有学者质疑模型的适用性。

欧洲和非洲各国专家也有较深入的研究。在 20 世纪 60 年代初，Hudson 通过对非洲侵蚀性降雨的深入研究，建立了土壤侵蚀量与土壤类型、坡度、坡长、农业管理、水土保持措施和降雨等因素之间的关系。Elwell 建立的坡面土壤侵蚀模型，把土壤侵蚀环境分为气候、土壤、作物和地形 4 个自然系统，并将这 4 个系统有机地结合起来，构成一个完整的坡面土壤流失模型，该模型在南非地区得到广泛应用。

我国学者也进行了深入的研究。刘宝元等根据 USLE 的建模思路，以及我国水土保持措施的实际情况，提出中国土壤流失预报方程，将 USLE 中的作物与水土保持措施两大因子变为水土保持生物措施、工程措施与耕作措施三个因子。江忠善等将沟间地与沟谷地区别对待，分别建立侵蚀模型。以沟间地裸露地基准状态坡面土壤侵蚀模型为基础，将浅沟侵蚀、植被与水土保持措施的影响以修正系数的方式进行处理。吴礼福综合考虑气候、水文、地貌、土壤、植被及土地利用等因素，以 DTM 上的最小沟谷单元为侵蚀的基本单元，并把坡面侵蚀与沟谷侵蚀分别处理，提出一种新的定量模型来计算黄土高原地区的土壤侵蚀。

二、物理过程模型

经验统计模型主要用于估算某一区域、一定时期内的平均侵蚀量。随着研究的深入和人们对流域泥沙自然机制认识水平的不断提高，这类研究的不足越来越清晰地显露出来。物理过程模型从产沙、水流汇流及泥沙输移的物理概念出发，利用各种数学方法，结合相关学科的基本原理，根据降雨、径流条件，以数学的形式总结出土壤侵蚀过程，预报在给定时段内的土壤侵蚀量。遥感的作用仍然是提供植被覆盖因子或植被在不同时刻对降雨的拦截因子。

1947 年 Ellison 将土壤侵蚀划分为降雨分离、径流分离、降雨输移和径流输移 4 个子过程，为土壤侵蚀物理模型的研究指明了方向。1958 年 L. Meyer 成功地建造了人工模拟降雨器，为土壤侵蚀机制研究创造了便利的技术条件。

自 20 世纪 80 年代初到 20 世纪末,众多基于土壤侵蚀过程的物理模型相继问世,其中以美国的 WEPP 模型最具代表性,它是目前国际上最为完整,也是最复杂的土壤侵蚀预报模型,它几乎涉及与土壤侵蚀相关的所有过程,主要包括天气变化、降雨、截留、入渗、蒸发、灌溉、地表径流、地下径流、土壤分离、泥沙输移、植物生长、根系发育、根冠生物量比、植物残茬分解、农机的影响等子过程。模型能较好地反映侵蚀产沙的时空分布,外延性较好,易于在其他区域应用。此外,还有欧洲的 EUROSEM(European Soil Erosion Model)、LISEM(Limburg Soil Erosion Model)和澳大利亚的 GUEST(Griffith University Erosion System Template)。

我国土壤侵蚀物理过程模型的研究起源于 20 世纪 80 年代。牟金泽、孟庆枚从河流动力学的基本原理出发,根据黄土丘陵沟壑区径流小区观测资料,以年径流模数、河道平均比降、泥沙粒径和流域长度为基本参数,建立了流域侵蚀预报模型。谢树楠等从泥沙运动力学的基本原理出发,假定坡面流为一维流体、流动中的动量系数为常数、不考虑泥沙黏性的前提下,通过理论推导建立了坡面产沙量与雨强、坡长、坡度、径流系数和泥沙中数粒径间的函数关系,在充分考虑植被和土壤类型对土壤侵蚀影响的基础上,建立了具有一定理论基础的流域侵蚀模型。汤立群从流域水沙产生、输移、沉积过程的基本原理出发,根据黄土地区地形地貌和侵蚀产沙的垂直分带性规律,将流域划分为梁峁上部、梁峁下部及沟谷坡三个典型的地貌单元,分别进行水沙演算。蔡强国在充分考虑黄土丘陵沟壑区复杂地貌特征和侵蚀垂直分带性的基础上,将流域土壤侵蚀模型划分为坡面、沟坡和沟道三个相互联系的子模型,该模型考虑因素较为全面,模型结构合理,充分考虑了黄土丘陵沟壑区土壤侵蚀的实际情况,可较为理想地模拟次降雨引起的土壤侵蚀过程。

三、分布式模型

为了处理降雨和下垫面条件的不均匀性,加强对水文过程描述的物理基础,分布式模型将流域划分成一个个网格,每个网格单元中的土壤、植被覆盖均匀分布,在每个网格上进行参数的输入,然后依据一定的数学表达式来计算,并将计算结果推算到流域出口,得到流域土壤侵蚀总量。遥感在模型中被用来提取植被参数、土地覆盖或者土壤信息。

典型的分布式土壤侵蚀模型是 SHE(System Hydrologique Europeen),研究水流及泥沙运动空间分布情况的模型,可应用于河流流域,模拟土壤侵蚀和泥沙输移的方程,包括雨滴击溅侵蚀、面蚀,在面蚀中的二维负荷对流,以及河床侵蚀等。20 世纪 80 年代初期 Beasly 和 Huggins 研发 ANSWERS 模型把流域细分为均等的网格单元。美国农业部农业研究局与明尼苏达污染物防治局共同研发的 AGNPS 模型是基于方格框架组成的流域分布式事件模型。TOPMODEL 模型是一个以地形为基础的半分布式小流域模型,模拟了径流产生的变动产流面积概念,是数字高程模型(DEM)、水文模型与 GIS 的结合应用。

第三节　数字高程模型(DEM)方法

在侵蚀模型的应用中,DEM 的作用主要在于可以提取出各种地形参数如坡度、坡向、坡长以及地表破碎度等,作为模型的输入内容进行土壤侵蚀计算。本节所提的方法指的是利用 DEM 直接进行量测,即通过对不同时期获取的 DEM 数据进行减法运算,获取土壤侵蚀量和沉积量。DEM 数据的获取可以是实地测量、立体像对、SAR 干涉测量以及三维激光扫描仪等。

实地测量主要指的是利用不同时相的实测高程数据分别建立数字高程模型,以计算两个时期间隔内的土壤侵蚀量。该方法理论成熟、测量精度较高,高程测量高,但为了能建立高精度的 DEM,样本点及样本数都有严格的要求,因此需要耗费大量的人力、物力和时间,所以该方法并不适合大区域作业。

利用不同时相的立体像对提取 DEM,以计算这一时段内的土壤侵蚀量和沉积量。Dymond 和 Hicks 根据历史航空影像,利用传统的立体测图仪计算了流域所有侵蚀和沉积区域的高程变化,从而估算了新西兰山地整个 Waipawa 流域 1950 ~ 1981 年间及期间平均每年的土壤侵蚀量,认为这种方法适用于新西兰绝大部分地区,高程精度可控制在 ±0.5 m ~ ±4 m。Derose et al 根据三期历史航空像片制作了高分辨率的序列 DEM,对 Waipawa 流域上游的 11 条沟谷的侵蚀变化进行了定量研究。Harley 则根据历史航空像片对同一个流域上游 26 个沟谷的侵蚀变化作了定量估算。

Smith et al 于 2000 年研究证明,利用 SAR 相干测量法提取 DEMs 可以估算侵蚀和沉积量,该方法适用大于 4 m 净侵蚀的区域。

已有学者利用三维激光扫描仪定期进行观测,以获取不同时相的立体三维信息来计算区域的侵蚀量和沉积量。扫描仪测量精度可达到毫米级别,但此方法也只能适用于小区域操作,且植被的影响是这一研究需要重点考虑的。

利用多时相 DEM 进行土壤侵蚀研究的明显的优点是能够快速、准确地获取土壤侵蚀和沉积量及其分布位置。然而也有其缺点,就目前的遥感技术应用水平而言,此方法仅适用于对发生极端的侵蚀的事件(如洪水、塌方等)进行监测或对长期土壤侵蚀的历史过程进行模拟。

第四节　土壤侵蚀遥感监测与评价

一、土壤侵蚀分类分级标准

土壤侵蚀强度是指地壳表层土壤在自然营力(水力、风力、重力及冻融等)和人类活动综合作用下,单位面积和单位时段内侵蚀并发生位移的土壤侵蚀量,以土壤侵蚀模数表示,其单位名称和代号为吨每平方千米年 $[t/(km^2 \cdot a)]$,采用单位时段内的土壤侵蚀厚度,其单位名称为毫米每年(mm/a)。考虑到利用遥感方法暂时还难以获取足够的侵蚀模数信息,特拟定土壤强度分级参考指标。土壤侵蚀强度分级主要通过植被覆盖度、植被结构、坡度、土壤质地、海拔、地貌类型等间接指标进行综合分析而实现。

中华人民共和国水利部部颁标准《土壤侵蚀分类分级标准》(SL 190—96)是我国水土保持部门最常用的一种计算土壤侵蚀风险的方法,按照耕地与非耕地分别在坡度与覆盖度上的表现进行分级,从而划分土壤侵蚀等级。1999 ~ 2001 年,在此方法的基础上利用 TM 影像进行第二次全国土壤侵蚀遥感调查。该方法的优势在于省去了大量的人力和时间,结合遥感影像和 GIS 技术可以快速地进行土壤侵蚀的调查。但基于专家经验的侵蚀控制因子的分级、权重与判别规则对调查结果影响很大,需要深入研究。

(一)土壤侵蚀分区及分级

我国东部水力侵蚀大致分为 5 个类型区(见表 7-1)。通常以年侵蚀模数作为判断侵蚀等级的标准(见表 7-2)。在缺乏实测资料等情况下可以通常影响土壤侵蚀的单个或多个指标(植被覆盖度、坡度、土壤类型、土地利用等)按照一定的规则划定不同的侵蚀等级(如微度、轻度、强度、极强度、剧烈等)以表示侵蚀风险。在我国比较典型的如水利部水土保持监测中心制定的《土壤侵蚀分类分级标准》拟定的侵蚀强度分级指标(见表 7-3)。

表 7-1 土壤容许流失量

类型区	土壤容许流失量($t/(km^2 \cdot a)$)
西北黄土高原区	1 000
东北黑土区	200
北方土石山区	200
南方红壤丘陵区	500
西南土石山区	500

表 7-2 土壤面蚀强度分级标准

级别	年平均侵蚀模数 $M(t/(km^2 \cdot a))$
微度	$M \leqslant 200, 500, 1\ 000$
轻度	$200, 500, 1\ 000 < M \leqslant 2\ 000$
中度	$2\ 000 < M \leqslant 4\ 000$
强度	$4\ 000 < M \leqslant 8\ 000$
极强度	$8\ 000 < M \leqslant 16\ 000$
剧烈	$M > 16\ 000$

表 7-3 水力侵蚀面蚀分级参考指标

植被覆盖		坡度(°)					
		< 5	5~8	8~15	15~25	25~35	> 35
非耕地的植被覆盖度(%)	> 75	微度					
	60~75		轻度				
	45~60						强度
	30~45				中度	强度	极强度
	< 30				强度	极强度	剧烈
坡耕地			轻度				

(二)水力侵蚀分级指标

土壤侵蚀强度分级必须以年平均侵蚀模数为判别指标,只有缺少实测及调查侵蚀模数资料时,可以在经过分析后,运用有关侵蚀方式(面蚀、沟蚀、重力侵蚀)的指标进行分级,各分级的侵蚀模数与土壤水力侵蚀强度分级相同。各类沟蚀强度分级指标如表7-4所示。

表7-4　各类沟蚀强度分级指标

沟谷占坡面面积比(%)	< 10	10 ~ 25	25 ~ 35	35 ~ 50	> 50
沟壑密度(km/km²)	1 ~ 2	2 ~ 3	3 ~ 5	5 ~ 7	> 7
强度分级	轻度	中度	强度	极强度	剧烈

(三)重力侵蚀分级指标

重力侵蚀强度分级指标见表7-5。

表7-5　重力侵蚀强度分级指标

崩塌面积占坡面面积比(%)	< 10	10 ~ 15	15 ~ 20	20 ~ 30	> 30
强度分级	轻度	中度	强度	极强度	剧烈

(四)风力侵蚀及强度分级

日平均风速大于或等于5 m/s的年内日累计风速达200 m/s以上,或这一起沙风速的天数全年达30天以上,且多年平均降水量小于300 mm(但南方及沿海的有关风蚀区,如江西鄱阳湖滨湖地区、滨海地区、福建东山等,则不在此限值之内)的沙质土壤地区,应定为风蚀区。风蚀强度分级见表7-6。

表7-6　风蚀强度分级

级别	床面形态 (地表形态)	植被覆盖度(%) (非流沙面积)	风蚀厚度 (mm/a)	侵蚀模数 [t/(km²·a)]
微度	固定沙丘,沙地和滩地	> 70	< 2	< 200
轻度	固定沙丘,半固定沙丘,沙地	70 ~ 50	2 ~ 10	200 ~ 2 500
中度	半固定沙丘,沙地	50 ~ 30	10 ~ 25	2 500 ~ 5 000
强度	半固定沙丘,流动沙丘,沙地	30 ~ 10	25 ~ 50	5 000 ~ 8 000
极强度	流动沙丘,沙地	< 10	50 ~ 100	8 000 ~ 15 000
剧烈	大片流动沙丘	< 10	> 100	> 15 000

(五)混合侵蚀强度分级

黏性泥石流、稀性泥石流、泥流的侵蚀强度分级,均以单位面积年平均冲出量为判别指标,见表7-7。

表 7-7　泥石流侵蚀强度分级

级别	每年每平方千米冲出量(万 m³)	固体物质补给形式	固体物质补给量(万 m³/km²)	沉积特征	泥石流浆体容量(t/m³)
轻度	<1	由浅层滑坡或零星坍塌补给,由河床质补给时,粗化层不明显	<20	沉积物颗粒较细,沉积表面较平坦,很少有大于 10 cm 以上颗粒	1.3~1.6
中度	1~2	由浅层滑坡及中小型坍塌补给,一般阻碍水流,或由大量河床补给,河床有粗化层	20~50	沉积物细颗粒较少,颗粒间较松散,有岗状筛滤堆积形态,颗粒较粗,多大漂砾	1.6~1.8
强度	2~5	由深层滑坡或大型坍塌补给,沟道中出现半堵塞	50~100	有舌状堆积形态,一般厚度在 200 cm 以下,巨大颗粒较少,表面较为平坦	1.8~2.1
极强度	>5	以深层滑坡和大型集中坍塌为主,沟道中出现全部堵塞情况	>100	由垄岗、舌状等黏性泥石流堆积形成,大漂石较多,常形成侧堤	2.1~2.2

二、遥感在土壤侵蚀评价中的作用

(一)直接从遥感影像上解译侵蚀信息

基于野外调查,建立影像与实地地物之间的经验关系,综合地物在影像上表现出的特征,结合专家知识、目视解译而得到的植被覆盖和从辅助数据得到的植被与地形特征,可以直接从影像上提取侵蚀等级或类型信息,即目视解译。这也是遥感用于土壤侵蚀调查的最初形式,为遥感在土壤侵蚀监测与评估中的深入发展奠定了坚实的基础。

(二)为定性、定量遥感监测与评估方法提供数据

1.植被覆盖参数

侵蚀过程中,植被覆盖提供了对土壤的保护。为了解决侵蚀评估中的植被因子,一个植被覆盖因子(C 因子)经常被用到。这个 C 因子被定义为指定条件下的农耕地土壤流失量与相应条件下的连续休耕地土壤流失量的比值(Wischmeier et al,1978)。在世界上的许多区域,植被覆盖显示了高的时域动力学特性。长期的动力学特性和土地利用转化或渐进的资源损耗有关。短期的动力学特性由降雨特征和人类活动如作物收获或燃烧引起。许多土壤侵蚀卫星遥感研究都集中在植被覆盖估算上。这些研究需要解决时间上的变化,因此影像的时间选择非常重要。

相对于传统的植被覆盖信息的提取,基于遥感的信息提取方法均具有绝对的优势。植被覆盖度信息的提取,依据一定算法,在像元尺度上估算所对应地区的植被覆盖度,比传统从点扩展到面的方法更加真实可靠。

2. 土地覆盖参数

土地覆盖信息是土壤侵蚀研究中不可或缺的基础资料之一。无论是土地覆盖现状还是土地覆盖的变化,遥感均可发挥重要的作用。土地利用分类常被用于制作植被类型图,不同的植被类型在保护土壤的效力上有所不同。分类后,制作植被类型的定性等级,或者从文献中报道的值指派给 C 因子(E. G. Morgan,1995;Wishmeier et al,1978)。对于侵蚀研究,可以通过影像目视解译或自动分类方法,利用光学卫星系统进行土地利用分类。最常用的是非监督分类和监督分类。

3. 土壤信息

土壤抗侵蚀能力是许多土壤特性的函数,如纹理、结构、土壤湿度、粗糙度和有机质含量。土壤对侵蚀的敏感度通常被认为是土壤可蚀性(Lal,2001)。土壤分类通常被用于计算可蚀性的空间差异。在重要的因素基础之上土壤可以进行分类,包括土壤特性、气候、植被、地形和岩性。这些因子可以用卫星遥感进行制图(McBratney et al,2003)。特别是光学遥感影像已经用于土壤制图,主要通过对土壤模式的目视描绘(Dwivedi,2001)。表层土特性影响土壤表面颜色,从而影响光谱反射曲率。当一个或多个表层土状态影响它的光谱反射时,表面状态可以被分类。

用 SAR 系统可以评估的土壤特性有表面粗糙度、土壤湿度、纹理(Ulaby et al,1978,1979)。Baghdadi et al(2002)将表面粗糙度分类以确定法国北部裸土水土流失潜力,发现在粗糙度分类中高入射角(47°)的 RADARSAT-1 影像要比 39°入射角的 RADARSAT-1 影像和 23°ERS-1 影像表现的更好。

4. 地形信息

除基于地形图等高线提取地形信息外,遥感数据也可以提取地形信息。目前,除由 NASA 的航天飞机雷达地形测绘任务提供的全球 SRTM 90 m 数据(覆盖北纬 60°和南纬 57°间地球 80% 的陆地)外,ASTER GDEM(先进星载热发射和反射辐射仪全球数字高程模型)30 m 也广泛应用。该数据是根据 NASA 的新一代对地观测卫星 TERRA 的详尽观测结果制作完成的。数据覆盖范围为北纬 83°到南纬 83°之间的所有陆地区域,比以往任何地形图都要广得多,达到了地球陆地表面的 99%。

5. 降雨信息

TRMM 卫星是 1997 年 11 月 27 日发射成功的。它是由美国 NASA(National Aeronautical and Space Administration)和日本 NASDA(National Space Development Agency)共同研制的试验卫星。自成功发射以来,它为气象工作者提供了大量热带海洋降水、云中液态水的含量、潜热释放等气象数据。TRMM 项目是人类历史上第一次用卫星从空间对地球大气进行主动遥感。它最显著的特点是覆盖面广,能得到降雨云内部的详细的空间结构,这对热带地区降雨的物理机制的研究将有重要帮助。对于土壤侵蚀,TRMM 卫星产品 3B43 数据集(TRMM 卫星资料和其他资料合成降雨量)可以提供空间分辨率为 $0.25° \times 0.25°$ 的月降雨资料。

6. 植被、管理措施

植被和管理措施的增加可以抑制土壤侵蚀的发生,特别是在农作区,保护措施可以减少土壤流失。这些措施的效果常用 P 因子来分析,它被定义为有措施的耕作与坡耕作的土壤流失的比值(Wischmeier et al,1978)。相对于低分辨率影像,航空影像的解译探测保护措施的效果更好。另外,由于耕作方式在表面粗糙度和作物残渣量的效果上有差别,其探测是在一年的特定时间内执行的。

在温湿区域,云覆盖限制了耕作期光学影像的获取。因此,SAR 数据已经被用于估算耕作方式,主要是因为雷达回波依赖于表面粗糙度。Moran et al(2002)论证了光学影像和SAR 的综合在耕作方式和其他表面特征上,比单独使用两种数据源提供更多的信息。

(三)侵蚀特征和侵蚀区域探测

影像空间分辨率经常限制了对侵蚀特征的探测,例如,Landsat 和 SPOT 影像仅可以应用于对单个大和中尺度冲沟的探测,因此航空影像常用于侵蚀特征制图。随着高分辨率卫星影像可获得性的增强,探测和检测单个小尺度特征的选择在增多。

遥感卫星已经被有效地应用于估算侵蚀区域,而不是探测单个侵蚀特征。同时,在多时相遥感影像上进行侵蚀区域的描绘可以对侵蚀区域的增长进行评估。其探测可以是目视解译,也可以用计算机自动分类。另外,除此分类方法外,侵蚀和光谱反射值之间的直接相互关系、表面状态的变化也可以用于侵蚀和侵蚀强度制图的探测。

对于极端事件,Smith et al(2000)证实,利用 SAR 相干测量法提取 DEMs 可以估算侵蚀和沉积量。他们从洪水前后的 ERS 像对的干涉测量创建 DEMs,之后进行减法运算即可以估算侵蚀和沉积量。DEM 减法运算的高精度区域限制在 4 m 净侵蚀和沉积的区域。

(四)侵蚀结果探测

侵蚀是传输土壤颗粒的过程。在下游地区,土壤物质的传输和沉积都带来负面影响。大量应用卫星影像估算侵蚀结果的研究多集中在水库和湖泊,这些地方受重大经济和生态影响。例如,利用多时相的遥感影像估算水库的沉积量;利用水体表面对可见光和近红外的反射受悬浮沉积物的影响机制估算侵蚀影响下游湖泊和水库的水质。

第八章　土壤侵蚀监测预报结果的验证

遥感影像所包含的信息是地理空间现象和特征的综合表达,由于其所映射对象本身的复杂性和模糊性,以及人们认识水平和信息提取技术的局限性,遥感解译在一定程度上是对遥感信息进行综合判定和推断的过程,因而存在不确定性。解译结果存在误差是难以避免的,但是为了满足信息分析的要求,就需要对解译精度进行检验,以便客观准确地判定和评价信息提取是否满足项目对解译的质量要求。遥感影像的解译精度是指解译者提取信息的正确率,即对属性数据的判对率或错判率以及定位的准确率。为了客观评价解译方法的有效性和解译成果的准确性,需要对解译影像抽样后重新以更为准确的解译结果作为标准,以此为依据来判定解译结果的正确率,并找出存在的主要错误,分析引起错误的原因及改进措施。

第一节　遥感解译精度种类

土壤侵蚀强度是个综合指标,不能在野外直接验证,但可以通过地面观测站获得的土壤侵蚀模数进行小流域的平均精度计算。土壤侵蚀等级作为比较定性的结果,则可以结合抽样结果,并基于专家知识在野外进行判读,从而分析遥感解译的精度。

一、遥感解译精度的种类

(一)综合精度

所有达到成图标准的图斑是否都被正确地识别出来,包括概括和取舍两个方面。一般是按制图规范并根据研究的尺度,选取大面积的、有意义的;舍弃小面积的、图上不易清晰表示的、不重要的。概括包括图斑边界的概括、相近类别的合并、边界光滑等。以漫游方法在选定的样方内选取交叉线浏览确定是否解译者将所有达到成图标准的细小图斑全部进行了正确解译,以及面状地物的取舍是否按规定的最小上图图斑标准来实施,并判定对界线比较复杂的图斑边界概括是否合理。

(二)定位精度

定位精度指图斑边界与信息源匹配的准确程度。定位精度的分析可在样方内垂直选取多条直线,然后量算和判定直线与图斑交界点及信息源上该图斑应该所在的界线匹配。计算各交点的位移量来判定定位精度是否符合要求。

(三)定性精度

定性精度指图斑属性的准确率。将解译结果与认定的准确参考数据进行比较确定,通过生成混淆矩阵来确定不同类型地物及整体的解译精度。

二、精度的检验

(一)定性精度检验方法

在实际工作中根据实际情况,检验方法有以下三种。

(1)地面调查验证:将解译结果带到实地,通过现场调查核对解译结果的正确性。也可以在 GPS 的支持下,将遥感数据、专题信息及其他辅助资料直接带到外业,在 GPS 的定位信息的导航下,进行更为精确的验证。"3S"技术集成应用到外业调查工作中,可以大大提高工作效率和精度。

(2)图形对比验证:通过将专题图与参考图(可以是实际调查或高分辨率遥感影像的解译结构)的逐图斑或像元的比较,根据所有项目匹配程度确定专题信息的精度。

(3)抽样统计验证:区域尺度遥感调查中,要为全部内容准备参考数据并不现实。因此需要在抽样理论的支持下,采用统计方法,根据样本的特征来估计全部精度。当然也可以用更高精度的数据代替或部分代替参考数据。

(二)解译精度计算

在随机抽样(根据实际情况可以采用分层随机、整群随机等其他抽样方式)方式下,每一抽样单元解译精度的计算可以通过解译结果与参考数据(真实值)之间比较,计算其正确率。对于某一样本 i,其解译的正确率计算式为:

$$y_i = \frac{p_a}{p} \tag{8-1}$$

式中:p_a 为解译正确的图斑数;p 为样本 i 中所包含的所有图斑数。

对于整个研究区的精度用以下公式计算,也就是所有样本精度的平均值:

$$y = \frac{1}{n} \sum_{i=1}^{n} y_i \tag{8-2}$$

对每个解译人员的成果都要分别按要求检验解译精度,以便判定解译成果是否满足质量要求。在具体评价时,首先用抽样样本框去覆盖待检验的解译图,确定检验范围内的样本数量及位置,然后根据选定的样本估算解译精度是否满足要求。

样本的无偏估计方差为:

$$v(y) = \frac{1-f}{n-1} y(1-y) \quad n = 71, f = 3.78\% \tag{8-3}$$

样本的无偏估计标准差为:

$$s(y) = \sqrt{v(p)} \tag{8-4}$$

在 95% 置信条件下,精度估计的绝对误差为:

$$\delta y = t \times s(y) = 1.96 \times s(y) \tag{8-5}$$

整个检验区解译精度 y 的置信区间为:

$$y \pm \delta y = y \pm 1.96 \times s(y) \tag{8-6}$$

第二节　遥感解译精度的影响因素与改进措施

一、影像遥感解译精度的主要因素

(一)遥感数据源的影响

无论是定性还是定量遥感调查,植被覆盖度都是一个重要的指标。以植被覆盖度为例,所选择的遥感数据源可能因为云、雾等天气因素的影响而使传感器接收信号受到影响,从而对提取土壤侵蚀参数的精度产生影响,进而降低了解译的精度。

(二)影像时相选择的影响

自然界的植被都有各自的季相节律,在不同时段植被对土壤提供的保护作用是不相同的,因此哪个时相的遥感影像可以作为标准提取土壤侵蚀信息是需要研究的。所选择遥感影像时相的差异也必将影响对土壤侵蚀解译的精度。当然,即使知道标准时相,由于云覆盖等天气条件的影响,也不一定可以得到该时相的遥感数据,这就需要用到时相转换方法。

(三)定性参考层的影响

根据我国土壤侵蚀分类分级标准,土地利用现状、植被覆盖度、坡度为判定土壤侵蚀强度等级的重要指标。在基于该标准的目视调查中,由于解译者本身经验和综合素质的差异,对同一状态可能存在不同的判读结果;即使采用计算机自动判别,不同的参考层获取的方法的差异也可能导致解译结果出现不同。

(四)地形数据的影响

地形数据是各种土壤侵蚀解译方法中都需要考虑的因素,是土壤侵蚀的一个重要影响因子。通常,地形信息来源于地形图、数字化地形图的等高线,从而构建 DEM,获取地形信息。由于地形图本身的误差,以及等高线构建 DEM 中存在误差,导致提取的地形信息,如坡度、坡长等并不能真实地反映实际的情况。

(五)其他辅助数据的影响

土壤、管理措施等信息往往不够精确,尤其是土壤数据往往不能满足研究需要。管理措施如何影响土壤侵蚀的机制需要进一步研究。

二、改进遥感解译精度的措施

(一)选择最佳时相的遥感影像

遥感影像最佳时相的选择是提高侵蚀调查与监测质量的基础和保障。土壤侵蚀调查与监测涉及地形、地貌、地表组成物质、植被覆盖的数量和质量、人类活动留下的痕迹等多种因素。不同的农业气候带直接影响着植被的物候期,如暖温气候带与中温气候带的植被物候期相差 15 天左右,与寒温气候带相差 30 天左右。5 月暖温带植被已经展叶,中温带植被刚展叶,而寒温带植被则刚开始萌芽。因此,时相的选择需要参考多种因素,如有研究者(张喜旺,2009)利用降雨与植被的匹配关系构建一个指数,用于选择最佳时相。

（二）多源、多时相数据的综合应用

区域土壤侵蚀遥感调查中，即使选定了最佳时相，但由于云、雾等天气因素的影响，即使有卫星过境，也不一定能获取遥感数据。利用多源、多时相数据通过一定的数据处理，可以实现对最佳时相的数据进行模拟，如利用 MODIS 数据和 SPOT 数据对植被指数的模拟（张喜旺，2009）。另外，增加辅助数据的应用，可以在一定程度上提高监测精度。

（三）高精度遥感影像的辅助与验证

随着土壤侵蚀调查与监测工作的深入开展，区域土壤侵蚀调查中已经开始试验中分辨率遥感数据。由于经费、时间以及人力的缺乏，大面积推广使用高精度的遥感数据并不现实。然而，区域尺度遥感调查中，可以在部分重点区域使用高精度数据，可以用于辅助中分辨率遥感数据的判读，也可以用来验证调查结果的正确性。

（四）增加侵蚀机制的研究力度

侵蚀机制的研究是开展其他工作的基础，也是侵蚀调查结果精度的保证，因此需要对土壤侵蚀基础理论的研究工作加大力度。从侵蚀的成因、形成、过程和结果等方面开展深入研究，为侵蚀的调查工作提供支持。

（五）适当增加野外调查工作

在条件允许的情况下，适当增加野外调查工作，可以提高监测精度。调查工作可以涉及影响土壤侵蚀的各个影响因子，辅助提高各侵蚀因子的提取精度，从而提高侵蚀的监测精度。另外，收集各个实测站点的数据可以验证模型计算的精度，也可以进一步改进模型。

第九章 土壤预测预报信息系统总体设计

土壤侵蚀预测预报是在选取适当的土壤侵蚀模型的基础上,根据预报区域特征,设定相关模型参数并进行模型运算、预报土壤侵蚀量的过程。由于土壤侵蚀模型运算涉及大量的空间数据,因此在具体预报过程中需采用地理信息系统技术与方法加以实现。地理信息系统是指在计算机硬件与软件支持下,运用地理信息系统科学和系统工程理论,科学管理和综合分析各种地理数据,提供管理、模拟、决策、规划、预测和预报等任务所需要的各种地理信息的技术系统。传统的方式采用地理信息系统平台软件(如 ArcGIS)进行分步骤运算,费时费力且效率不高。而随着地理信息系统软件开发技术的不断发展,当前可将土壤侵蚀模型与地理信息系统紧密集成,开发专门的信息系统进行土壤侵蚀预测预报,亦即土壤侵蚀预测预报信息系统。它是地理信息系统的区域性专业应用子系统,它应用地理信息系统的理论和技术方法,以空间数据管理、空间分析与制图为核心,实现土壤侵蚀预测预报相关因素因子等数据图形信息的输入、存储和管理,自动进行土壤侵蚀因素因子计算,自动进行土壤侵蚀量估算、显示和绘制各类因素因子相关图件的技术系统。应用这一系统进行土壤侵蚀预测预报,能有效克服分步骤运算的低效、不易操作等缺陷,具有系统 GIS 功能与土壤侵蚀模型耦合紧密、数据管理灵活高效、使用方便、易学易用等优点,在解决水土流失治理所面临的许多生产问题,诸如评估水土保持措施蓄水减沙效益,优选水土保持措施配置方案和措施规模,为小流域综合治理的规划、设计提供科学依据等方面具有重要的实践意义。

本章通过对土壤侵蚀模型与 GIS 的集成、空间数据库、组件 GIS 以及空间分析等技术方法的深入分析,设计、建立了土壤侵蚀预测预报信息系统,为黄土高原土壤侵蚀预测预报提供技术支撑。

第一节 建立系统的关键技术

一、组件式 GIS

GIS 的开发方式与计算机软件开发及软件复用方法是密切相关的。从用户接口的角度,GIS 开发方式经历了基于宏语言的开发方式、基于专用二次开发语言的方式、基于函数调用的方式以及基于组件的开发方式即组件式 GIS 的演进阶段。

(1)基于宏语言的方式主要出现在 GIS 发展的早期,受限于计算机技术的发展,众多GIS 的功能以“命令 + 参数”的形式实现;为了进行 GIS 命令的程式化操作,通过将相应的操作命令组织为宏代码加以执行;它类似于当前部分操作的批处理命令集合,并增加了条件判断、分支循环、变量定义以及宏代换等功能。这一方式的典型例子是 Arc/INFO 的AML 宏语言。

（2）基于专用二次开发语言的方式多伴随着某一 GIS 平台一起发布。GIS 平台系统提供一种专门的开发语言,供用户构建应用系统。这类专用的开发语言,除提供基本的数据类型、程序控制语句外,还提供大量的专用 GIS 函数,以支持用户对 GIS 功能的调用。这一方式的典型例子是 ESRI Arc View Avenue 语言与 Pitney Bowes MapInfo Map Basic 语言。

（3）随着软件工程领域 C 和 Pascal 等编程语言大行其道,它提供了函数为单元的代码复用机制,这在 GIS 开发中也得以吸收、应用。这一方式是将各类 GIS 功能,设计、包装成相应函数库,供用户开发时调用,即为基于函数调用的方式。这一方式的典型例子是中地 MAPGIS 提供的函数库开发方式,它以标准 C 的接口形式,封装了 MAPGIS 所有的基本数据结构和功能函数供用户调用。

（4）随着面向对象技术的引入与实际应用中集成的需要,目前已发展到组件式 GIS 阶段。组件式 GIS 是随着微软的组件对象模型的发展而兴起的 GIS 开发方式。由于传统的模块化 GIS 之间集成困难、与 MIS 系统难以嵌入等问题,GIS 厂商基于微软 COM 组件对象模型,定义了模块之间集成的接口标准,由此诞生了组件式 GIS,并初步解决了异构系统集成的问题。

组件式 GIS 是适应软件组件化潮流的新一代地理信息系统,是面向对象技术和组件式软件技术在 GIS 软件开发中的应用。它的基本思想是把 GIS 的各大功能模块划分为几个控件,每个控件完成不同的功能。各个 GIS 控件之间,以及 GIS 控件与非 GIS 控件之间,可以方便地通过可视化的软件开发工具集成起来,并结合专业模型,开发出具有较强适应性和针对性的应用系统。控件如同一堆各式各样的积木,它们分别实现不同的功能(包括 GIS 和非 GIS 功能),根据需要把实现各种功能的"积木"搭建起来,就构成应用系统。目前各大公司均推出了其组件式 GIS 产品,最为著名的当为 ESRI 的 ArcObjects,其多数产品如 ArcMAP、ArcCatalog、ArcEngine 等均以 ArcObjects 为内核。

组件式 GIS 的发展推动了 GIS 应用得以快速发展。作为近年来流行的开发方式,组件式 GIS 摒弃了传统的 GIS 专用开发语言,采用所见即所得的通用软件开发工具,具备高度伸缩性,并具有与其他信息技术的无缝集成的特点,真正让 GIS 融入了 IT 领域。与传统的 GIS 开发方法相比,采用组件式进行 GIS 开发具有如下优势:

（1）组件式 GIS 系统本身就是一个完整的 GIS 系统,其数据模型与 GIS 系统的数据模型完全一致。基于此进行开发,可以保证数字化成图系统与 GIS 系统之间具有良好的兼容性。

（2）组件式 GIS 具有灵活的开发手段。由于组件式 GIS 是基于 COM 之上的,因而它提供了一系列的调用接口供客户程序调用并进行开发,因而用户可以自由选择自己所熟悉的计算机语言进行开发(如 Visual Basic/Visual C++/C#等),而不必专门学习开发语言。

（3）由于 COMGIS 完全封装了 GIS 的功能,开发人员可以完全专注于专业功能的实现,使得开发难度和开发周期大大降低。

（4）开发简洁。基于 COMGIS 开发的数字化成图系统具有良好的可扩充性。组件式 GIS 系统可以与包括数字化成图系统在内的其他系统无缝集成,开发人员可以直接使用已经写好的程序代码;组件式 GIS 平台往往由多个组件组成,开发人员可以根据系统的需要,随时选用新的组件对系统进行升级;在 COMGIS 平台功能增强的情况下,开发人员甚至不用重新编译整个程序就可直接使用增强的底层功能,这就大大降低了系统维护和升级的难度。

(5)更加大众化。组件式 GIS 已经成为业界的标准,用户可以像使用其他控件一样方便地使用 GIS 组件,开发 GIS 应用系统,使得 GIS 功能可以很容易地嵌入到其他信息系统中去,拓宽了 GIS 的应用领域。

近年来主要的组件 GIS 产品包括基于 COM 规范的产品以及基于 JavaBeans 内核的产品。其中,基于 COM 组件技术开发的组件 GIS,尽管带来了 GIS 技术变革,但 COM 技术也存在诸多不足。由于 COM 对象可以被重用,这样多个程序或系统可能使用一个共同的 COM 对象,如果该 COM 对象进行了升级,就有可能出现其中某些应用无法使用新组件导致应用崩溃的情况,这就是因“动态链接库地狱(DLL Hell)”所导致的组件版本冲突。为此,微软公司推出了.NET 和.NET 组件技术。.NET 组件技术显然比 COM 更加完善,微软公司也计划逐步用.NET 组件技术淘汰 COM,因此目前的组件式 GIS 开发大多数均为基于.NET 平台的组件。当前,基于.NET 与 Java 的组件式 GIS 还是客户端应用系统的主要开发平台,同时也是 Web GIS 与正蓬勃发展的 Service GIS 的技术基础。

二、空间数据库

空间数据库是一种应用于地理空间数据处理与信息分析领域的数据库,是描述与特定空间位置相关的真实世界对象的数据集合,它所管理的对象主要是地理空间数据。地理空间数据分为两类:一类主要是和空间位置、空间关系有关的数据,称为空间数据;一类是地理元素中非空间的属性信息,称为属性数据。在空间数据库中,由于空间数据表达的是地理实体的空间位置及其他所负载的属性两方面数据,因此空间数据库如何储存和管理这两种数据的方式和结构将决定空间数据库的存取、空间分析及 GIS 应用的效率。实质上,空间数据库是将地球上某一区域的相关数据有效地组织起来,根据其地理空间分布建立统一的空间索引,进而快速调度数据库中任意范围的数据,实现对整个区域地理空间数据的无缝漫游,即根据显示范围的大小灵活地调入不同层次的数据,可以一览全貌,也可细致入微。

空间数据库除具有一般数据库的主要特征外,还具有其独特的特征:

(1)复杂性。空间数据库中描述与存储的是现实地理世界中的地理实体,它具有高度的复杂性,首先反映在空间数据种类繁多。从数据类型看,不仅有空间位置数据,这些空间位置数据具有拓扑关系,还有属性数据,不同的数据差异大,表达方式各异,但又紧密联系;从数据结构看,既有矢量数据又有栅格数据,它们的描述方法又各有不同。空间数据库中数据复杂性还表现在数据之间关系的复杂性上。即在空间位置数据和属性数据之间既相对独立又密切相关,不可分割。这样,给空间数据库的建立和管理增加了难度。例如,在以地块为单位的土地类型数据库中,要增加一地块,决不是简单插入一个地块属性数据,它涉及边界位置数据的增加,拓扑关系的修改,以及几何数据如面积、周长的修改,甚至影响到空间位置数据和属性数据之间连接关系的修改。

（2）非结构化特征。当前主流的关系数据库的数据记录是结构化的,满足关系数据规范化理论的第一范式要求,亦即数据项不允许有嵌套,具有不可再分性。而空间数据的数据项是变长的,例如两条不同的公路的坐标点对数是不一样的,具有非结构化特征。这使得空间数据无法满足关系数据库的范式要求,难以直接采用通用关系数据库进行组织与管理。

（3）海量数据。传统的关系数据库仅仅涉及对实体属性的描述,而空间数据库除了描述实体的属性数据外,还需存储实体的空间位置信息;同时,加上存储其他空间数据如遥感影像数据等,数据量往往十分庞大。加上空间数据记录长度的多变性,为了获得高速数据储存和运算,必须选择合理的算法和数据结构及编码方法,以提高数据库的工作效率。

空间数据库由于其重要性与应用价值,使得数据库厂商与 GIS 厂商均提出了各自不同的解决方案。前者主要由传统的关系数据库厂商在各自产品的基础上进行扩展,以支持空间数据的存储与管理,例如 Oracle Spatial、DB2 Spatial Extender 以及 SQL Server Spatial 等;后者主要是由 GIS 厂商在纯关系数据库管理系统基础上,开发出空间数据引擎,建立空间数据管理的中间件,代表产品包括 ESRI ArcSDE、Super Map SDX + 等。其中,ArcSDE 是 ESRI 推出的空间数据引擎解决方案。其主要功能是在关系数据库管理系统 RDBMS 和地理信息系统 GIS 之间充当一个应用网关,以充分地把 RDBMS 和 GIS 集成起来。它进行空间数据管理,并为访问空间数据的软件提供接口,以便用户在特定应用中嵌入查询和分析这些数据的功能。根据其宿主数据库系统提供的数据类型,ArcSDE 支持不同的空间数据的存储方案,包括 OGC 规范中定义的规范化空间数据存储方案（Normalized Geometry Storage Schema）、扩充空间数据类型方案（Geometry Typewherethe SQL Type System is Extended）以及二进制大对象空间数据存储方案（Binary Geometry Storage Schema）。例如,在 ArcSDE for Oracle 中,可以联合应用不同的存储方案:可以为一个点要素层利用空间对象类型存储,而一个面要素层则可选择二进制大对象存储方案。无论采用任何一种数据存取方案,客户端程序对 ArcSDE 的操作则都是统一的,ArcSDE 的数据存取对应用程序而言是透明的。

ArcSDE 将地理特征数据和属性数据统一地集成在关系数据库管理系统中,利用从关系数据库环境中继承的强大的数据库管理功能对空间数据和属性数据进行统一而有效的管理。它尤其适用于多用户、大数据量数据库的管理,在空间数据管理领域得到了广泛应用。

空间数据库是地理信息系统最基本、最重要的组成部分之一,在地理信息系统项目中发挥着核心作用,支持空间数据处理与更新、海量数据存储与管理、空间查询分析与决策以及空间信息交换与共享等应用功能。土壤侵蚀预测预报信息系统是应用型 GIS 系统,同样离不开空间数据库技术的支持,以对大量的、多源的土壤侵蚀数据进行统一组织与管理,从而实现土壤侵蚀模型运算时的高效数据存取。

三、土壤侵蚀模型与 GIS 集成

集成是将两个或两个以上的单元（要素、系统）整合成为一个有机整体系统的过程。

所集成的有机整体不是集成要素之间的简单叠加,而是按照一定的集成方式和模式进行的构造与组合,其目的在于使各个集成单元间能彼此有机地、协调地工作,更大程度地提高集成体的整体功能,适应不同的应用要求,以实现"1+1>2"的集成目标。它是一种创造性的融合过程,是经过有目的、有意识地比较、选择和优化,并以最佳的集成方式将各集成要素有机整合为一个整体,从而使集成要素的优势能充分发挥,更为重要的是使集成体的整体功能实现倍增或涌现出新的整体功能。这无疑是解决复杂系统问题和提高系统整体功能的一种有效方法。它是整合分散系统、提升系统整体性能的有效方法,在土壤侵蚀预测预报信息系统建设过程中,要充分利用系统集成的策略与方法,只有这样,才能提高系统的整体利用率,降低系统的复杂性,实现系统效益的最大化。

土壤侵蚀模型和 GIS 的集成方法与集成程度取决于模型的目标及复杂性、对基础数据和 GIS 功能要求、数据模型兼容性等。土壤侵蚀模型与 GIS 的集成既可以是松散的集成,也可以是复杂的完全集成。根据集成程度的不同,当前的土壤侵蚀模型与 GIS 集成方式可分为四类:

(1)独立应用。即 GIS 和土壤侵蚀模型在不同的硬件环境下运行。GIS 和土壤侵蚀模型中不同数据模型之间的数据交换通常是通过手工进行的。用户在 GIS 和土壤侵蚀模型的接口方面起着重要作用。这种集成对用户的编程能力要求不高,集成的效果也是有限的。

(2)松散耦合。松散耦合是通过特殊的数据文件进行数据交换,常用的数据文件为二进制文件。用户必须了解这些数据文件的结构和格式,而且数据模型之间的交叉索引非常重要。

(3)紧密耦合。在这种集成方式中,土壤侵蚀模型中的数据格式与 GIS 软件中的数据格式依然不同,但可以在没有人工干预的条件下,自动地进行双向数据存取。在这种集成中,需要更多的编程工作,且用户仍然要对数据的集成负责。

(4)完全集成。在 GIS 与土壤侵蚀模型完全集成的系统中,GIS 模块与土壤侵蚀模型为同一综合系统的不同模块。数据的存取是基于相同的数据模型和共同的数据管理系统。子系统之间的相互作用非常简单有效。然而,这种集成方式的软件开发工作量较大。采用共同的编程语言,集成系统可通过更多的 GIS 模块和外加的模型函数来拓展。

为了增强系统的适应性与可扩展性,土壤侵蚀预测预报信息系统应采用完全集成的方式加以设计与实现。

四、空间分析

空间分析是基于空间数据的分析技术,它以地学原理为依据,通过分析算法,从空间数据中获取有关地理对象的空间位置、空间分布、空间形态、空间形成、空间演变等信息,是 GIS 区别于其他类型信息系统的最重要的一个功能特征。进行空间分析的主要目标是建立有效的空间数据模型来表达地理实体的时空特性,发展面向应用的时空分析模拟方法,以数字化方式动态、全局地描述地理实体与地理现象的空间分布关系,从而反映出地理实体与地理现象的内在规律与变化趋势。传统的空间分析方法包括空间量测、空间叠置、网络分析、邻域分析、地学统计等多方面,这些分析方法在多数 GIS 平台下都已经实现。空间插值、探测性数据分析、解释性分析和确定性数据分析等技术也不断发展与完善。为了适应空间分析新需求的挑战,计算机领域的智能计算技术提供了一系列适应地理空间数据的高性能计算模型,并重点强调在数据丰富的计算环境中所产生的空间分析新方法,如人工神经网络(ANN)、模拟退火与遗传算法等。

GIS 环境下的空间分析主要包括确定性空间分析、探索性空间分析、时空数据分析、专业模型分析、智能化空间分析以及可视化空间分析等六种类型,涉及空间目标形态及其关系、空间行为、空间相关、空间查询以及空间决策支持等内容。

土壤侵蚀预测预报信息系统开发中将采用大量的空间分析技术与方法,其中流域数字高程模型分析应用最为广泛。高程常用来描述地形表面的起伏形态,在纸质地图时代,主要以等高线方式对地表起伏进行图形化表达,其数学意义是定义在二维地理空间上的连续曲面函数,当此高程模型用计算机来表达时,称为数字高程模型。它是由 1958 年美国麻省理工学院 Miller 教授首次提出,并成功地解决了道路工程计算机辅助设计问题。从定义来看,数字高程模型是通过有限的地形高程数据实现对地形曲面的数字化模拟或者说是地形表面形态的数字化表示,英文为 Digital Elevation Model,简称 DEM。其实质是表示区域 D 上地形的三维向量有限序列,数学模式可定义为:

$$\{V_i = (X_i, Y_i, Z_i), i = 1, 2, \cdots, n\} \tag{9-1}$$

上式中,$(X_i, Y_i \in D)$ 是平面坐标,Z_i 是 (X_i, Y_i) 对应的高程。当该序列中各向量的平面点位置呈规则网格排列时,则其平面坐标 (X_i, Y_i) 可省略。此时,DEM 就简化为一维向量列,即

$$\{Z_i, i = 1, 2, \cdots, n\} \tag{9-2}$$

基于规则格网的 DEM 和基于不规则三角网的 DEM 是目前数字高程模型的两种主要结构。由于规则格网 DEM 在生成、计算、分析、显示等诸多方面的优点,因此获得最为广泛的应用。基于不规则三角网的 DEM 简记为 TIN,它是利用有限离散点,每三个最邻近点联结成三角形,每个三角形代表一个局部平面,再根据每个平面方程,可计算各网格点高程,生成 DEM。

DEM 具有如下特点:①容易以多种形式显示地形信息。地形数据经过计算机软件处理后,产生多种比例尺纵横断面图和立体图。②精度较高。常规地图随着时间推移,图纸将会变形,失去原有的精度。DEM 采用数字媒介,因而能保持较高精度。③较易实现三维可视化。

DEM 有着广泛的应用领域,可用于遥感影像地形畸变的自动校正,地球重力测量的自动校正,等高线、地形剖面、透视立体图及与地形有关的多种专题地图的自动绘制等;在工程勘测和规划方面,可用于公路、铁路、通信线、输电线的选线和土方量算等;水利工程中的大坝和水库选址及设计,水库体积和容量的计算;电视塔、微波系统、军事制高点等地形选择,导航(包括导弹与飞机的导航)、覆盖区域视野范围的计算,等等;在土壤侵蚀领域,基于 DEM,可用于提取常用的微观坡面因子,包括坡度、坡向、坡长、坡度变率、坡向变率、平面曲率、剖面曲率,以及宏观的坡面因子,包括地形粗糙度、地形起伏度、高程变异系数、地表切割深度等指标。从 DEM 生成的集水流域和水流网络数据,是大多数地表水文分析模型的主要输入数据,如无洼地 DEM 生成、流向分析、水流路径长度分析、汇流累积

矩阵生成以及河网提取等,对于土壤侵蚀计算具有重要意义。

第二节　系统分析与设计

一、需求分析

黄土高原土壤侵蚀预测预报信息系统主要为土壤侵蚀运算提供完整的运行支持,其需求集中在数据管理、模型运算以及可视化表达三个方面。

(一)数据管理

土壤侵蚀预报运算需要大量的数据支撑,包括流域空间数据(DEM、下垫面因子等)与水文气象观测资料,要借助于先进的空间数据库管理技术,对模拟的各类数据进行管理与维护,包括原始模拟数据、中间数据与结果数据等,提供对各种基础数据的管理与维护接口。

(二)模型运算

模型运算是黄土高原土壤侵蚀预测预报信息系统的主体。系统需根据土壤侵蚀模型计算需求,借助于 ESRI ArcObjects 封装的先进的空间分析功能,进行各类基础水文空间分析,包括流域坡度分析、降雨资料空间离散、流域流向分析、河网生成、流域下垫面侵蚀因子自动提取等,在此基础上,根据选取的土壤侵蚀模型进行模型运算并生成运算结果。

(三)可视化表达

土壤侵蚀模型分析结果如能以直观形象的形式展现给用户,则可以大大降低软件使用的门槛,并将有力地推动模型的普及。因此,计算数据(原始数据、中间派生数据以及模型输出数据)的可视化表达具有重要意义。为此,对数据的静态可视化、三维可视化与模型运算过程的可视化表达是系统的一个重要需求。

二、系统设计原则

系统的设计原则如下。

(一)满足需求原则

进行系统设计时,从模型计算中的实际需要和产流产沙模拟的发展趋势出发,依托成熟的 GIS 技术、数据库技术等进行系统设计,实现模型系统建设的目标。

(二)先进性原则

系统开发时采用的 GIS 平台为全球最大的 GIS 厂商美国 ESRI 公司的 ARCGIS9,它具有强大的空间分析功能,提供了很多性能优异且使用方便灵活的接口;同时,与全球 GIS 研发的领跑者——ESRI 保持技术同步,也保证了系统的先进性。

(三)可扩充性原则

系统设计时充分考虑系统的开放性,允许对系统的部分功能、数据库结构等内容进行扩充,保证数据的可持续利用和应用功能的可持续发展。

(四)可靠性和稳定性

可靠性与稳定性是衡量一个信息系统的关键指标。在设计时除要选择可靠性与稳定性高的基础平台外,在系统的体系结构设计、代码开发与软件测试中都要引入规范化的操作,按照软件工程学的要求,采用成熟的技术与开发工具以提高其可靠性与稳定性。

(五)完整性原则

模型系统的建立涉及整个流域产流产沙模拟的各个工作步骤与环节,在设计时充分考虑功能的完整性和完备性,使得组件具备从数据输入与处理、数据分析与模型运算到模拟过程动态可视化与模拟结果输出的完整的产沙模拟功能。

(六)标准化原则

国家对于空间数据的精度、数据格式及地理信息编码等都规定了相应的标准和规范,本系统设计中完全遵从这些标准和规范。

(七)数据可交换性原则

系统输入输出数据均采用标准数据格式,其输出结果可与其他模型系统进行数据交换。

三、系统开发与运行环境

(一)系统开发环境

1. 软件开发平台

软件开发平台主要涉及编码语言与集成开发环境的选择。目前主流的开发语言包括 Microsoft. NET、Java 等。结合系统开发的实际情况,系统开发语言采用 Microsoft Visual Basic. NET2005,集成开发环境选择 Microsoft Visual Studio. NET,它是微软推出的一个可视化的开发环境,架构在 Microsoft. NET 基础上的新一代开发工具。Microsoft Visual Studio. NET提供了包括设计、编码、编译调试以及数据库链接操作等基本功能和基于开放架构的服务器组件开发平台、企业开发工具和应用程序重新发布工具以及性能评测报告等高级功能。

Microsoft. NET 平台是 Windows DNA 结构的升级版本,其最重要的部分是. NET Framework,这是一个与 Windows 操作系统紧密相关的综合运行环境。它包括基本的运行库、用户接口库、Common Language Runtime(CLR)环境、C#、C++ 、VB. NET、Jscript. NET、ASP. NET 以及. NET 框架 API 的各个方面(见图9-1)。

Microsoft. NET 平台由以下三个部分组成:

(1). NET 平台:包括构建. NET 服务和. NET 设备软件的工具与基础框架;

(2). NET 产品和服务:包括基于 Microsoft. NET 的企业服务器,它们对. NET 框架提供支持;

(3)第三方软件开发商提供的. NET 服务:构建在. NET 平台上的第三方服务。

. NET 分布式计算平台的所有框架都是由 Microsoft 开发的,对于应用开发者而言,只需使用同一公司提供的工具就能完成开发任务,从而简化了开发工作。

2. GIS 开发平台

考虑到系统运行的适应性,系统采用组件式 GIS 产品 ESRI ArcGIS Engine 进行开发。它是一个构建 GIS 应用的开发包(SDK)。程序设计者可以在自己的计算机上安装 ArcGIS Engine 开发工具包,工作于自己熟悉的编程语言和开发环境中。ArcGIS Engine 通过

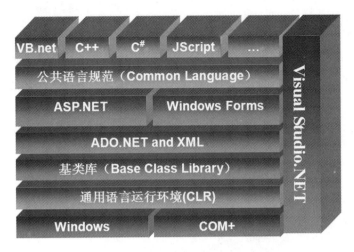

图9-1 .NET Framework 架构示意图

在开发环境中添加控件、工具、菜单条和对象库，在应用中嵌入 GIS 功能。ArcGIS Engine 包括 1 000 余个可编程的 ArcObjects 组件对象，包括几何图形到制图、GIS 数据源和 Geodatabase 等一系列库。在 Windows UNIX 和 Linux 平台的开发环境下使用这些库，程序员可以开发出从低级到高级的各种定制的应用。相同的 GIS 库也是构成 ArcGIS 桌面软件和 ArcGIS Server 软件的基础。

ArcGIS Engine 有四种运行时选项，可以为应用增加额外的编程能力。这些附加的运行时选项提供的功能与 ArcGIS 桌面扩展相类似，且需要具备 Engine 的运行时环境（Runtime）。

（1）Spatial（空间分析）选项。在 ArcGIS Engine 运行环境中，Spatial（空间分析）选项扩展增加了栅格数据空间分析功能，具有强大的空间分析功能。这些附加功能需要通过访问空间分析对象库来实现。

（2）3D（三维）选项。在标准的 ArcGIS Engine 运行环境中，3D 选项扩展增加了 3D 分析和可视化功能。附加功能包括 Scene 和 Globe 开发控件与工具条，此外还包括一套针对 Scene 和 Globe 的 3D 对象库。

（3）Geodatabase 更新选项。Geodatabase 更新选项为 ArcGIS Engine 扩展增加了对 Geodatabase 的写入和更新能力，可被用来构建定制的 GIS 的编辑应用，该功能通过访问企业级 Geodatabase 对象库来实现。

（4）网络分析选项。开发者使用集成开发环境注册 ArcGIS Engine 开发组件，然后建立一个基于窗体的应用，添加 ArcGIS Engine 组件并编写程序代码构建自己的应用。一旦开发完成，ArcGIS Engine 应用可以通过 ArcGIS Engine 运行时（Runtime）许可来运行 ArcGIS Engine 应用。

（二）系统运行环境

系统运行环境包括硬件环境与软件环境。硬件环境主要为高性能 PC 机即可；软件环境涉及三方面：操作系统为 Windows XP；GIS 运行支持环境为 ArcGIS Engine 运行时（Runtime）或 ArcGIS Desktop；以及其他软件环境，包括微软 Office 等支持软件。

四、系统界面设计

为了便于用户使用,系统主界面采用类 Office 2007 的多标签界面,其标签可自动隐藏,从而扩充了系统操作空间,并具有界面友好、操作便捷、功能完善、易于使用等优点。系统的主界面如图 9-2 所示。

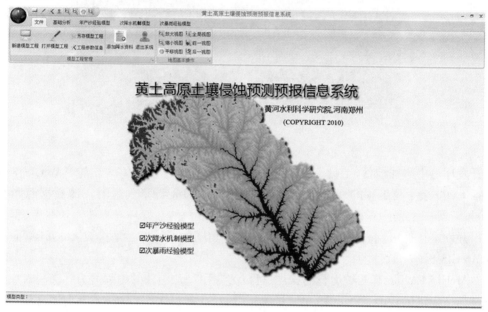

图 9-2　黄土高原土壤侵蚀预测预报信息系统示意图

第三节　系统主要功能

土壤侵蚀预测预报信息系统主要功能包括工程文件管理、基础空间分析、年产沙经验模型、次降水机制模型以及次暴雨模型五个方面(见图 9-3),这些功能模块耦合紧密,实现了在单一框架下集成多个模型的应用需求;并且具有开放性,可根据模型研发进展,及时地添加、集成更多的土壤侵蚀模型到系统中,以应用于生产实践。

一、工程文件管理

为了实现系统的易用性,在系统的开发中引入工程的概念。一个预报工程由特定研究区域、基础数据、参数数据组成,这些元素组分确定后,再改变任何一个就会产生新的预报工程。完成工程的定义后,可以按照预定的步骤进行运算并最终生成运算结果。这些工程可以被建立、复制、编辑与删除。其中,建立工程是进行预报运算的起点。它以向导的形式,指导用户分步骤定义工程参数、导入工程基础数据,最终创建工程文件并生成工程的整体数据结构。工程文件以 ASCII 码方式存储相应的模型工程参数,例如,工程名称、流域网格单元边长、流域空间范围以及降水信息等。工程文件管理功能包括:

(1)新建模型工程:采用向导的方式,分步骤设定工程路径、基础数据等参数,完成土

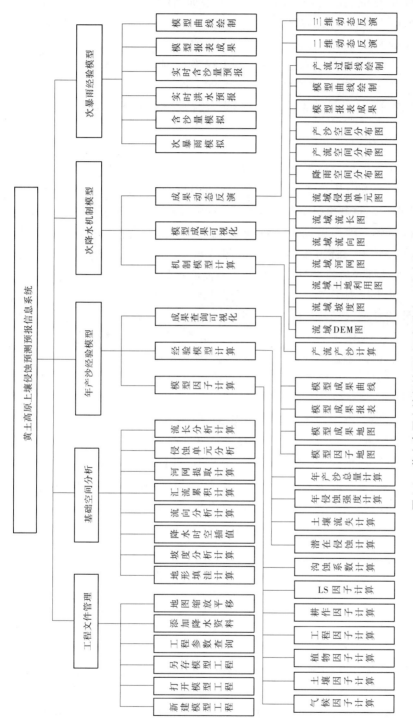

图 9-3 黄土高原土壤侵蚀预测预报信息系统功能示意图

壤侵蚀模型原始数据的集成与组织,并生成工程数据结构;

（2）打开模型工程:打开已建立的模型工程;

（3）另存模型工程:复制当前打开的模型工程到另一个位置;

（4）工程参数查询:查询当前打开的模型工程路径、栅格大小等参数;

（5）添加降水资料:添加新的降水数据到当前工程中;

（6）地图缩放平移:实现对地图的常规操作,包括放大、缩小、平移以及显示全图等。

二、基础空间分析

在土壤侵蚀预测预报信息系统中,使用了大量的空间分析方法,尤其是涉及运算关键数据的地形分析与水文分析技术,包括坡度与坡向计算、降水数据空间插值、流向计算、汇流计算、河网提取等。这些空间分析算子在 ArcGIS Engine 中已经进行了良好的封装,并且这些分析算子的输入输出数据与 ArcGIS 数据完全一致,因此为便于具体预报模型与 GIS 的完全无缝集成,在具体开发时,直接按照 ArcGIS Engine 规定的调用方法来调用这些空间分析算子,从而完成各类分析计算任务只需要较为简单的代码,大大提高了开发效率。这些分析功能可应用于多个不同的土壤侵蚀模型,因此将这些功能组织为基础分析模块,包括 DEM 预处理、数据时空插值与基础水文运算三个子模块。其主要功能包括:

（1）地形填洼计算:对流域 DEM 数据按照设定的阈值进行填洼处理;

（2）坡度分析计算:根据填洼后的 DEM 数据,计算流域地形坡度;

（3）降水时空插值:根据降水观测资料,插值成固定时间尺度的降水数据,以及点位观测指标的空间插值与离散;

（4）流向分析计算:根据填洼后的 DEM 数据,计算各个单元的水流方向;

（5）汇流累积计算:计算流域各个单元的流水累积量;

（6）河网提取计算:根据流域汇流累积计算数据,提取生成流域河网;

（7）侵蚀单元分析:将流域坡面划分为梁峁坡、沟坡和沟槽三种类型侵蚀产沙单元;

（8）流长分析计算:计算流域各个单元的水流路径长度。

三、年产沙经验模型

该模块主要完成年产沙土壤侵蚀经验模型的因子计算及模型计算,以及计算成果的查询、可视化等功能。包括模型因子计算、经验模型计算以及成果查询可视化三个子模块,主要功能如下。

（1）气候因子计算:根据设定的模型参数计算各观测点的降雨侵蚀力指标并进行空间插值;

（2）土壤因子计算:根据各个土壤类型的参数值计算其可蚀性指标 K 值,并分配到流域内每一个单元;

（3）植被因子计算:根据流域 NDVI 数据与汛期降雨侵蚀力数据计算植被覆盖度指标,结合土地利用类型计算流域各单元植被因子指标;

（4）工程因子计算:根据流域水土保持工程措施指标计算各单元工程因子指标值;

（5）耕作因子计算:根据流域地形等指标计算各单元耕作因子指标值;

（6）LS因子计算：根据流域地形数据计算流域坡长，结合流域坡度数据计算LS因子指标值；

（7）沟蚀系数计算：根据流域坡度数据估算流域沟蚀系数；

（8）经验模型计算：采用不同的因子指标值，分别计算流域潜在侵蚀、土壤流失指标，并汇总统计流域年侵蚀强度与年产沙总量；

（9）成果查询可视化：实现了模型各因子地图、计算成果地图、模型成果报表及成果曲线的生成、绘制及可视化功能。

四、次降水机制模型

该模块主要完成次降水机制模型运算及成果可视化反演等功能。包括三个模块：机制模型计算，实现了次降水机制模型的产流产沙计算功能；模型成果可视化，主要用来对某一计算结果进行制图表达与专题渲染；或生成某一时刻运算结果的空间分布图；以及模型报表及曲线绘制等。具体功能如下。

（1）产流产沙计算：根据设定的机制模型参数，计算相应降水场次的产流、产沙量；

（2）流域计算数据可视化：实现了流域DEM、流域坡度、流域土地利用、流域河网、流域流向、流域流长、流域侵蚀单元等成果的专题地图生成功能；

（3）产流产沙时空查询及可视化：查询某场降水在某一时刻的降雨空间分布、径流深空间分布以及产沙量空间分布，并生成、绘制专题地图；

（4）模型报表生成：查询某一场次的次降水机制模型计算结果，包括降水深、洪峰、沙峰以及产沙量等指标；

（5）模型曲线绘制：生成并绘制某一场次降水的降雨、产流、产沙曲线；

（6）产流过程线绘制：生成并绘制某一位置、某一场次降水的产流产沙过程曲线；

（7）成果动态反演：按照次降水的时间序列对其产流产沙过程进行动态反演，绘制各个时刻的产流、产沙分布图，提供二维动态反演及三维动态反演两种方式。

五、次暴雨经验模型

该模块主要实现了次暴雨经验模型的计算及成果查询可视化，主要功能如下。

（1）次暴雨模拟计算：根据观测的次暴雨资料，进行模型模拟计算，生成计算洪峰及峰现时刻；

（2）含沙量模拟计算：根据观测的次暴雨资料，进行模型模拟计算，生成计算沙峰及峰现时刻；

（3）实时洪水预报：根据接收的次暴雨资料，实时预报洪峰及峰现时刻；

（4）实时含沙量预报：根据接收的次暴雨资料，实时预报沙峰及峰现时刻；

（5）模型报表成果：统计并显示次暴雨的模型计算结果；

（6）模型曲线绘制：绘制并显示次暴雨的产流或产沙过程曲线。

第十章 系统土壤侵蚀数据库设计与建设

系统数据库主要是支撑土壤侵蚀预测预报的空间数据库,用来存储、管理与检索进行运算的各类基础数据(流域 DEM、下垫面因子、降水观测资料)、派生数据以及成果数据。系统采用 ESRI Geodatabase 实现了各种数据的一体化组织与存储。本章分析了 Geodatabase 数据模型的特征,完成了数据分类组织,进行了数据库设计;并对流域 DEM 数据获取、下垫面信息提取及相关数据整理进行了讨论。

第一节 系统数据库设计

一、Geodatabase 数据模型

ESRI Geodatabase 是 ArcGIS 8 引入的一个全新的概念,是建立在 DBMS 之上的统一的、智能化的空间数据模型。所谓统一,在于 Geodatabase 之前的所有空间数据模型都不能在一个统一的模型框架下对 GIS 通常所处理与表达的空间要素,如矢量、栅格、三维表面、网络、地址等进行统一的描述,而 Geodatabase 做到了这一点。所谓智能化,是指在 Geodatabase 模型中,地理空间要素的表达较之以往的模型更接近于人类对现实事物的认识与表达方式。Geodatabase 引入了地理实体的行为、规则与关系,当处理其中的要素时,对要素基本的行为和必须满足的规则,无须通过程序编码;对特殊的要素规则,可以通过要素扩展进行客户化定义。这是其他任何空间数据模型都做不到的。

Geodatabase 可根据 RDBMS 的不同采用不同的实现方式,用来对地理空间数据进行存储与组织。Geodatabase 包括三种类型:File Geodatabase(文件 Geodatabase)、Personal Geodatabase(个人 Geodatabase)和 ArcSDE Geodatabase(多用户 Geodatabase)。文件 Geodatabase 将所有要素存储于文件夹中,最大支持 1 TB 的数据量并可以扩展;这种形式在 ArcGIS9.2 版本中提出,主要用于实现 Geodatabase 格式的跨平台特性。Personal Geodatabase 是 Microsoft Access 格式、扩展名为 mdb 的数据库,支持个人和工作组级别的中等容量的数据,其容量上限为 2 GB,同一时刻仅限于单人进行编辑操作。ArcSDE Geodatabase 依赖于 RDBMS 存储数据,通过访问服务器端运行的 ArcSDE 服务器进程,可以存储海量数据并支持多用户并发操作。三种类型的 Geodatabase 格式都支持空间数据、属性数据以及栅格数据存储。三者的比较见表 10-1。

从 ArcGIS 8.3 开始,Geodatabase 提供了对空间数据拓扑规则的支持。ESRI 预定义了点、线、面三大类拓扑规则,其中有 4 个点拓扑规则、12 个线拓扑规则和 9 个面拓扑规则。这些规则提供了对空间要素关系的约束,对不同要素类和要素类自身都有效,有利于保证空间数据的一致性与完整性。

表 10-1　不同类型 Geodatabase 特征比较

比较项目	ArcSDE Geodatabase	File Geodatabase	Personal Geodatabase
一般描述	存储于关系数据库	存储于文件夹内	存储于 Access 数据库内
支持用户数	多用户读写	少量或工作组用户	少量或工作组用户
存储格式	Oracle/ SQL Server/IBM DB2/IBM Informix/PostgreSQL	文件	mdb
数据量	受限于 DBMS 容量	1 TB,并可扩展至 256 TB	2 GB
版本支持	完全支持	有限支持	有限支持
支持平台	Windows, Unix, Linux	跨平台	仅限 Windows
权限与安全	由 DBMS 管理	由文件系统管理	Windows 管理
数据库管理工具	由 DBMS 提供	文件系统	Windows 文件系统

Geodatabase 数据模型主要包括以下主要逻辑元素(见图 10-1):

(1)要素类。同类空间要素的集合称为要素类。要素类可以独立存在,也可以具有某种联系(关系)。

(2)要素数据集。具有相同空间参考的一组要素类的集合称为要素数据集。

(3)表格。存储地理要素属性数据的关系表。

(4)关联类。用来定义两个不同要素类或表之间的关联关系。

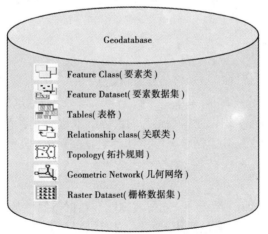

图 10-1　Geodatabase 的逻辑结构

(5)拓扑规则。用来对要素类的取值进行约束的规则。

(6)几何网络。是建立在若干要素类的基础上的,对现实世界中的网络模型进行描述的类。

(7)栅格数据集。用以存储栅格数据,包括遥感影像数据、数字高程模型和相关插值的栅格数据,支持影像数据镶嵌以及建立影像金字塔。此外,Geodatabase 还定义了两类辅助元素:域(Domain)和子类(Subtype)。域定义属性的有效取值范围,它可以是连续的变化区间,也可以是离散的取值集合。子类是根据要素类的某一属性对要素类的进一步划分。使用子类的好处在于可以为不同的子类定义不同的拓扑规则及约束关系。

相对于其他空间数据模型而言,Geodatabase 具有如下优点:

(1)地理数据统一存储。在同一数据库中统一管理各种类型的空间数据,能够在一个模型框架下对 GIS 通常所处理与表达的空间要素,如矢量、栅格、三维表面、网络、地址等进行统一描述;并且无须对空间数据分幅、分块;支持空间数据与属性数据、各类观测资料的一体化存储。

(2)数据输入和编辑更加准确,这得益于 Geodatabase 提供的 Topology、Domain 等多种要素约束机制。通过适当的概念抽象,使得地理要素的表达较之以往的模型更接近于人类对现实事物的认识与表达方式,支持地理要素之间的拓扑规则约束,具有智能化的优点;该空间数据模型更为直观,用户面对的不再是一般意义上的点、线、面,而是电杆、光缆或宗地。

(3)要素具有丰富的关联环境。使用拓扑关联和关系关联,不仅可以定义同一要素内部的关联关系,还可以定义要素之间的关联关系。

(4)可以更好地制图。通过直接在 ArcMap 等客户端应用中预定义的绘图工具,可以更好地控制要素的绘制。有一些特殊的专业化绘图操作也能够通过编写代码来进行扩展。

总的来说,Geodatabase 的主要优点就是搭建了一个框架,使用户可以轻易地创建智能化的要素,模拟真实世界中对象之间的关系和行为;具有不同的类型,便于用户根据应用需求灵活选用;提供 ArcObjects、C++ 等存取 API,具有良好的开放性。由于 Geodatabase 的上述优点,使得它在空间数据管理领域得到了广泛应用。信息支撑体系数据库的数据模型采用 Geodatabase 数据模型。

二、数据库设计原则

空间数据库是土壤侵蚀预测预报信息系统的基础,一方面,它的好坏直接影响到土壤侵蚀模型的应用效果;另一方面,系统空间数据库又涉及不同数据来源、不同数据格式的海量数据,这些数据如何组织以便模型运行时高效存取也是至关重要的问题。为此,在系统空间数据库设计过程中,除遵循数据库设计的数据完整性、数据一致性等一般原则外,还应遵循如下设计准则。

(一)一体化原则

这里的一体化包含四层含义:第一,要实现图形数据与属性数据的一体化。土壤侵蚀预测预报信息系统涉及的数据包括图形数据与属性数据,并且图形数据之间、属性数据之间以及图形数据与属性数据之间的关系较为复杂。而其图形数据与属性数据在同一数据库内的一体化管理,有利于保持数据的完整性,实现快速高效的图文互访,使得信息支撑体系做到真正的"无缝"。第二,要实现不同来源、多尺度数据的一体化。系统涉及的数据具有来源广泛的特点,包括地形图、遥感影像、下垫面等数字线划图、数字高程模型,以及相关的降雨、水文观测资料等。系统数据库只有集成多源数据,才能充分发挥这些数据应有的作用。同时,这些数据的内在的联系也要求在同一数据库中集成尺度不一致的各类数据。第三,要实现多个时刻数据的一体化。系统涉及的部分数据具有鲜明的时间特征,例如多个时刻的降雨、水文观测数据等,因此要在系统数据库中加入时间特征,将时间和空间数据有机地组织到数据库中,完整而连续地表达数据的各个时空状态,实现多时刻数据的一体化管理。第四,要实现同类空间数据的一体化。传统的数据库受存储效率的限制,对空间数据采取分幅(分块)存储。这种方式的缺点是增加了数据库的复杂性,不利于数据的一致性与数据的维护。为避免这类问题,在数据库设计中,对同类要素只用一个表存储,需要进行分幅(分块)时,采用数据库视图(View)或编写相关存储过程来实现。

(二)规范化与标准化原则

数据的标准化是数据共享的要求与前提。在系统数据库设计中,应根据相关国家标准与行业标准,并结合具体实际,确定标准的信息分类编码体系,建立统一、规范的数据字典,以及空间数据精度、空间数据的投影、坐标体系的标准等,并严格按照相关标准组织数据。同时,还要遵照相关的元数据标准,实现元数据的高效存储与管理。

(三)先进性原则

系统数据库设计要在满足现有需要的前提下,应具有前瞻性,一方面要适应系统扩展的需要;另一方面应符合当前数据库尤其是空间数据库技术发展的主流方向,能够持续扩充和升级,从而使组织好的数据库具有很强的生命力和适应性。

(四)共享性原则

系统数据库涉及整个土壤侵蚀模型运行与应用的方方面面,因此在设计时,应选择通用的数据库管理系统平台,采用标准的空间数据模型,同时提供良好的数据交换能力,以利于数据共享和系统集成。

三、数据库设计技术路线

基于 Geodatabase 的系统数据库设计遵循一般关系数据库设计的基本流程和规则。其技术路线如图 10-2 所示。

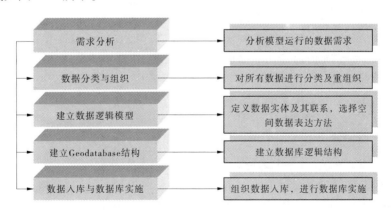

图 10-2 系统数据库设计技术路线

(1)需求分析。在综合分析土壤侵蚀预测预报计算过程的基础上,确定系统数据库需要管理的数据对象,包括原始数据、计算派生数据以及结果数据等。

(2)数据分类与组织。对各类数据对象进行分类组织,明确其应用场景与目的。

(3)建立数据逻辑模型。定义各数据实体及其联系,并选择适当的空间数据表达方式(矢量形式的点、线、面或栅格形式)。

(4)建立 Geodatabase 结构。采用相应的软件工具,将数据库逻辑模型转换为 Geodatabase 逻辑结构。

(5)数据库实施。进行数据转换、整理,组织数据入库。

四、数据库设计

(一)需求分析

系统数据库为土壤侵蚀模型运行提供数据支撑,包括两个方面:一是要为模型的运行提供各类基础数据,包括地形数据、水文气候数据、模型参数数据等;二是要对模型运行过程中及模型运行后的各类中间数据和结果数据进行管理与维护,以便为其他系统进行进一步的分析、评价与可视化提供基本的数据来源。为此,在进行系统数据库设计时要综合考虑这两方面的需求。由于不同的土壤侵蚀模型需要的数据也不尽相同,同样需要考虑对具体模型的数据支持。

(二)数据分类与组织

系统数据库主要数据内容涉及多个方面,包括基础地理数据、水文气象数据、下垫面因子数据等,具体可以分为以下六个方面。

(1)基础地理数据。基础地理数据主要是流域基础地理要素,为土壤侵蚀预报提供基础地理数据支持。主要包括流域界线、流域居民点、流域道路数据、流域水系数据、流域水文站或雨量站空间数据与流域地形数据。其中,流域地形数据主要为流域数字高程模型,这是进行土壤侵蚀预测预报的基本数据源。

(2)水文气象数据。水文气象数据主要是流域水文气象观测资料,包括流域降水、径流、泥沙、洪水、蒸发等方面的数据,为土壤侵蚀预报提供水文气象数据支撑。

(3)下垫面因子数据。下垫面因子数据主要是流域下垫面资料,为流域土壤侵蚀预报提供相应的下垫面参数。其主要内容包括:

①植被覆盖度数据。植被覆盖度又称植被盖度,是指植被(包括叶、茎、枝)在单位面积内的垂直投影面积所占百分比。植被覆盖度是植物群落覆盖地表状况的一个综合量化指标,是描述植被群落及生态系统的重要参数。植被覆盖度是衡量地表植被状况的一个最重要的指标,同时,它又是影响土壤侵蚀与水土流失的主要因子。

②土壤类型数据。土壤类型是支配土壤特性的根源,因其组成的土粒大小和土粒含量不同,可引起不同的土壤理化特性,如黏着性、可塑性、持水量、抗蚀性、通透性、离子交换能量及缓冲作用等性质,是土壤侵蚀预报的一个重要的基础数据。

③土地利用数据。不同的土地利用方式改变了地表状况,它通过改变植被类型和盖度、土壤性质、地形、坡度、坡长等因素来影响土壤侵蚀。在其他条件相似时,不同的土地利用类型对土壤侵蚀过程存在显著的影响,也是影响土壤侵蚀的重要因子。

(4)水土保持措施数据。水土保持措施是指为防治水土流失,保护、改良及合理利用水土资源而采用的一切措施的总称,它集中体现了人类活动对土壤侵蚀的治理效果,在土壤侵蚀预报时,也是重要的下垫面因子。

(5)模型参数数据。模型参数数据主要是进行土壤侵蚀预报计算时的各种参数数据,包括模型运行的初始参数以及经模型运算后率定的参数,以供计算时进行参数读取与调用,从而实现预报计算的自动化与智能化。

(6)成果数据。成果数据主要是模型运行的各类计算成果,包括各类运算成果空间数据,以便在模型运算完毕后进行模型运算结果的可视化表达。

以上六类数据在进行数据组织时,要充分考虑各类数据的特点,选择合适的 Geodatabase 对象类型。例如,流域基础地理数据中,流域行政界线、流域水文站空间数据以要素类(Feature Class)的形式存储,而地形数据中的数字高程模型则应以栅格数据集(Raster Dataset)的形式存储。

(三)Geodatabase 逻辑结构生成

在数据分类组织的基础上,需根据 Geodatabase 数据模型的特点,采用 UML 进行数据建模并结合相应的工具生成 Geodatabase 逻辑结构。

UML 是统一建模语言(Unified Modeling Language)的简称,它始于软件工程领域。20世纪 70 年代初,针对"软件危机",计算机界提出了软件工程的概念。围绕这一概念,广泛开展了有关软件生产技术与软件生产管理,亦即计算机辅助软件工程(CASE)的研究与实践。近年来,面向对象的技术与方法被引入到软件工程的领域中来,为了解决复杂软件系统的开发问题,业界纷纷推出了各自的面向对象的软件工程方法,著名的有 Booch、Rumbaugh(OMT)、Jacobson(OOSE)等,这些方法各有长处,也各有缺陷。直到 1994 ~ 1996 年,Booch、Rumbaugh 与 Jacobson 三位著名的软件工程学家先后齐集于 Rational 公司,携手合作,于 1996 年推出了面向对象的分析与设计语言——统一模型语言 UML,并与 1997 年 11 月被美国工业标准化组织 OMG 接收,成为可视化建模语言的工业标准。它是一种定义良好、易于表达、功能强大且普遍适用的图形化建模语言,融入了软件工程领域的新思想、新方法、新技术,不仅支持面向对象的分析与设计,还支持从需求分析开始的软件开发的全过程。

在关系数据库时代,数据库的逻辑设计主要依靠 ER(Entity-Relation,实体—关系)模型。随着 UML 应用的不断深入,目前的数据库建模(特别是对象—关系数据库)已逐步采用 UML 进行。对于关系数据库,可以用对象类图描述数据库模式,用类描述数据库表;对于对象—关系数据库或面向对象数据库,可用对象类图来直接描述数据库中的对象类。图 10-3 是一个用 UML 对象类图进行数据库建模的例子。左图是 UML 类图,右图是对应的二维关系表。

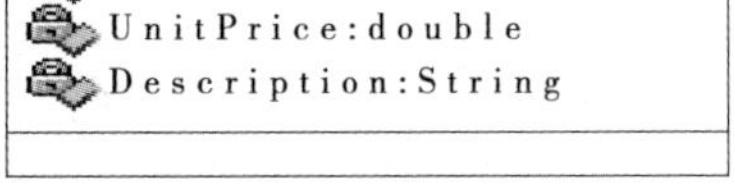

Product
Number:Integer
UnitPrice:double
Description:String

Number	Unit Price	Description
1	12.22	...
...	...	...

图 10-3　数据库建模示例

生成数据库逻辑结构主要是在 Geodatabase 数据模型的基础上,采用相应的方法定义数据库对象及其关联关系。它主要采用 Microsoft Visio、IBM Rational Rose 等 CASE(Computer Aided Software Engineering,计算机辅助软件工程)工具,通过继承不同的 Geodatabase

数据模型元素(Feature Class/Object 等),绘制地理立体视频数据模型的 UML 对象类图,再将其导出为 XMI(XML Metadata Interchange)交换文件,在 Geodatabase 中导入该交换文件,即可生成数据库结构;通过 ArcCatalog 可进一步细化、修改、完善,生成完整的数据库结构(见图 10-4)。

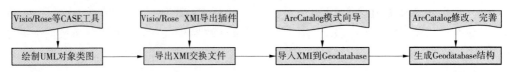

图 10-4　Geodatabase 逻辑结构生成流程示意图

根据前文分析,参照相关国家标准与行业标准,采用 Microsoft Visio 进行了系统空间数据库的设计。对涉及的各类数据采用的组织方式如下:

(1)考虑到进行土壤侵蚀计算的基础数据是进行侵蚀预报的基础,将这些矢量数据存储为 Feature Class,栅格数据存储为 Raster Dataset,观测数据存储为 Table。其中的数据字典如表 10-2 ~ 表 10-4 所示。

表 10-2　系统空间数据库数据字典(原始数据)

序号	数据集名称	数据类型	说明
1	DEM	Raster Dataset	流域 DEM
2	Landuse	Raster Dataset	流域土地利用数据
3	Station	Feature Class	流域雨量站空间数据
4	Soil	Feature Class	土壤因子数据
5	Engineer	Feature Class	工程措施因子数据
6	NDVIYEAR	Raster Dataset	年 NDVI 数据
7	NDVI5-9	Raster Dataset	汛期 NDVI 数据
8	Rainyear	Table	年降雨观测数据(年产沙经验模型)
9	次降水名称	Table	次降雨观测数据(次降水机制模型)
10	ST_PPTN_R	Table	次暴雨观测数据(次暴雨经验模型)
11	ST_RIVER_R	Table	次暴雨河道水情观测数据(次暴雨经验模型)
12	ST_SED_R	Table	次暴雨产沙观测数据(次暴雨经验模型)

表 10-3　STATION 要素类数据结构

数据项名称	数据类型	宽度(精度)	说明
OBJECT ID	OBJECT ID	—	GeoDatabase 内部数据类型
站名	TEXT	254	某一雨量站点名称须与降水观测数据表中一致

表 10-4　次降雨观测数据(次降水机制模型)数据结构

数据项名称	数据类型	宽度(精度)	说明
时间	DATE	—	某一观测时刻
实测流量	Double	2	某一时刻的实测流量,保留 2 个有效数字
实测含沙量	Double	2	某一时刻的实测含沙量,保留 2 个有效数字
雨量站 1	Double	2	某一时刻该雨量站的降水观测值,保留 2 个有效数字
…	…	…	…
雨量站 n	Double	2	某一时刻该雨量站的降水观测值,保留 2 个有效数字

注:这里的雨量站名称与个数必须与 STATION 要素类站名与个数一致。

以上各类数据要求空间参考系统完全一致,Raster 数据的空间分辨率与空间范围完全一致。

(2)计算过程数据。对于根据基础数据计算生成的中间派生空间数据,均采用 Raster Dataset 格式存储。其中,某一场降水数据表的数据结构见表 10-5。

表 10-5　空间数据库数据字典(计算过程数据)

序号	数据集名称	数据类型	说明
1	DEMFill	Raster Dataset	填洼后流域 DEM
2	SLOPE	Raster Dataset	流域坡度数据
3	ErosionCell	Feature Class	流域侵蚀单元数据
4	LSFactor	Feature Class	流域坡长数据
5	FlowDirection	Feature Class	流域流向数据
6	FlowAccumulation	Raster Dataset	流域汇流数据
7	FlowLength	Raster Dataset	流域流长数据
8	StreamNet	Raster Dataset	流域河网数据
9	RFactor	Raster Dataset	气候因子数据
10	BFactor	Raster Dataset	植被因子数据
11	EFactor	Raster Dataset	工程措施因子数据
12	GFactor	Raster Dataset	沟蚀系数因子数据
13	KFactor	Raster Dataset	土壤因子数据
14	TFactor	Raster Dataset	耕作措施因子数据
15	rbook11988071504000000	Raster Dataset	次降水插值数据
16	qbook11988071504000000	Raster Dataset	次降水产流数据
17	sbook11988071504000000	Raster Dataset	次降水产沙数据

(3)计算结果数据。计算结果数据主要包括每一模型的最终计算结果,将其保存为关系表。

五、系统数据库实施

土壤侵蚀预报需要的各类数据包括已数字化的电子数据与未数字化的模拟数据。因此数据库的实施也包括两方面的内容:现有电子数据的检查、转换入库以及其他模拟数据的数字化入库。

(一)电子数据的转换入库

现有电子数据主要是来自于其他系统的相关数据。这类数据由于存在数据格式、数据语义的不一致,需要将其转换为符合数据库编码要求、语义清晰的电子数据,在进行错误检查(包括属性错误与拓扑错误)、纠正后,通过相应的数据转换接口将其导入数据库。

(二)其他模拟数据的数字化入库

这类数据包括纸质地图与相应的观测资料表格。对于纸质地图,在对其整理、扫描、校正后,要严格按照数据库的分层、编码要求进行数据采集,在生成拓扑关系后挂接相应的属性数据,进而进入数据库;对于观测资料表格,则按照相应的数据格式进行录入,在进行错误检查、纠正后进入数据库。

在所有数据入库以后,还要利用相关工具,按照数据库中定义的相关规则进行数据完整性与一致性校验,对于有问题的数据要进行修正,最终生成正确、完整的数据库。

第二节　流域 DEM 数据获取

流域 DEM 数据是进行土壤侵蚀预测预报最重要的基础数据,基于 DEM 数据,可以计算流域坡度、坡长等重要土壤侵蚀因子指标,并能够完成流向计算、汇流计算、河网提取等水文分析计算,因此多数土壤侵蚀模型运算均需要 DEM 数据。从构成的角度,DEM 数据包括平面位置和高程数据两种信息,可以直接在野外通过全站仪或者 GPS 等进行测量,也可以间接地从航空影像或者遥感图像以及既有地形图上得到;其来源包括现有地形资料、摄影测量、地面测量、三维激光扫描以及既有 DEM 数据等。

一、基于现有地形资料的 DEM 获取

现有地形资料主要是包含地面高度与地形起伏信息的地形图。由于地形图容易获得,作业设备简单,对操作人员技术要求较低,因而地形图数字化是一种 DEM 数据获取的最基本的方法。不论从哪种比例尺的地形图上采集 DEM 数据,最基本的问题都是对地形图要素进行数字化处理,然后再用相应的插值方法内插生成 DEM。当前主要的数字化方法是扫描数字化,包括地形图扫描与屏幕矢量化两个过程。扫描过程就是利用扫描仪将地形图从模拟状态(纸质地图)通过扫描转换成灰度(彩色)数字数据(数字影像),即以像素信息方式存储地图信息。而矢量化过程是将得到的栅格图像转换成矢量数据,包括去除噪声、二值化、细化和跟踪等过程。矢量化过程可分为手动式、半自动式和全自动式三类。手工方式是一种屏幕数字化过程,即将栅格图像显示在屏幕上,通过鼠标对等高线进行跟踪测量;半自动化方式是由计算机自动跟踪和识别,当出现错误或计算机无法完成的时候再进行人工干预;全自动方式是一种理想状态下的矢量化方法,完全不需人工干预。基于地形图获取 DEM 的主要技术流程如下(见图 10-5):

(1)扫描图件准备:这一过程主要是收集研究区域的基本技术资料,包括现有地形图(薄膜黑图或纸质地形图)、研究区域测量控制点成果、图幅结合表等,如果坐标系不同,

需获取不同坐标系之间的转换参数。

（2）图件预处理：原始图件在扫描前要进行整理和检查，主要包括如下几个方面的内容：①检查用于扫描的地形图是否平整和完好无损，特别要检查图廓点是否完整、清晰；②量测图廓边长，计算与理论值较差，检查原图是否变形较大，若分版等高线图非线性变形大，则在图幅内应参照原图标绘公里格网点；③检查与相邻图幅的接边情况；④对原图有问题的地方进行处理；⑤对图件上的水域，如湖泊、水库等进行标注，并根据相邻等高线或高程注记点，读其水涯线高程；⑥对于原图上等高线不连续的地方，应根据实际情况进行处理，能够连接的地方要尽量连上；⑦对于成片陡石或其他特殊地貌处，实在无法连接的等高线，应将范围线勾绘出来，作为高程的推测区。

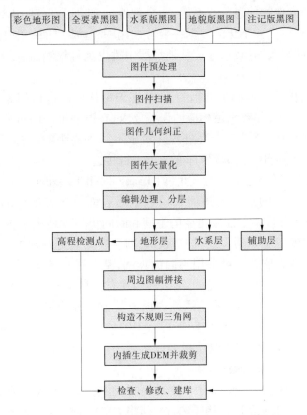

图 10-5　基于地形图获取 DEM 技术流程示意图

（3）图件扫描：分版薄膜黑图和全要素黑图宜采用黑白扫描仪扫描，彩图用黑白或彩色扫描仪扫描。扫描影像文件应认真检查，图北朝上，扫描线尽量与水平方向公里网线平行，影像范围在保证内图廓线完整的情况下尽可能小。

（4）图件几何纠正：首先采集已知控制点（如图廓点，公里网交点或其他大地控制点等）的栅格坐标，根据其已知的高斯直角坐标，利用坐标变换公式求解变换参数，再将栅格坐标转换成高斯平面直角坐标。坐标转换可采用仿射变换、双线性交换、二次多项式等方法。如果图件的非系统变形比较大，一般要逐格网进行纠正变换处理。

（5）扫描后的影像数据需要进行矢量化处理。矢量化过程与原图件的内容相关，一般有如下的原则:对于分版薄膜黑图,可采用栅格矢量化软件进行等高线矢量化和编辑处理,并对每一条等高线赋予相应的高程;全要素薄膜黑图的数据采集,宜采用扫描矢量化软件进行半自动交互跟踪;而对于彩图的数字化,可以采用扫描获取彩色或黑白影像后,半自动人机交互跟踪或人工屏幕跟踪数字化或将彩图进行翻晒重新刻绘获得高质量线划图,再做扫描矢量化。

对于已数字化好的地形图数据,要进行严格细致的检查,包括矛盾点、等高线不连续、特殊地貌标注、特征点加密、图幅接边等内容。同时要注意封闭水域、推测区域等信息的采集与编码处理。

(6)数据分层:地形图包含地物、地貌信息和一些辅助信息,用来建立 DEM 的数据一般是地貌信息和部分地物信息如水系等,为合理地再现地形,保证 DEM 精度,便于矢量数据的管理和应用,对扫描数字化的数据一般分层组织,这些层面一般有地形信息层、水系层、辅助层等。为控制数据质量,还应从地形层中挑出高程检测点,以验证生成 DEM 的正确性。

(7)图幅拼接:由于地形图是分幅的,因此在矢量化后需进行相邻图幅拼接。对于原图接边的要素必须接边,并要满足相应的误差要求,在误差范围内可采用两边向中间各移一半接边;原图不接边的要素需合理处理。对于不同等高距的图幅,只接高程相同的图幅;图幅跨带时需先进行图幅邻带坐标变换再进行接边。

(8)构造不规则三角网:不规则三角网(Triangulated Irregular Network,TIN)通过从不规则分布的数据点生成的连续三角面来逼近地形表面。就表达地形信息的角度而言,TIN 模型在某一特定分辨率下能用更少的空间和时间更精确地表示更加复杂的表面。特别当地形包含有大量特征如断裂线、构造线时,TIN 模型能更好地顾及这些特征,从而能更精确合理地表达地表形态。可采用不同的算法,基于采集的地形数据构造 TIN。这些算法在现有的 GIS 平台多数已实现,可直接利用现有工具生成。

(9)内插生成 DEM 并裁剪:采用线性内插或其他内插模型,将不规则三角网转换为规则格网 DEM;在实际生产中,可借助于现有 GIS 软件工具实现,如 ArcGIS 就提供了相应的转换工具。由于土壤侵蚀预测预报多以流域为单元,因此需使用流域边界对基于合并图幅生成的格网 DEM 进行裁剪。

(10)DEM 检查、修改、建库:基于设置的高程检测点,对生成的流域 DEM 进行检查;采用等高线回放等方法进行 DEM 粗差检验,即将 DEM 数据再内插生成等高线与等高线扫描影像进行分色叠合显示,或回放内插等高线图与原图叠合,检查有无明显偏移超限;如发现粗差需进一步检查原因并修改,否则可编辑 DEM 元数据并进行建库、归档。

现有地形图是 DEM 的另一重要数据源,经过大量的实践证明,从等高线地形图生产DEM 的方法已经相当成熟,利用基于不规则三角网 TIN 的方法进行数据建模和规则格网转换,是快速可靠的生产高精度格网 DEM 切实可行的方案。

二、基于摄影测量与遥感技术的 DEM 获取

遥感也是快速获取大范围 DEM 数据的一种有效的方法。遥感影像的更新速度快,利用该数据源,可以快速获取或更新大面积的 DEM 数据,从而满足应用对数据现势性的要

求。遥感影像是大范围、高精度 DEM 生产最有价值的数据源。从具体的试验结果来看，从各种卫星扫描系统如 LandSat 系列卫星上的 MSS、TM 传感器以及 SPOT 卫星上的 HRV 立体扫描仪所获取的高程数据，其相对精度和绝对精度都较低，只适合于小比例尺的 DEM，对于大比例尺的 DEM 生产并不能满足精度要求。

摄影测量的基本原理是利用在两个不同地方摄取的、具有一定重叠度的同一景物的两张影像（相片），在室内通过专用设备（摄影测量工作站）模拟摄影过程并建立被摄对象的立体模型，然后在该模型上进行空间对象的三维空间坐标量测，这如同将野外地形搬到室内，然后在其上进行地形测量一样。

摄影测量从信息获取方式上，可分为航空/航天摄影测量、地面摄影测量两类，航空/航天摄影测量是在飞行器上搭载摄影测量设备（传感器）并通过垂直摄影方式获取地面影像数据；而地面摄影测量一般采用倾斜摄影或交向摄影方式获取数据。

从立体模型建立和量测方式上，摄影测量包括模拟摄影测量、解析摄影测量和数字摄影测量三类。模拟摄影测量是通过光学、机械或光学/机械设备模拟摄影测量的过程，用交会的方式确定空间对象的位置，这种方法成本高，效率低，已基本淘汰；计算机技术的发展，使得人们可以通过数学模型来代替光学/机械模拟投影，从而出现了解析摄影测量；数字摄影测量技术将模拟影像转变成计算机处理的数字影像，并利用自动相关技术实现了真正的自动化测图。

解析摄影测量方法是获取高精度数字高程模型的重要手段之一，一般有两种采集方法，一是通过安置 X、Y 方向的步距，人工在立体模型上切准格网高程点，直接量测格网点的高程值，这种方法可直接获取格网 DEM；另外一种方法是通过解析测图仪跟踪等高线，并加测一些地形特征点和特征线，对这些数据先构成不规则三角网 TIN，然后在 TIN 上内插成格网。

通过数字摄影测量获取 DEM 数据的方法可分为两类：一类是全数字自动摄影测量方法；另一类是交互式数字摄影测量方法。全数字摄影测量方法采用规则格网采样，直接形成格网 DEM，如果与 GPS 自动空中三角测量系统集成，则可建立内外业一体的高度自动化 DEM 数据采集方法；交互式数字摄影测量方法增加了人工干预和编辑的功能，例如对于特殊地区的相关影像，采用计算机自动相关和人工交互相结合的方法，能够获得比较可靠的、精度较好的 DEM。当前利用数字摄影测量的方法生产 DEM 的技术已经较为成熟，在具体作业时需遵循相应的技术规范。

此外，近年来出现的高分辨率遥感图像如 Quickbird、Geoeye 等卫星图像，合成孔径雷达干涉测量技术（Interferometric Synthetic Aperture Radar，InSAR），激光扫描等新型传感器数据被认为是快速获取高精度、高分辨率 DEM 最有价值的数据源。其中，合成孔径雷达干涉测量（InSAR）是近十几年发展起来的空间遥感新技术，它是传统的微波遥感与射电天文干涉技术相结合的产物。合成孔径雷达利用了多普勒频移的原理改善了雷达成像的分辨率，特别是方位向分辨率，提高了雷达测量的数据精度。合成孔径雷达干涉测量是通过对从不同空间位置获取的同一地区的两个雷达图像利用杨氏双狭缝光干涉原理进行处理，从而获得该地区的地形信息。对于覆盖同一区域的两幅主、从雷达图像，可以利用相位解缠的处理算法来得到该区域的相位差图也就是干涉图像，再经过基线参数的确定，就可以得到该区域的 DEM 数据。

三、基于三维激光扫描的 DEM 获取

三维激光扫描是基于激光扫描测距原理的一种主动式对地观测方法,可分为机载和地面两大类。

(一)机载激光雷达

机载激光雷达(Airborne Light Detection And Ranging,Airborne LIDAR)是一种安装在飞机上的机载激光探测和测距系统,可以量测地面物体的三维坐标。它集成了扫描激光测距(SLR)技术、计算机技术、惯性测量单元(IMU)/DGPS 差分定位等技术,为获取高时空分辨率地球空间信息提供了一种全新的技术手段,具有自动化程度高、受天气影响小、数据生产周期短、精度高等特点。机载 LIDAR 传感器发射的激光脉冲能部分地穿透树林等障碍物阻挡,直接获取高精度三维地表地形数据。机载 LIDAR 数据经过相关软件数据处理后,可以生成高精度的数字高程模型 DEM、等高线图,具有传统摄影测量和地面常规测量技术无法取代的优越性。

机载激光扫描系统主要包括以下部分:激光测距仪 LRF(Laser Range Finder),控制在线数据采集的计算机系统,测距数据储存,GPS/INS 和可能的影像数据的介质、扫描器,GPS/INS 定位与姿态测定系统、平台和固定设备,地面 GPS 参考站、任务计划和后处理软件,GPS 导航,其他选件如 CCD 相机等。它是一个复杂的集成系统。其工作原理主要是利用主动遥感的原理,机载激光扫描系统发射出激光信号,经由地面反射后到系统的接收器,通过计算发射信号和反射信号之间的相位差或时间差,来得到地面的地形信息。对获得的激光扫描数据,利用其他大地控制信息将其转换到局部参考坐标系统即得到局部坐标系统中的三维坐标数据。再通过滤波、分类等剔除不需要的数据,就可以进行建模了。对三维坐标数据进行滤波处理就可以得到 DEM 数据。利用激光扫描生成的数字表面模型的高程精度可以达到 10 cm,空间分辨率可以达到 1 m,可以满足房屋检测等高精度数据的需要。

机载激光扫描具有如下优势:

(1)数据采样密度高。根据应用需要,可以灵活设置不同地表数据的采样间隔,数据采样密度高,有利于获取高精度 DEM。

(2)数据精度高。由于采用激光回波探测原理,并且激光具有较高的方向指向性,加之高精度姿态测量系统的辅助,使得即使在地面控制点缺乏的情况下,也能获得较高的精度。

(3)作业效率高。机载 LiDAR 野外人工作业工作量小,不需要布设大量地面控制点,只需少量控制点用于精度校验;作业速度快,适合于无地面控制的困难地区的数据采集;对天气条件的依赖小。

(4)植被穿透能力强。由于激光测距具有多次回波的特性,激光脉冲在穿越植被空隙时,可返回树冠、地面等多层高程数据,能有效克服植被的影响。

(5)数据产品丰富。利用获取的高密度、高精度的点云与影像数据,经过内业后处理,可以生成数字表面模型(Digital Surface Model,DSM)、数字高程模型、数字线划地图

（Digital Line Graph）以及数字正射影像（Digital Orthophoto Map, DOM）等 4D 数据产品。

（二）地面三维激光扫描

随着激光扫描技术的成熟及三维激光扫描仪的问世，使得通过地面激光扫描获取三维信息成为可能。激光扫描仪具有快速、灵活和高精度获取空间信息的能力，对于测量界而言，激光扫描仪使得外业测量工作变得较简易且有效率。激光扫描仪所取得的空间信息为在目标物表面上大量且密集的扫描点，由于这些点非规则的分布而称为点云（Point Cloud）。具有三维点位坐标的数据，经由三维坐标系的定义可得知此点群在空间中的分布，进而在视觉上形成特定的形状。

一个地面三维激光扫描系统主要由三部分组成：扫描仪、控制器（计算机）和电源供应系统（见图 10-6）。激光扫描仪本身主要包括激光测距系统和激光扫描系统，同时也集成 CCD 和仪器内部控制及校正系统等。在仪器内，通过两个同步反射镜快速而有序地旋转，将激光脉冲发射体发出的窄束激光脉冲依次扫过被测区域，测量每个激光脉冲从发出经被测物表面再返回仪器所经过的时间（或者相位差）来计算距离，同时扫描控制模块控制和测量每个脉冲激光的角度，最后计算出激光点在被测物体上的三维坐标。

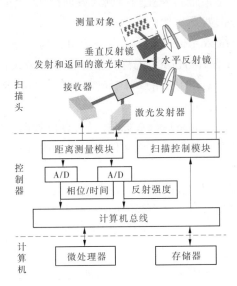

图 10-6　地面三维激光扫描仪测量的基本原理

地面三维激光扫描仪具有高速度、安全性、远距离获取高密度精确的空间数据的特性，是一项获取空间数据的创新性技术，在地面景观形体测量、复杂工业设备的测量与建模、建筑与文物保护、城市三维模型构建、地形测绘成图、变形监测等行业得到了广泛应用。其中，对于小区域的大比例尺地形测量，可以分段扫描野外的局部带状地形区域，在具有一定重复扫描区域内，拼接、合并三维测量数据，生成区域点云数据集，再通过定义的控制点转换到国家或城市坐标系中，用地形和地物的三维点云数据生成带状地形图，建立数字高程模型。

（三）地面三维激光扫描生成 DEM

基于地面三维激光扫描技术，可生成流域的高精度 DEM。其技术流程如下：

（1）室内准备：设备检查与校验，确保仪器设备的完好；搜集与处理地形图和遥感图像，最好处理成数字形式，便于外业调查时检验测量成果；选择和购买测区的控制点。

（2）外业测绘：包括两方面工作，控制点测量和地形扫描。控制点测绘一般利用 GPS 设备获得控制点精确大地坐标，地形扫描采用地面三维激光扫描仪。在现场进行地面三维激光扫描时，因扫描区域面积过大，无法一次将所有区域涵盖扫描，而必须分次及多个不同的角度才能扫描完成，因此所获得的数据为许多不同的扫描文件累积而成，必须加以接合才能得到最后整个测区的点云数据。依区域范围不同以及操作人员不同而所设定的参数也有所不同，最终文件多少也有所不同，但最终目的都是在测区范围内得到足够的激光点云数据。基于相应的逆向工程软件（如 Innovmetric PolyWorks 等），采用曲面匹配法进行点云数据拼接。目前的曲面匹配理论还无法全自动化，必须先以人工方式选取近似的同名点云数据，使不同曲面间达到近似匹配，才能进行最佳匹配运算。采用此种方式，对于外业操作上的限制较小，扫描仪只需随意摆设至可视扫描范围之内便能执行。

（3）内业数据处理。主要进行外业扫描点云数据拼接、坐标转换、非地面点云滤除以及 DEM 生成等工作。包括如下步骤：

①点云数据载入：三维激光扫描仪所获取的资料量均十分庞大，在仪器设计上数据储存方式均以压缩的格式储存，因此必须进行数据解压缩与格式转换，将原始档（＊.3d）转换至点云数据格式（＊.pif）；同时原始点云中包含了许多不必要的数据与噪声，需删除这些多余数据。

②组成不规则格网（wireframe）：当数据载入后，点位数据量的多少可按照选定的加载间距的大小来确定，一般均依照扫描信息文件记录的平均点间距来设定，以获取最完整的数据。

③选取同名参考点进行人工近似匹配：由于重复点云区的不规则格网目前并无法用计算机完全自动化匹配，因此进行自动匹配前，需由人工方式选取两个不同点云间重复的同名参考点（至少需 3 点以上）进行人工匹配，使不同点云的不规则格网大约重合，并以曲面匹配法自动匹配。

④设定搜寻半径进行自动匹配：当人工近似匹配完成后，两组不同的点云数据已大致接合完成，由操作者在软件中设定匹配的搜寻半径，以进行自动匹配，为了提高匹配速度与精度，开始用较大的半径配准，逐步减小半径，能达到速度和精度统一，缺点是需要多次交互过程。

⑤单次扫描成果：经过上述模型接合步骤后，便可输出单次扫描成果之激光点三维数据。

⑥相对坐标系转换至国家大地坐标系：为使成果应用上更为广泛，因此在扫描中加入 GPS 控制点测量，将测试点云数据与控制点测量数据成果结合，使点云数据由测站坐标系转换成合适的坐标系。

⑦植被等非地面点云过滤：点云数据包含了所有地形地物，但地面以上的地物与植被会造成 DEM 制作时的误判，从而造成数据误差，所以在此需要采用相应的算法将地面以

上的植被或人工建筑物滤除。

⑧DEM 制作。经过上述步骤，即生成了具有地理参考系的流域点云数据，基于该点云数据及其他地形特征信息，即可选择适当的内插方法制作流域 DEM，供土壤侵蚀预报模型计算时调用。

四、DEM 获取的其他方法

除上述方法外，在条件许可的情况下，也可采用传统野外测量或直接购买的方式获取流域 DEM。

(一)野外测量

野外数据采集按所采用的仪器和手段，主要有平板测量、全站仪测量、GPS 测量、车载 GPS 测量等。以全站仪为例，可将全站仪与电子手簿相连，在野外测量时将空间目标的距离和方位数据或空间目标的坐标数据存储在电子手簿中。同时，在野外人工绘制草图。回到室内以后，将电子手簿的数据导入到计算机内，根据电子手簿中空间目标的编码关系和野外绘制的草图进行适当的编辑处理。或将全站仪与便携机相连，形成电子平板测图系统，测量的结果直接显示在屏幕上。在野外直接进行空间目标的图形连接和编辑处理，然后进行符号化、注记与制图。根据测量的高程信息，可直接生成测区 DEM。

(二)直接购买

为了满足社会生产实践需求，在国家测绘局的组织下，分批生产了我国不同比例尺 DEM 数据，比例尺系列为 1:1万、1:5万、1:25 万和 1:100 万四个系列，并由国家基础地理信息中心负责发布。其中，1999 年组织生产了七大江河重点防洪区的 1:1万数字高程模型，格网尺寸为 12.5 m×12.5 m；覆盖全国的 1:1万 DEM 生产和建库正在进行；全国 1:5万 DEM 数据格网间距为 25 m。

五、DEM 精度评价

DEM 精度评估主要是针对高程内插的误差分析。目前评估方法主要有任意点法、剖面法、影像分析法、分形法、交互检查法和等高线回放法等。

(一)任意点法

任意点法即事先将检查点按格网或任意形式进行布设，对这些点位的 DEM 进行检查。可运用协方差函数进行计算，也可逐一比较，最后计算中误差和最大误差。最大误差是格网点的高程值不符合真值的最大偏离程度。中误差是内插生成的 DEM 数据格网点相对于真值的偏离程度，这一指标被普遍运用于 DEM 的精度评估。中误差的公式为：

$$\partial = \sqrt{\frac{1}{n}\sum_{k=1}^{n}(R_k - Z_k)^2} \tag{10-1}$$

式中：∂ 为 DEM 的中误差；n 为抽样检查点数；Z_k 为检查点的高程真值；R_k 为内插出的 DEM 高程。

高程真值是一个客观存在的值，但它又是不可知的，一般把多次观测值的平均值即数学期望近似地看做真值。由于抽样点数量限制，难以准确评估 DEM 整体精度，但是，点云数据量大，密度大，减少一定点云数据，可以生成采用任意点法。

(二)剖面法

剖面法是按一定的剖面量测计算高程点和实际高程点的精度计算方法。剖面可以是沿 X 方向、Y 方向或任意方向。可以用数学方法计算任意剖面的误差,也可以用实际剖面和内插剖面相比较的方法估算高程误差。

传递函数法的基础是傅立叶级数,其原理是任何一个连续的剖面均可表示为一个傅立叶级数:

$$\partial_{x,z}^2 = \frac{1}{2} \sum_{k=1}^{m} [1 - H(u_k)]^2 C_k^2 \tag{10-2}$$

$$H(u_k) = \frac{\bar{c}_k}{c_k} = (\frac{\bar{a}_k^2 + \bar{b}_k^2}{a_k^2 + b_k^2}) \tag{10-3}$$

式中:$\partial_{x,z}^2$ 是在断面的高程误差(在 y 断面上和在 x 断面上相同);$\bar{a}_k$ 和 $\bar{b}_k$ 为断面实际曲线的傅立叶级数各项的系数;a_k 和 b_k 为断面内插曲线的傅立叶级数各项的系数。

采用这种方法可评价 DEM 在任意断面上的精度。

上述两种方法均基于抽样样本,而且样本量有限,难以评价整个区域 DEM 的误差,也无法判定 DEM 与实际地形的吻合程度。

(三)影像分析法

DEM 常常是一组用矩阵形式表示的高程组,实际为栅格数据,可以用影像来表达和检查高程误差。常用手段主要有灰度和彩色影像两种,根据建立的灰度表或色阶表来比较实际高程和内插高程的大小。这种方法工作量大,主要用于对局部 DEM 进行区域详细检测和分析。

(四)分形法

采用分形方法内插高程点,将一定的分形内插高程点与原有 DEM 高程点进行比较分析,在比较分析中可以采用中误差和最大误差来评估,也可以采用其他指标进行评估。从理论和方法上,基于分形分析的 DEM 精度评估模型,考虑了 DEM 在不同地貌地区的整体形状。但实际操作中,参考点所选位置会影响到评价精度。

(五)交互式检查法

在全数字摄影测量及交互式摄影测量生产 DEM 的方法中,使用左、右正射影像零立体对 DEM 的检测手段也属于这类方法。根据原始左、右片影像和影像匹配提供的待查 DEM,对由左、右片制作的两个正射影像进行匹配检查,其使用范围即是全数字摄影测量生成的 DEM。

(六)等高线回放法

为评价 DEM 和实际地形的吻合情况,一般采用等高线回放法,等高线回放法是用 DEM 回放等高线,将回放后的等高线和实际的原有等高线相比较,检查等高线误差的实际状况。等高线回放法一般包括原有的等高线(若等高线高程点作为参考点时)和回放中间等高线的方法,比较内插处的高程值,这种方法可以得到其他内插点处的高程连续分布。回放等高线是最灵敏的检验 DEM 精度的方法,但单纯使用等高线回放,评价结果主要由目视判读,缺乏度量标准。

第三节　流域下垫面特征信息提取

流域下垫面参数是进行土壤侵蚀预测预报的重要信息,在进行土壤侵蚀预报模型计算前,需借助于遥感影像等数据源,提取必要的流域下垫面参数数据,包括流域土地利用状况、修建的水土保持工程措施信息以及流域植被覆盖度等,并按照设计的系统数据库进行组织,为模型运行提供基础数据。

一、提取数据源

进行流域下垫面信息提取的主要数据源为遥感影像。根据土壤侵蚀预报需求,可选择不同分辨率的遥感影像。这里以 SPOT-5 卫星影像为例加以说明。SPOT-5 是法国空间研究中心(CNES)研制的地球观测卫星系统的第五颗卫星,于 2002 年发射升空。卫星上搭载有高分辨率几何成像仪(HRG)、植被探测器(VEGETATION)和高分辨率立体成像仪(HRS)等传感器,共有 5 个工作波段,包括一个全色波段(Panchromatic,0. 48 ~ 0. 71 μm)、三个多光谱波段(绿,0.50 ~ 0.59 μm;红,0.61 ~ 0.68 μm;近红外,0.78 ~ 0.89 μm)与一个短波红外波段(mid infrared,1.58 ~ 1.75 μm);其全色波段空间分辨率为 2.5 m,多光谱波段空间分辨率为 10 m,短波红外波段空间分辨率为 20 m。基于 Supermode 成像处理技术,可利用两幅 5 m 分辨率的影像处理生成 2.5 m 分辨率的图像产品;采用影像融合方法将 2.5 m 的全色影像与 10 m 分辨率的彩色数据加以融合可进一步得到 5 m、2.5 m 分辨率的彩色影像;其中 2.5 m 分辨率的彩色影像可作为 1∶10 000 ~ 1∶5 000 比例尺信息提取的数据源。

SPOT 卫星影像数据包括如下类型:

(1)Level-0 级产品:是 SPOT 数据未经任何辐射校正和几何校正处理的原始图像数据产品,它包含了用以进行后续的辐射及几何校正处理的辅助数据。主要用于地面站与总公司之间的数据交换。

(2)Level-1 级产品:又分为 Level-1A 级和 Level-1B 级产品。

①Level-1A 级产品:是 SPOT 数据经辐射校正处理后的产品,包含了用以进行后续的几何校正处理的辅助数据。Level-1A 产品是针对那些仅要求进行最小数据处理的用户而定义的,特别是进行辐射特征和立体解析研究的用户。

②Level-1B 级产品:是 SPOT 数据经过了 Level-1A 级辐射校正和系统级几何校正的产品。在处理中,对卫星轨道、姿态及地球自转等因素造成的数据几何畸变得到了纠正。

(3)Level-2 级产品:是在 Level-1 级产品的基础上,引入大地测量参数,将图像数据投影在选定的地图坐标下,进而生成有一定几何精度的遥感影像产品。依照引入参数的类型,Level-2 级产品也可分为 Level-2A 级和 Level-2B 级产品:

①Level-2A 级产品:将图像数据投影到给定的地图投影坐标系下,地面控制点参数不予引入。

②Level-2B 级产品:引入地面控制点,生成高几何精度的影像数据。

(4)Level-3 级产品:是根据 SPOT 使用 Reference3D 生成的 DEM 生产的正射级影像

产品,可直接应用于地理信息系统(GIS)或其他制图软件。

SPOT-5 影像采用 DIMAP(Digital Image Map)数据格式。DIMAP 是由 CNES 定义的开放的数据格式,既支持栅格数据,也支持矢量数据。DIMAP 格式包含两部分:影像文件(Image data)和参数文件(Metadata)。影像文件为 GeoTIFF 格式,多数商业软件或 GIS 软件均支持该数据格式。参数文件为 XML 格式,可以使用相应的阅读工具进行解析。

二、提取方法

当前遥感图像信息提取手段中,主要采用目视解译与自动分类两种途径。前者,解译者的经验在识别判读中起主要作用,其主要特点是:主观性比较强,对于空间组合分析、纹理分析、阴影分析等能力较强,分类精度较高,但信息量不够、定量性差、耗时长、可对比(重复)性差,难以实现对海量空间信息的分析处理;后者,主要是通过分类指标自动计算、分类,其特点是:速度快、数据处理方式灵活多样、信息量大、分析客观,适合大面积作业,但精度不够高。在具体应用过程中,需兼顾上述两种方法进行信息提取。

(一)遥感影像预处理

遥感影像预处理主要包括几何校正、图像配准、直方图匹配、影像融合等内容。

1. 几何校正

由于搭载传感器的飞机或卫星的飞行姿态、速度变化,卫星的俯仰、翻滚的影响,以及地球的曲率和地球自转的影响,使得遥感图像在几何位置上发生了变化,产生了行列不均匀,像元大小与地面大小对应不准确,图像在总体上有平移、缩放、旋转、偏扭、弯曲的现象,使得遥感存在几何畸变,利用遥感影像进行信息提取前,需要对遥感影像进行几何校正。SPOT 影像的 1B 级产品均经过了系统的几何畸变纠正,因此可以省略该步骤。

2. 影像配准

影像配准主要是基于采集的地面控制点,基于特定的空间参考系统,建立像元图像坐标与相应的空间参考系统中坐标之间的对应关系,使遥感影像与实地位置精确配准。它实质上就是利用地面控制点改正原始图像的几何变形,产生一幅符合某种地图投影或图件表达要求的新影像。它不考虑各种畸变误差形成的具体原因,而把图像上存在的各种畸变和误差看成一个整体,然后利用若干个控制点数据确立一个模拟图像几何畸变的数学模型,以此来建立原畸变图像(待校正图像)空间与标准图像(或称参考图像,如地形图等)空间的某种对应关系,再依据这种变换关系对待校正影像进行重采样,从而实现影像配准。

选好控制点是保证几何校正质量的基础。一般选择在图像和地形图上都容易识别定位的明显地物点,如道路、河流等交叉点,田块拐角,桥头等。控制点要有一定的数量,并且要求分布比较均匀,丘陵山区应尽可能选在高程相似的地段。

3. 直方图匹配

直方图匹配就是首先把原图像的直方图变换为某种特定形态的直方图,然后按照已知指定形态的直方图来调正原图像各像素的灰度级,最后得到一个直方图匹配的图像。在融合 SPOT-5 的全色和多光谱影像时,由于两者像素灰度值明显不同,如果不进行直方图匹配而直接融合则会造成光谱的丢失,因此有必要在融合之前,进行影像直方图匹配。

4. 影像融合

遥感平台和传感器的发展,使得遥感系统能够为用户提供同一地区的多种遥感影像数据(多时相、多光谱、多传感器、多平台和多分辨率)越来越多。与单源遥感影像数据相比,多源遥感影像数据所提供的信息具有冗余性、互补性和合作性。冗余性指对环境或目标的表示、描述或解译结果相同;互补性是指信息来自不同影像且相互独立;合作性是不同传感器在观测和处理信息时对其他信息有依赖关系。把这些多源海量数据各自的优势和互补性综合起来加以利用,能够得到最优化的信息,以减少或抑制对被感知对象或环境解译中可能存在的多义性、不完全性、不确定性和误差,最大限度地利用各种信息源提供的信息。例如,可采用SPOT-5的全色波段数据与多光谱数据进行融合,以获取高分辨率的彩色影像进行影像解译。

(二)遥感影像分类与解译

1. 遥感影像分类

遥感影像分类,就是对遥感影像中各类地物的光谱信息和空间信息进行分析,选择能够反映地物光谱信息和空间信息的分类特征,并用一定判别函数和相应的判别准则将特征空间划分为互不重叠的子空间,然后将图像中各个像元划归到各个子空间的过程。影像分类的理论依据在于:遥感图像中的同类地物在相同的条件下,应具有相同或相似的光谱和空间信息特征,从而表现出同类地物的某种内在的相似性,将集群在同一特征空间区域;而不同类的地物其光谱和空间信息特征不同,将集群在不同的特征空间区域。遥感影像分类是信息提取的关键步骤。快速、高精度的遥感图像分类方法是实现各种实际应用的前提。

遥感影像分类方法包括两种类型:监督分类与非监督分类。监督分类主要是根据类别的先验知识确定判别函数和相应的判别准则,并利用一定数量的已知类别的训练样本观测值确定判别函数中的待定参数,然后将未知类别的样本的观测值代入判别函数,再依据判别准则对该样本的所属类别进行判定。如果事先没有类别的先验知识,在这种情况下对未知类别的样本进行分类的方法称为非监督分类,也称聚类(Clustering)。除此之外,面向对象的影像分类与信息提取技术也得到了广泛应用。与传统的基于像元的影像处理方法相比较,面向对象的影像信息提取的基本处理单元是影像对象,而不是单个的像元。在高分辨率影像中,一个影像对象相当于实地几个类别斑块的整体可视化表现,而低分辨率影像中的影像对象则是实地多个地物类别斑块的集合体,是高分辨率影像对象的进一步整合。面向对象的影像信息提取技术早在20世纪70年代就应用于遥感影像的解译中。20世纪90年代以来面向对象技术发展迅速,越来越多地受到遥感专题应用研究者的青睐。多年来的实践证明,面向对象的影像分析技术是在空间信息技术长期发展的过程中产生的,在遥感影像分析中具有巨大的潜力。采用面向对象的分类方法能获取具有纹理结构信息的有足够几何精度的同质影像对象,实现以影像对象为基础的类别自动提取,具有技术成熟、工作量小、速度快、成果精度高等优点。

2. 遥感影像解译

遥感影像解译主要内容包括:①确定各种地物目标的空间分布范围,勾绘分布界限;②描述划分出来的每个影像轮廓内的地物目标类型和属性,或进行必要的量测,包括长度、面积等;③分析工作地区各类地物目标的空间分布规律以及与其他景观要素之间的相关性,并根据应用目的作出判断与评价。

遥感图像中目标地物特征是地物电磁辐射差异在遥感影像上的典型反映。按其表现形式的不同,目标地物特征可以概括分为"色、形、位"三大类:"色"指目标地物在遥感影像上的颜色,这里包括目标地物的色调、颜色和阴影等;"形"指目标地物在遥感影像上的形状,这里包括目标地物的形状、纹理、大小、图形等;"位"指目标地物在遥感影像上的空间位置,这里包括目标地物分布的空间位置、相关布局等。

(1)色调:全色遥感影像中从白到黑的密度比例叫色调(或灰度)。色调标志是识别目标地物的基本依据,依据色调标志,可以区分出目标地物。在一些情况下,还可以识别出目标地物的属性。

(2)颜色:是彩色遥感影像中目标地物识别的基本标志。

(3)阴影:是遥感影像上光束被地物遮挡而产生的地物的影子,根据阴影形状、大小可判读物体的性质或高度。

(4)形状:目标地物在遥感影像上呈现的外部轮廓。

(5)纹理:是遥感影像中目标地物内部色调有规则变化造成的影像结构。

(6)大小:指遥感影像上目标物的形状、面积等的度量。

(7)位置:指目标地物分布的地点。目标地物与其周围地理环境总是存在着一定的空间联系,并受周围地理环境的一定制约。位置是识别目标地物的基本特征之一。

(8)图形:目标地物有规律的排列而成的图形结构。

(9)相关布局:多个目标地物之间的空间配置关系。

地面各种目标地物在遥感影像中存在着不同的色、形、位的差异,构成了可供识别的目标地物特征,影像解译依据目标地物的特征,作为分析、解译、理解和识别遥感影像的基础。

通过遥感影像解译提取目标信息,可采用人机交互解译方法提取植被信息,即凭着光谱规律、地学规律和解译者的经验从影像的亮度、色调、位置、时间、纹理、结构等各种特征推出地面的景物类型,沿影像特征的边缘准确勾绘图斑界,并赋图斑属性代码。

影像解译标志是内业解译的依据,在解译工作开始之前,必须结合影像到实地建立影像色调、纹理结构、颜色、形状与水土保持措施的对应关系,建立统一的解译标志库,才能在室内准确地从影像中进行判读,保证解译数据精度。解译标志库是基于野外样本记录与空间地理信息的总和。按属性划分,解译标志库分为两类:一类是文本数据库,它包括野外土地利用数字相片库、野外环境与专题描述表格;另一类是空间信息数据,即指基于样地的一个同质类型图斑范围内的所有相关信息的集合。在作业时,可通过外业调查,拍摄相应的野外实况照片,利用 GPS 准确定位,建立影像特征与实地的对应关系。

三、土地利用类型提取

土地利用状况是流域重要的下垫面参数,其类型变化反映了人类活动对流域土壤侵蚀的影响。流域土地利用类型提取思路为:参考流域土地利用图等相关资料,建立土地利用类型分类体系与解译标志,选择训练样区,基于遥感影像进行监督分类与交互式解译,并进行分类解译结果的后处理,从而完成土地利用类型提取。

（一）建立土地利用分类体系

我国目前的土地利用现状分类国家标准于 2007 年发布,主要由国土资源部负责指定。该国家标准采用一级、二级两个层次的分类体系,共分 12 个一级类、56 个二级类。其中一级类包括耕地、园地、林地、草地、商服用地、工矿仓储用地、住宅用地、公共管理与公共服务用地、特殊用地、交通运输用地、水域及水利设施用地、其他土地。这一分类体系在国土资源管理部门得到了广泛应用。但由于土壤侵蚀预报的特殊性,在土壤侵蚀预报领域应用该标准时,可在其基础上对部分地类进行细化,如对耕地中的旱地进一步细分为梯田、坡耕地等子类型。这样既满足了应用需要,又结合了现有国家标准,有利于土壤侵蚀预报模型的推广。

（二）选择训练样本

遥感影像分类的关键是建立各种土地利用类型的判别函数,对于监督分类,该判别函数是根据训练区数据统计得出的,所以训练区选择的好坏直接影响到最后分类结果的精度。训练样本的选择有三种方法:目视判读法、遥感影像与土地利用现状图相结合进行判读以及实地调查法等。在具体作业时可综合运用三类方法,即通过目视判读与遥感影像和土地利用现状图相结合在室内初选,再进行实地调查、认定,以提高训练样本选择的典型性与准确性。

（三）进行监督分类

监督分类可以分为与分布无关方法和与分布有关的统计分类。与分布无关方法无需任何有关于观测目标先验概率分布的知识,是一种启发式的学习分类过程,又称无参数的分类;常见的分类方法包括 K 近邻法、决策树法等。统计分类方法则基于一定的先验概率分布模型,这种分类方法假定数据的概率分布参数待确定,一般概率分布多采用多变量 Gaussian 分布,因此最终的参数估计就简化到仅需获得均值矢量、协方差矩阵;常见的分类方法包括 Bayes 最大似然分类法、子空间分类法以及概率松弛算法等。

监督分类的具体步骤为:①建立分类模板。依据分类体系和标准,在遥感影像中选取了训练样本,并建立分类模板。选取时,可基于相应的矢量数据自定义感兴趣区域(AOI)多边形定义训练区,也可以定义出一个像元作为种子像素(seed pixel)代表训练样本,其相邻像素根据用户指定参数进行比较,直到没有相邻像元满足要求;这些相似像元可通过栅矢转换成为训练区。②采用可分性评价法或可能性矩阵法对分类模板进行精度评价,如不符合精度要求则需调整分类模板。③进行遥感影像监督分类。可基于多种监督分类方法进行初步分类,再根据初步分类结果选择精度最高的分类方法。④进行分类结果评价。遥感影像监督分类的精确度直接决定了进行遥感影像分类的价值。分类精度的表达方式有总准确度、用户准确度、生产者准确度、Kappa 指数等。进行精确度评价的常用抽样方法有系统抽样、随机抽样、分区抽样和系统分区随机抽样四种。满足精度要求的分类结果可以进入人机交互解译环节,否则的话必须返回前一环节,对分类模板进行调整,然后重新进行分类。

（四）人机交互解译

在自动分类完成后,难免有错分与漏分的现象,分类精度的关键在于选择样本多边形是否具有很强的代表性。根据实际情况采取两种措施:一为修改训练样本重新分类,直到分类达到一定的精度;二为人机交互解译,将漏分的多边形手动归为某种类别,错分的多边形进行类别的修改。手动分类可充分利用判读人员的知识,灵活性好,但花费时间较多,并存在个人主观差异。

(五)解译结果后处理

遥感影像分类结果会不可避免地产生一些面积很小的图斑,无论从专题制图的角度还是实际应用的角度,都有必要对这些小图斑进行剔除。分类结果后处理包括三个步骤:聚类统计、去除分析和分类重编码。具体处理时,可采用遥感影像处理软件的聚类功能(clump)对分类结果进行聚类统计,然后使用去除分析(eliminate)删除聚类图像中的小图斑,并将删除的小图斑合并到相邻的最大的分类当中。经过去除处理后,分类图斑的属性值自动恢复为 Clump 处理前的原始分类编码。

在建立训练区和选择训练样本时,为了提高分类精确度和准确度,建立分类模板时需要把某一大类细分为几个小的类别,而在进行结果的统计分析时,则需将不同的小类重新合并为相应的大类,可采用重分类功能对经过聚类统计和去除分析处理后的分类结果进行相应的合并重编码,最终生成完整的土地利用类型数据。

四、水土保持工程措施提取

流域水土保持工程措施反映了人类的水土流失治理活动对流域土壤侵蚀的影响。其提取思路为:以流域治理规划图或竣工图为基础,参照野外采样的标准小流域治理措施的图片、采样表,进行影像人工解译、勾绘,重点关注颜色比较单一、边界比较规则的几何类型、线状地物等。

(一)农田建设治理措施解译

梯田分为水平梯田、坡式梯田和隔坡梯田,其特点比较明显,有排列式的田坎,由于田坎多由石头和裸土组成,水分含量少,在影像各光谱波段上多为高值,波段组合后显白色,梯田与等高线一致,若在影像上出现环形线性地物,并与坡度图吻合(可将影像图与坡度图进行坐标热联接),同时与相应的土地利用图进行对比分析,确保地类在"旱地"地类中。作物收割后的梯田光谱不是很明显,需要对影像进行增强处理分析。在解译时,首先赴试验样区进行野外实地调查建立梯田解译标志,再结合地形、土地利用等信息进行梯田信息提取。

(二)小型工程治理措施解译

小型工程治理措施有很多种,可分为两大类:线状类型,如道路、排水渠、输水渠等;面状类型,有谷坊、淤地坝、拦沙坝、沟头防护、坡面防护、截水沟、蓄水池、水窖、小水库等工程。在影像上解译时,沿沟壑两边进行搜索,重点解译沟头、高坡度的区域,将坡度图和土地利用图作为辅助图进行解译。小型工程治理措施一般为规则的几何形态,如淤地坝在影像上表现为线状地物。谷坊分布在沟头的支沟上,有点状分布的特征,颜色为小亮点,横切毛细沟。拦沙坝分为坝体和淤泥体,平面上呈现均匀的"掌状"形态。小水库和塘坝为水体,在影像上容易划分,需要注意的是与自然水体区域,一般小水库和塘坝比较规则,靠近居民地,小水库有明显的坝体。排输水沟为线性地物,有水时,显水体色调,无水时,为高亮度的白色。在沟头与支沟地区,有一些闸门和分流的建筑设施。

(三)其他治理措施解译

除上述措施外,其他治理措施如经果林措施、水土保持林措施、种草措施等需结合流域水土保持治理工程规划设计及施工资料加以解译。

五、植被覆盖度信息提取

植被覆盖度是衡量地表水土流失状况的一个最重要的指标,指植被植株冠层或叶面在地面的垂直投影面积占植被区总面积的比例。

计算植被覆盖度就是计算地表植被和土壤所占的面积比例,在影像上计算每个像元内的植被占总面积比例,通过影像的处理提取植被的信息和土壤的信息。通常利用归一化植被指数 $NDVI$ 来反映植被的生长状态。它又称标准化植被指数,定义为近红外波段 NIR$(0.7 \sim 1.1 \ \mu m)$ 与可见光红波段 R$(0.4 \sim 0.7 \ \mu m)$ 反射率之差和这两个波段反射率之和的比值,如式(10-4)所示:

$$NDVI = (\rho_{NIR} - \rho_R)/(\rho_{NIR} + \rho_R) \tag{10-4}$$

在 SPOT-5 的影像应用中,上述公式可由式(10-5)表示:

$$NDVI = (\rho_{spot3} - \rho_{spot2})/(\rho_{spot3} + \rho_{spot2}) \tag{10-5}$$

植被覆盖度与 $NDVI$ 有非常好的相关性,$NDVI$ 分布值在 -1 至 1 之间,小于 0.1 几乎就没有植被信息了,而接近于 1 时,表示植被生长旺盛。根据土壤 $NDVI$ 和植被 $NDVI$,计算植被覆盖度,其数学表达式如式(10-6)所示:

$$f_{cover} = (NDVI - NDVI_{soil})/(NDVI_{veg} - NDVI_{soil}) \tag{10-6}$$

其中,$NDVI_{soil}$ 为裸土或无植被覆盖区域的 $NDVI$ 值,即无植被像元的 $NDVI$ 值;而 $NDVI_{veg}$ 则代表完全被植被所覆盖的像元的 $NDVI$ 值,即纯植被像元的 $NDVI$ 值。$NDVI$ 可以从影像上计算出来,$NDVI_{soil}$ 与 $NDVI_{veg}$ 可以在影像上确定。$NDVI_{soil}$ 应该是不随时间改变的,对于大多数类型的裸地表面,理论上应该接近零。然而由于大气影响地表湿度条件的改变,$NDVI_{soil}$ 会随着时间而变化。此外,由于地表湿度、粗糙度、土壤类型、土壤颜色等条件的不同,$NDVI_{soil}$ 也会随着空间而变化。$NDVI_{soil}$ 的变化范围一般在 -0.1 至 0.2 之间。因此,采用一个确定的 $NDVI_{soil}$ 值是不可取的,即使对于同一景影像值也会有所变化。为了使用理想的调整方法,我们并不需要知道 $NDVI_{soil}$ 的具体值,因为它应该是从影像中计算出来的,因为计算的都是相对值。裸地的空间变化也可能与传感器的观测角度有关。因此由于每个像元的观测角度不同,所选择的 $NDVI_{soil}$ 值也会不同,这就造成了对植被覆盖度 f_{cover} 估计的不确定性。在计算植被覆盖度之前,还应采用适当的调整方法以消除大气影响。在使用观测角度较大的传感器所得的影像时,不确定性是存在的。$NDVI_{veg}$ 代表着全植被覆盖像元的最大值。由于植被类型的不同,植被覆盖的季节变化,叶冠背景的污染,包括潮湿地面、雪、枯叶等因素,$NDVI_{veg}$ 值的确定也存在着与 $NDVI_{soil}$ 值类似的情况,$NDVI_{veg}$ 值也会随着时间和空间而改变。因此,采用一个确定的 $NDVI_{veg}$ 值也是不可取的。因此通过计算裸土和植被类型的直方图统计,分别找出最小值与最大值代表 $NDVI_{soil}$ 和 $NDVI_{veg}$。将 $NDVI$ 与土地利用类型图叠加,生成裸土区的 $NDVI$ 图和植被覆盖区的 $NDVI$ 图,分别进行两层数据的直方图统计,计算裸土区的 $NDVI$ 图的最小值和植被覆盖区的 $NDVI$ 图的最大值,以分别代表 $NDVI_{soil}$ 和 $NDVI_{veg}$。再利用植被区的 $NDVI$ 图计算植被覆盖度。计算出来的植被覆盖度再由野外 1/3 的样本进行检验,如果未到达精度要求,继续调整 $NDVI_{soil}$ 和 $NDVI_{veg}$ 参数,直到满足精度要求。

第四节　其他相关资料整理

一、矢量数据整理

进行土壤侵蚀预报,还需要部分矢量数据,包括雨量站或水文站位置数据、土壤类型数据、分区工程措施数据等。这些数据收集后,需按照设计的系统数据库逻辑结构加以整理方能使用。

(1)雨量站或水文站数据。这些数据多以明码文件(ASCII 码)存在,文件中包括站名、位置的经纬度坐标等信息。在整理时,可采用相应的软件工具将其空间化,即通过定义空间参考系统,利用经纬度坐标生成相应的点要素类,并赋以站名属性,其属性结构需符合系统数据库要求。

(2)其他矢量数据。包括土壤类型、分区工程措施统计资料等。这些数据如有电子数据,可直接按照系统数据库结构进行整理即可;如果为纸质模拟地图,需进行扫描矢量化并录入必要的属性。

二、降水观测数据整理

流域降水观测资料是进行土壤侵蚀预报不可缺少的关键资料,以表格的形式加以记录。在进行土壤侵蚀预报之前,需根据预报模型需求收集相应的降水观测资料,包括次降水观测数据、年降雨观测数据、次暴雨观测数据。

(1)次降水观测数据。主要用于次降水机制模型计算。每一场次降水数据包括降水时间、实测流量、实测含沙量以及各雨量站观测降雨量值等信息,需按照系统数据库结构进行录入或转换,最终生成相应的表格数据。值得注意的是,这里的雨量站名称需与雨量站要素类中的名称一致。

(2)年降雨观测数据。该数据主要用于年产沙经验模型中的降雨侵蚀力计算。包括流域内每一站点记录的各月平均降雨量数据,可直接基于 Excel 等软件进行录入。同样,这里的站点名称要求与雨量站空间数据中的名称一致。

(3)次暴雨观测数据。该数据主要用于次暴雨模型计算,包括降雨、河道水情以及含沙量观测数据,由于采用的是水文信息标准数据,因此直接将其转换入库即可。

第十一章　土壤侵蚀预测预报信息系统工程建设

在完成土壤侵蚀基础数据收集与整理、建库后,可基于土壤侵蚀预报信息系统进行土壤侵蚀预报计算。整个系统共包括文件、基础分析、年产沙经验模型、次降水机制模型、次暴雨经验模型五个主菜单,对应于工程文件管理、基础空间分析以及三个土壤侵蚀预报模型共五大功能。

第一节　土壤侵蚀预报工程组织

土壤侵蚀预报工程是整合、集成土壤侵蚀模型及其基础数据、运算数据以及成果数据的一种数据结构,是土壤侵蚀预测预报计算的起点。它对应于文件主菜单,主要完成工程建立、打开、复制以及更新降水资料与基本地图操作如地图缩放、平移、显示全图等操作。

一、新建工程

新建模拟工程采用向导式(WIZARD)界面,其操作步骤如下:

(1)点击文件菜单→新建模拟工程,或单击工具 ▨,出现向导第一步界面,主要设定模拟工程名称、存储路径以及模型类型,如图 11-1 所示。

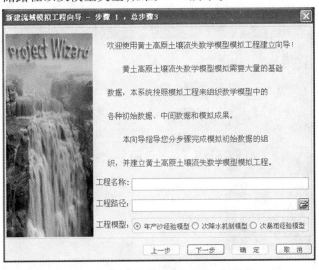

图 11-1　新建模拟工程向导示意图(1)

(2)在工程名称文本框中输入模拟工程名称,单击工程路径后的"浏览"命令,出现如图 11-2 所示的路径选择对话框;选择工程路径后,单击不同的模型以设定模型类型;再单击"下一步"。

图 11-2 新建模拟工程向导示意图(2)

（3）出现向导的第二步，设定模型的基础数据，根据不同的模型，其设定基础数据也不相同：①年产沙经验模型需设定流域 DEM、土地利用、雨量站、土壤类型、工程措施数据等空间数据，以及流域年降雨观测数据；根据流域具体情况设定流域年 *NDVI* 数据或汛期月 *NDVI* 数据，单击 ⋯ 按钮可选择相应的数据（见图 11-3）。②次降水机制模型需设定流域 DEM、土地利用、雨量站数据等空间数据，以及次降水观测数据（见图 11-4）。③次暴雨模型需设定流域降雨观测数据、河道水情数据以及含沙量数据（见图 11-5）。全部设定完成后，单击"下一步"。

图 11-3 新建模拟工程向导示意图(3)

图 11-4　新建模拟工程向导示意图(4)

图 11-5　新建模拟工程向导示意图(5)

(4)出现向导的最后一步,对工程的名称、路径与各类原始数据进行了总结并显示(见图11-6)。检查无误后,单击"确定"命令完成向导,即可创建模拟工程。

图 11-6　新建模拟工程向导示意图(6)

二、打开工程

单击文件→打开模拟工程,或工具 ✎,出现打开工程对话框,选择扩展名为 *.prj 的工程文件,单击"打开",即可打开土壤侵蚀模型工程(见图 11-7)。

图 11-7　打开模拟工程示意图

三、另存模拟工程

单击文件→另存模拟工程,或工具 ▨,出现工程另存为对话框,选择另存工程的目的路径,单击"确定"即可将当前打开的工程保存到指定位置(见图 11-8)。

图 11-8　另存模拟工程示意图

四、添加降水资料

在打开次降水机制模拟工程状态下,单击文件→添加降水资料,或工具 ▨,即出现添加降水资料对话框(见图 11-9),选择欲添加的降水观测资料(Microsoft Excel 数据),单击打开后即可读取该数据并在对话框中显示出来，设定降水场次名称后即可完成降水资料向当前工程的动态添加。

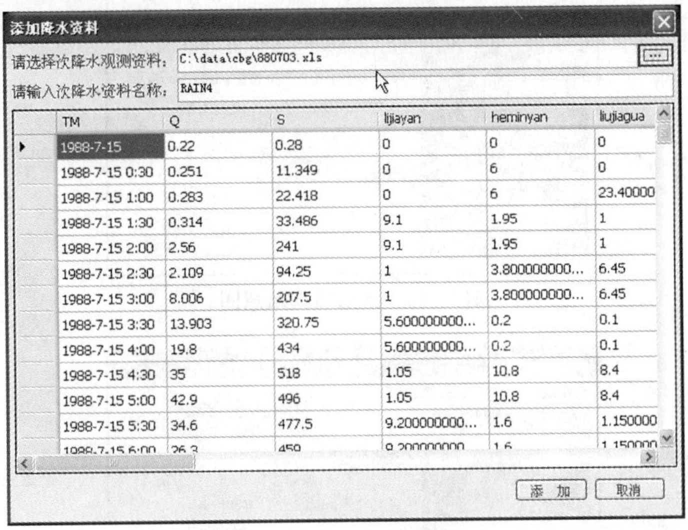

TM	Q	S	lijiayan	heminyan	liujiagua
1988-7-15	0.22	0.28	0	0	0
1988-7-15 0:30	0.251	11.349	0	6	0
1988-7-15 1:00	0.283	22.418	0	6	23.40000
1988-7-15 1:30	0.314	33.486	9.1	1.95	1
1988-7-15 2:00	2.56	241	9.1	1.95	1
1988-7-15 2:30	2.109	94.25	1	3.800000000...	6.45
1988-7-15 3:00	8.006	207.5	1	3.800000000...	6.45
1988-7-15 3:30	13.903	320.75	5.600000000...	0.2	0.1
1988-7-15 4:00	19.8	434	5.600000000...	0.2	0.1
1988-7-15 4:30	35	518	1.05	10.8	8.4
1988-7-15 5:00	42.9	496	1.05	10.8	8.4
1988-7-15 5:30	34.6	477.5	9.200000000...	1.6	1.150000

图 11-9　添加降水资料示意图

五、地图基本操作

在打开工程状态下，单击文件→地图基本操作中的相应工具（放大视图 全局视图 缩小视图 前一视图 平移视图 后一视图），或单击工具栏，即可完成地图的缩放、平移、显示全图等常用的看图操作。

六、退出系统

单击文件→退出系统，即可退出系统。其工具图标为。

第二节　基础分析与计算

一、地形分析

地形分析包括地形填洼与坡度计算两个功能。

（一）地形填洼

在打开工程状态下，单击基础分析→地形填洼，即出现填洼计算对话框（见图 11-10），输入容许的流域相邻栅格高差容限（默认为 30 m），单击确定即可完成填洼计算，并显示填洼计算结果。

（二）坡度分析

在打开工程状态下，单击地形分析→坡度分析，即可完成流域坡度分析并显示出分析结果（见图 11-11）。需要注意的是，坡度分析必须在填洼计算完成后进行。

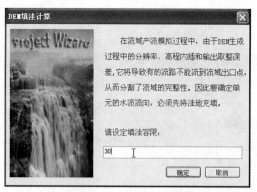

图 11-10　地形填洼示意图

图 11-11　坡度分析示意图

二、时空插值

时空插值包括降水时间插值与降水空间插值两个方面。

(一)降水时间插值

在打开工程状态下,单击基础分析→降水时间插值,即出现资料时间插值计算对话框(见图 11-12);在该对话框中选择当前工程某一降水场次,并输入插值时间步长(默认为30 分钟),单击"插值"即可完成资料的时间插值运算并自动保存运算结果。

图 11-12　降水时间插值示意图

（二）降水空间插值

在打开工程状态下，单击数据插值→降水资料空间插值，即出现降水空间插值计算对话框（见图 11-13）；在该对话框中选择当前工程某一降雨场次，单击"插值"即自动进行降雨空间插值运算并保存运算结果。

图 11-13　降水空间插值示意图

三、水文分析

（一）流向计算

在打开工程状态下，单击基础分析→流向计算，即出现流向计算对话框（见图 11-14）；单击"确定"即自动进行流向计算并保存、显示计算结果。流向计算须在坡度分析完成后进行。

图 11-14　流向计算示意图

（二）汇流累积计算

在打开工程状态下，单击基础分析→汇流累积计算，即出现汇流累积计算对话框（见图 11-15）；在该对话框中单击"确定"即自动进行汇流计算并保存、显示计算结果。汇流累积计算须在流向计算完成后进行。

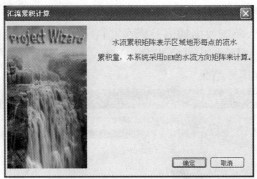
图 11-15　汇流累积计算示意图

(三)河网提取计算

在打开工程状态下,单击基础分析→河网提取计算,即出现河网提取计算对话框(见图 11-16);在该对话框中输入形成水流的最小单元数(默认取 200)后,单击"确定"即自动进行河网提取计算并保存、显示计算结果。河网提取计算须在汇流累积计算完成后进行。

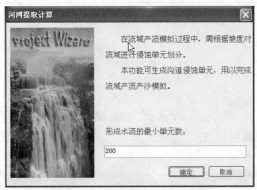
图 11-16　河网提取计算示意图

(四)侵蚀单元分析

在打开工程状态下,单击基础分析→侵蚀单元分析,即自动进行流域侵蚀单元分析并保存、显示计算结果(见图 11-17)。流域侵蚀单元分析须在河网提取计算完成后进行。

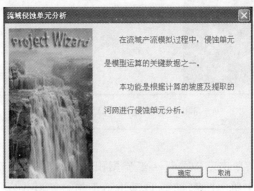
图 11-17　流域侵蚀单元分析示意图

（五）流长计算

在打开工程状态下,单击基础分析→流长计算,即出现水流路径长度计算对话框(见图11-18);在该对话框中单击"确定"即自动进行流长计算并保存、显示计算结果。流长计算须在流向计算完成后进行。

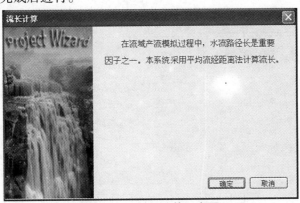

图 11-18　流长计算示意图

第三节　年产沙经验模型计算

一、模型因子计算

（一）气候因子计算

在打开工程状态下,单击年产沙经验模型→气候因子计算,即出现气候因子计算对话框(见图11-19);在该对话框中单击"加载年平均降雨观测数据表"可显示降雨观测资料,设定必要的插值方法与参数后,单击"计算"即可自动进行气候因子计算并保存、显示计算结果。

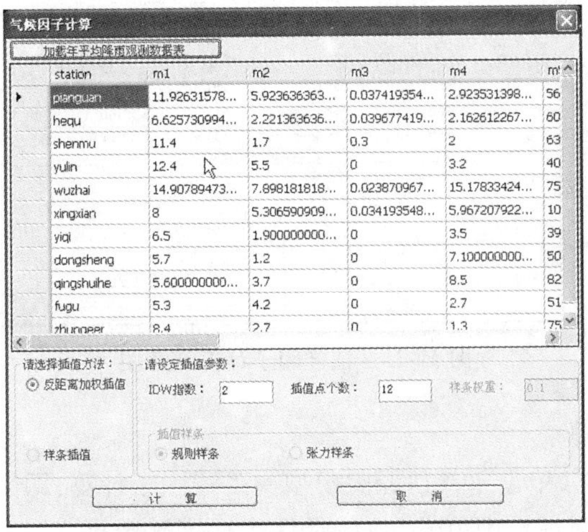

图 11-19　气候因子计算示意图

（二）土壤因子计算

在打开工程状态下,单击年产沙经验模型→土壤因子计算,即出现土壤因子计算对话框(见图11-20);在该对话框中单击"加载土壤类型数据表"可显示土壤类型资料,单击"计算"即可自动进行土壤因子计算并保存、显示计算结果。

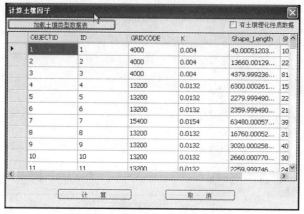

图 11-20　土壤因子计算示意图

（三）植被因子计算

在打开工程状态下,单击年产沙经验模型→植被因子计算,即出现植被因子计算对话框(见图11-21);在该对话框中单击"加载月平均降雨观测数据表"可显示月平均降雨观测资料,设定必要参数后,单击"计算"即可自动进行植被因子计算并保存、显示计算结果。

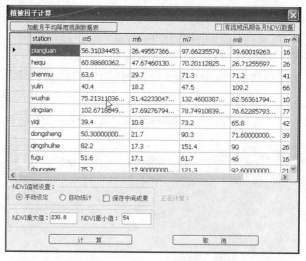

图 11-21　植被因子计算示意图

（四）工程因子计算

在打开工程状态下,单击年产沙经验模型→工程因子计算,即出现工程因子计算对话框(见图11-22);在该对话框中单击"加载水保工程措施数据表"可显示水保工程措施资料,单击"计算"即可自动进行工程因子计算并保存、显示计算结果。

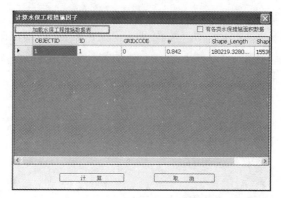

图 11-22　工程因子计算示意图

(五)耕作措施因子计算

在打开工程状态下,单击年产沙经验模型→耕作措施因子计算,即出现耕作措施因子计算对话框(见图 11-23);在该对话框中单击"确定"即可自动进行耕作措施因子计算并保存、显示计算结果。

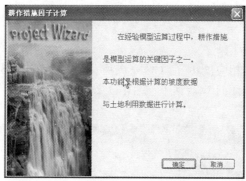

图 11-23　耕作措施因子计算示意图

(六)LS 因子计算

在打开工程状态下,单击年产沙经验模型→LS 因子计算,即出现 LS 因子计算对话框(见图 11-24);在该对话框中设定相关参数后,单击"计算"即可自动进行 LS 因子计算并保存、显示计算结果。

图 11-24　LS 因子计算示意图

(七)沟蚀系数计算

在打开工程状态下,单击年产沙经验模型→沟蚀系数计算,即出现沟蚀系数计算对话框(见图11-25);单击"计算"即可自动进行沟蚀系数计算并保存、显示计算结果。

图 11-25　沟蚀系数计算示意图

二、经验模型计算

(一)潜在侵蚀 A01 计算

在打开工程状态下,相应的因子计算完成后,单击年产沙经验模型→潜在侵蚀 A01 计算,即出现潜在侵蚀 A01 计算对话框(见图11-26);单击"计算"即可自动进行潜在侵蚀计算并保存、显示计算结果。

图 11-26　潜在侵蚀 A01 计算示意图

(二)潜在侵蚀 A02 计算

在打开工程状态下,相应的因子计算完成后,单击年产沙经验模型→潜在侵蚀 A02 计算,即出现潜在侵蚀 A02 计算对话框(见图11-27);单击"计算"即可自动进行潜在侵蚀计算并保存、显示计算结果。

图 11-27　潜在侵蚀 A02 计算示意图

（三）土壤流失 A1 计算

在打开工程状态下,相应的因子计算完成后,单击年产沙经验模型→土壤流失 A1 计算,即出现土壤流失 A1 计算对话框(见图 11-28);单击"计算"即可自动进行土壤流失计算并保存、显示计算结果。

图 11-28　土壤流失 A1 计算示意图

（四）土壤流失 A2 计算

在打开工程状态下,相应的因子计算完成后,单击年产沙经验模型→土壤流失 A2 计算,即出现土壤流失 A2 计算对话框(见图 11-29);单击"计算"即可自动进行土壤流失计

图 11-29　土壤流失 A2 计算示意图

算并保存、显示计算结果。

（五）年均侵蚀强度计算

在打开工程状态下，相应的侵蚀模型计算完成后，单击年产沙经验模型→年均侵蚀强度计算，即出现年均侵蚀强度计算对话框（见图11-30）；设定相应的计算模型后，单击"计算"即可自动计算流域年均土壤侵蚀模数并保存、显示计算结果。

图11-30 年均侵蚀强度计算示意图

（六）年产沙总量计算

在打开工程状态下，相应的侵蚀模型计算完成后，单击年产沙经验模型→年产沙总量计算，即出现年产沙总量计算对话框（见图11-31）；设定相应的计算模型后，单击"计算"即可自动计算流域年产沙总量并保存、显示计算结果。

图11-31 年产沙总量计算示意图

三、成果查询可视化

(一)模型因子地图可视化

在打开工程状态下,相应的因子计算完成后,单击年产沙经验模型→模型因子地图,即出现各类因子地图子菜单;单击相应的模型因子地图即可调出因子计算结果并生成专题地图。图11-32所示即为LS因子的计算成果。

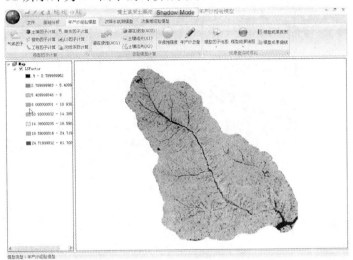

图11-32　LS因子计算成果图

(二)模型成果地图可视化

在打开工程状态下,相应的侵蚀模型计算完成后,单击年产沙经验模型→模型成果地图,即出现各类成果地图子菜单;单击相应的模型成果地图即可调出模型计算结果并生成专题地图。图11-33所示即为土壤流失A2的计算成果。

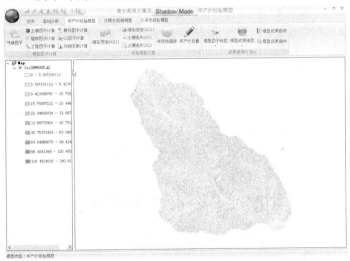

图11-33　土壤流失A2计算成果图

(三)模型成果报表查询

在打开工程状态下,相应的侵蚀模型计算完成后,单击年产沙经验模型→模型成果报表,即出现模型成果报表对话框(见图11-34);单击"查询经验模型计算成果"即可查询年经验模型报表。

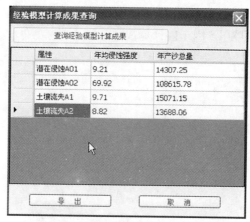

图11-34　模型成果报表查询示意图

(四)模型成果曲线绘制

在打开工程状态下,相应的侵蚀模型计算完成后,单击年产沙经验模型→模型成果曲线,即出现模型成果曲线对话框(见图11-35);选择相应的侵蚀类型,单击绘制直方图即可绘制年经验模型曲线。

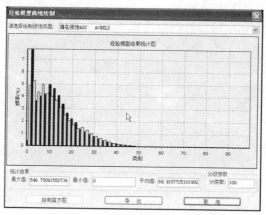

图11-35　模型成果曲线绘制示意图

第四节　次降水机制模型计算

一、机制模型计算

在打开工程状态下,单击次降水机制模型→产流产沙计算,即出现产流产沙模型计算对话框(见图11-36);选择相应的降水场次,设定霍顿产流参数、线性水库参数等计算参数后,单击计算即可进行次降水机制模型计算。

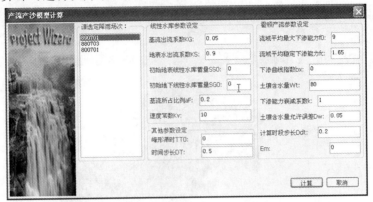

图11-36 产流产沙模型计算示意图

二、成果查询可视化

(一)基础数据成果

在打开工程状态下,相应的计算完成后,单击次降水机制模型→基础数据成果,即出现各类基础数据地图子菜单;单击相应的基础数据地图即可调出基础数据并生成专题地图。图11-37所示即为坡度分析的计算结果。

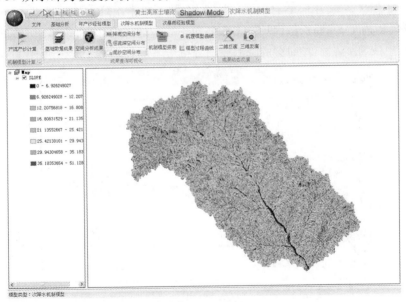

图11-37 坡度分析结果示意图

(二)空间分析成果

在打开工程状态下,相应的空间分析计算完成后,单击次降水机制模型→空间分析成果,即出现各类分析成果地图子菜单;单击相应的分析成果即可调出空间分析结果并生成专题地图。图 11-38 所示即为流向分析的计算结果。

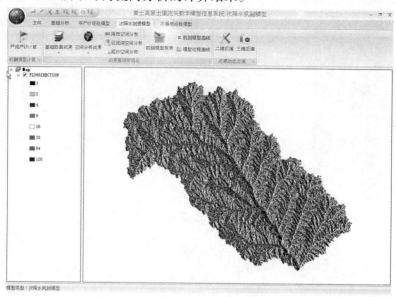

图 11-38　流向分析计算结果示意图

(三)降水空间分布

在打开工程状态下,相应的时空插值计算完成后,单击次降水机制模型→降雨空间分布,即出现降水空间分布对话框(见图 11-39);单击相应的降雨场次,选择相应的时刻,单击打开即可调出该场次降雨、该时刻的降水空间分布结果并生成专题地图(见图 11-40)。

图 11-39　降水空间分布查询示意图

(四)径流深空间分布

在打开工程状态下,机制模型计算完成后,单击次降水机制模型→径流深空间分布,即出现径流深空间分布对话框;单击相应的降雨场次,选择相应的时刻,单击打开即可调

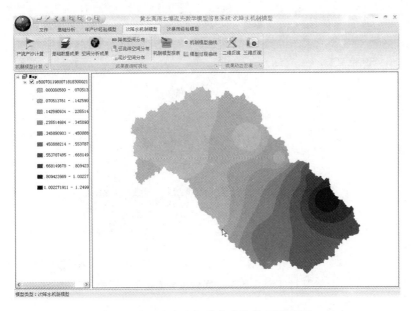

图 11-40　降水空间分布查询结果示意图

出该场次降雨、该时刻的径流深空间分布结果并生成专题地图(见图 11-41)。

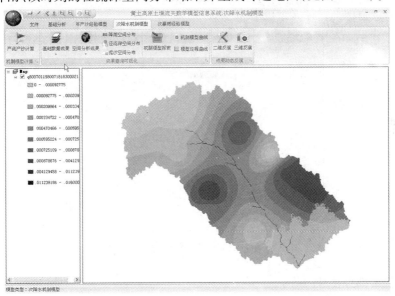

图 11-41　径流深空间分布查询结果示意图

(五)泥沙空间分布

在打开工程状态下,机制模型计算完成后,单击次降水机制模型→泥沙空间分布,即出现泥沙空间分布对话框;单击相应的降雨场次,选择相应的时刻,单击打开即可调出该场次降雨、该时刻的泥沙空间分布结果并生成专题地图(见图 11-42)。

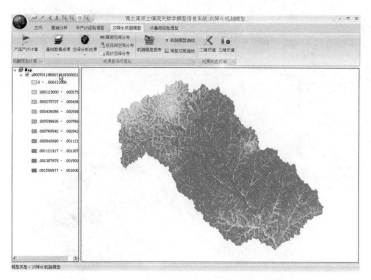

图 11-42　径流深空间分布查询结果示意图

(六) 机制模型报表

在打开工程状态下,机制模型计算完成后,单击次降水机制模型→机制模型报表,即出现机制模型报表查询对话框;选择相应的降雨场次,单击查询该场次模拟结果即可调出该场次降雨机制模型计算结果报表并显示(见图 11-43)。

图 11-43　机制模型报表查询结果示意图

(七) 机制模型曲线

在打开工程状态下,机制模型计算完成后,单击次降水机制模型→机制模型曲线,即出现机制模型曲线绘制对话框;选择相应的降雨场次,单击"绘制"即可绘出该场次降雨机制模型计算结果曲线(见图 11-44)。

(八) 模型过程曲线

在打开工程状态下,机制模型计算完成后,单击次降水机制模型→模型过程曲线,在地图上单击某一位置,即出现模型过程曲线绘制对话框;选择相应的降雨场次,单击"绘制",则在地图上显示点击位置,对话框中显示点击处的行列号,并绘制出该场次降雨机

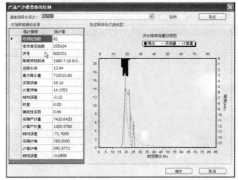

图 11-44　机制模型曲线绘制结果示意图

制模型不同时刻计算结果过程曲线(见图 11-45)。

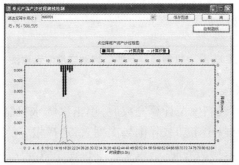

图 11-45　机制模型产流过程曲线绘制结果示意图

三、成果动态反演

(一)二维动态反演

在打开工程状态下,机制模型计算完成后,单击次降水机制模型→二维动态反演,即出现二维动态反演对话框;单击加载降雨场次列表,选择相应的降雨场次,单击绘制曲线,则在对话框下方绘制出该场次的曲线;设定反演参数后,即可按照该场次降水的时间序列,动态地在二维地图上显示径流深或产沙空间分布,并与模型曲线同步(见图 11-46、

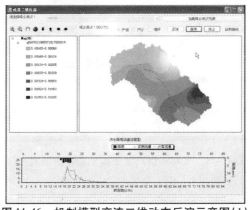

图 11-46　机制模型产流二维动态反演示意图(1)

图 11-47)。

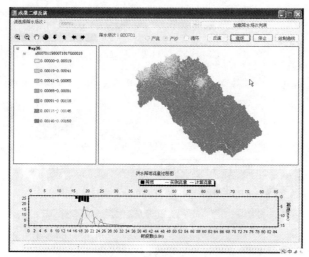

图 11-47　机制模型产沙二维动态反演示意图(2)

(二)三维动态反演

在打开工程状态下,机制模型计算完成后,单击次降水机制模型→三维动态反演,即出现三维动态反演对话框;单击加载降雨场次列表,选择相应的降雨场次,单击绘制曲线,则在对话框下方绘制出该场次的曲线;设定三维拉伸系数等反演参数后,即可单击相应的反演按钮,按照该场次降水的时间序列在三维视区内动态显示径流深或产沙空间分布,并与模型曲线同步(见图 11-48、图 11-49)。

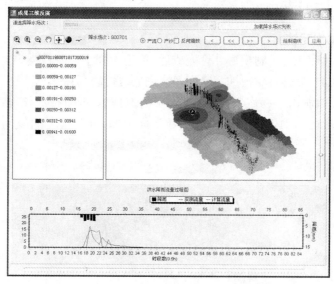

图 11-48　机制模型产流三维动态反演示意图(1)

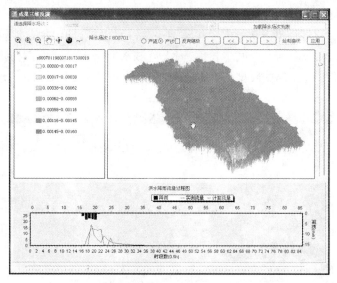

图 11-49　机制模型产沙三维动态反演示意图(2)

第五节　次暴雨经验模型计算

一、次暴雨模型计算

(一)次暴雨模拟

在打开工程状态下,单击次暴雨经验模型→次暴雨模拟,即出现次降雨模拟对话框;设定模拟开始时间、结束时间及时间步长后,输入流域水文站编号,单击查询原始数据即可在对话框右方显示降雨观测数据,单击模拟计算即可进行模拟,并显示模拟结果(见图 11-50)。

图 11-50　次暴雨模拟计算示意图

(二)含沙量模拟

在打开工程状态下,单击次暴雨经验模型→含沙量模拟,即出现含沙量模拟对话框;设定模拟开始时间、结束时间及时间步长后,输入流域水文站编号,单击查询原始数据即可在对话框右方显示降雨观测数据,单击模拟计算即可进行模拟,并显示模拟结果(见图11-51)。

图 11-51　含沙量模拟计算示意图

二、次暴雨模型预报

(一)实时洪水预报

在打开工程状态下,单击次暴雨经验模型→实时洪水预报,即出现实时洪水预报对话框;设定预报时间、时间步长、流域水文站编号后,输入预热期、预见期时长,系统会自动计算预报开始时间、结束时间;单击计算即可进行实时预报,并显示预报结果(见图11-52)。

图 11-52　实时洪水预报示意图

(二)实时含沙量预报

在打开工程状态下,单击次暴雨经验模型→实时含沙量预报,在出现的对话框中,设定预报时间、时间步长、流域水文站编号后,输入预热期、预见期时长,系统会自动计算预报开始时间、结束时间;单击计算即可进行实时含沙量预报,并显示预报结果(见图11-53)。

图 11-53　实时含沙量预报示意图

三、成果查询可视化

(一)模型报表查询

在打开工程状态下,单击次暴雨经验模型→模型报表,在出现的对话框中,设定降水时间及产流或产沙过程后,单击查询结果即可查询该时刻的模型计算结果(见图11-54)。

图 11-54　模型报表查询示意图

(二)模型曲线绘制

在打开工程状态下,单击次暴雨经验模型→模型曲线,在出现的对话框中,设定降水时间及产流或产沙过程后,单击绘制直方图即可生成该时刻的模型计算结果(见图11-55)。

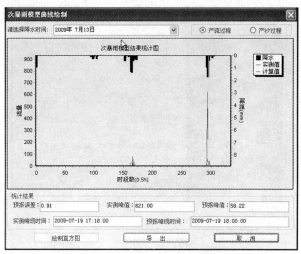

图 11-55　模型曲线绘制示意图

第十二章 黄土高原土壤侵蚀预测预报实例

黄土高原是我国水土流失最为严重的地区之一,其中北部面积不足 8 万 km² 的黄河多沙粗沙区输沙量达 10 亿 t 之多,严重的水土流失不仅造成该地区生态环境的不断恶化和经济上的贫困,而且堆积于黄河下游河床中,使河床不断抬高,加剧洪水对下游的威胁。对黄土高原土壤侵蚀进行科学的预测预报可以为下游河道防洪减淤、干支流水利工程建设规划和设计工作提供科学依据;而且通过对土壤侵蚀影响因素的分析,特别是基于地理信息系统(GIS)的能够反映流域下垫面空间差异的土壤侵蚀及水沙过程模拟,可以进一步揭示土壤侵蚀发生发展规律,为黄河中游水土保持规划等工作提供科学依据。本章选取了两个典型流域——孤山川流域与岔巴沟流域,讨论了预报计算流程,分别采用年产沙经验模型以及次降水机制模型进行了土壤侵蚀预报,验证了土壤侵蚀预测预报信息系统的实践价值。

第一节 年产沙经验模型预测

一、孤山川流域概况

年产沙经验模型预测研究区选取流域为孤山川流域,如图 12-1 所示。孤山川地处鄂尔多斯高原的东南坡,同时又是西北黄土高原边缘地带,属黄土丘陵沟壑区第一副区。它

图 12-1 孤山川流域水系分布图

是黄河中游右岸的一级支流,发源于内蒙古自治区准格尔旗乌日高勒乡川掌村,流经准格尔旗和陕西省府谷县,在府谷镇附近汇入黄河。地理坐标为东经 110°32′24″ ~ 111°05′24″,北纬39°00′00″ ~ 39°27′36″。流域总面积为 1 272 km²,其中内蒙古准格尔旗254 km²,陕西府谷县 1 018 km²,干流长 79.4 km。流域于 1953 年 9 月在府谷县高石崖村设立水文站,控制面积 1 263 km²;1965 年前设有新民镇、高石崖雨量站,1965 年后增加新庙、孤山雨量站。

孤山川流域地处毛乌素沙地与黄土丘陵沟壑区的过渡地带,南北跨越长城内外,流域内地貌类型比较单一,主要是黄土丘陵沟壑地貌类型区,其中上游有少部分黄土盖沙区,下游沿黄河河谷一带为基岩沟谷丘陵区,水土流失严重,河源海拔 1 380 m,河口海拔811.3 m,相对高差为 568.7 m,平均比降为 5.40‰,沟壑密度 2.91 km/km²,年均侵蚀模数 16 800 t/km²,年均输沙量 2 139 万 t,全流域均为多沙粗沙区,其中粗泥沙集中来源区面积 1 268 km²,占孤山川全流域面积的 99.7%。

孤山川流域水蚀风蚀严重,沟谷非常发育,切割很深,主沟道已下切到基岩面以下。流域主要土壤类型为黄绵土,占到 66.07%,黄土的形成与土壤的侵蚀密切相关,是在黑垆土的基础上被侵蚀后形成的。剖面无明显发育,结构均匀,层次不明显。肥力中等,土壤疏松,耕性良好。其次为栗钙土,占 26.74%。由于土层深厚、质地疏松、植被稀少,土壤侵蚀严重,沟谷发育,是典型的黄土丘陵沟壑区。流域主要植被类型为长芒草、蒿类,几乎分布于全流域,下游主要为本氏羽茅与达乌里胡枝子草原,在流域的高海拔地区分布有以油松、侧柏、杜松为主的针叶林。

流域属于干旱、半干旱大陆性季风气候区,既有鄂尔多斯高原风大沙多的特点,又具有黄土高原的大陆性气候特征,雷阵雨多,暴雨强度大。气温随地势由西北向东南递增,年平均气温为 7.3 ℃,极端最低气温为 -32.8 ℃,极端最高气温为 39.1 ℃,日平均气温 ≥10 ℃ 的有效积温为 3 350 ℃。多年平均降水量约为 430 mm,东南部雨量偏多,西北部雨量偏少,流域的中下游经常出现暴雨中心。降水年际变化大且年内分配不均,多以暴雨形式出现,汛期(6 ~ 9 月)降雨量约占全年降雨量的 80%,7、8 两月降雨量占全年的54%。高强度暴雨是流域内径流、泥沙产生的主要原因,洪水沙量占全年总沙量的 60%以上,汛期沙量占全年沙量的 99% 以上。

二、土壤侵蚀预测

(一)土壤侵蚀预测流程

采用土壤侵蚀预测预报信息系统进行孤山川流域年土壤侵蚀预测,包括资料收集整理、预报工程组织、模型因子计算、土壤侵蚀预测以及结果统计汇总五个步骤,如图 12-2所示。

1.资料收集整理

采用年经验模型进行孤山川流域土壤侵蚀预测,需收集流域地形资料、土壤类型资料、遥感影像以及流域雨量站数据、年降水数据等。对这些基础资料进行投影变换、定义结构、添加属性等处理,如果是纸质模拟数据,还需进行扫描矢量化,并进行信息提取。其中,根据流域地形资料,按照相应的方法生成流域数字高程模型;根据流域遥感影像资料

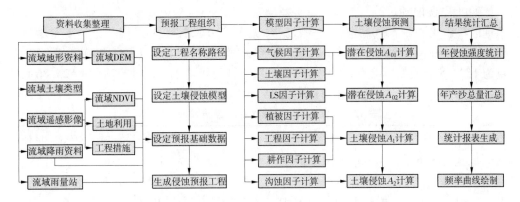

图 12-2　孤山川流域年土壤侵蚀预测流程示意图

（SPOT 等）提取流域土地利用数据、水土保持工程措施数据以及流域归一化植被指数（NDVI）等信息，以供模型运行时调用。

2. 土壤侵蚀预报工程组织

采用土壤侵蚀预测预报信息系统的"新建工程"命令，按照系统设定的向导，分步骤设定土壤侵蚀预报工程名称及存储路径，选择土壤侵蚀模型为"年产沙经验模型"，分别选取资料搜集整理阶段生成或提取的流域 DEM、土地利用数据、雨量站、土壤类型、水土保持工程措施以及年降雨观测数据，根据流域实际数据情况设定流域年 NDVI 数据或汛期月 NDVI 数据，由系统自动建立孤山川流域土壤侵蚀预报空间数据库并转入基础数据，生成土壤侵蚀预报工程。

3. 模型因子计算

主要根据建立的孤山川流域土壤侵蚀预报工程，由系统分别计算各个模型因子，包括气候因子（R）、土壤可蚀性因子（K）、地块坡度坡长因子（LS）、植被因子（B）、水土保持工程措施因子（E）、水土保持耕作措施因子（T）以及沟蚀系数因子（G），以供最终的土壤侵蚀预报模型运行时调用。各因子具体计算时，需设定必要的计算参数，如计算 R 因子时需设定相应的插值方法与插值参数（插值点个数等），计算 LS 因子时需设定坡度大于或小于 2.86° 的径流终点坡度变率，计算植被因子需结合流域实际设定流域 NDVI 指数的最大值与最小值等。

4. 土壤侵蚀预测计算

在模型因子计算完成的基础上，选择不同的预报模型进行土壤侵蚀预报计算。包括：①潜在侵蚀 A_{01}，主要考虑了 R 因子以及 K 因子的作用，即 $A_{01} = R \times K$。②潜在侵蚀 A_{02}，在 A_{01} 的基础上添加了 LS 因子，即 $A_{01} = R \times K \times LS$。③土壤侵蚀 A_1，在潜在侵蚀 A_{02} 的基础上添加了水土保持措施因子，包括 B 因子、E 因子以及 T 因子，即 $A_{01} = R \times K \times LS \times B \times E \times T$。④土壤侵蚀 A_2，在 A_1 的基础上添加了沟蚀系数因子，即 $A_{01} = R \times K \times LS \times B \times E \times T \times G$。该步骤完成后即可生成各个单元不同类型的土壤侵蚀量值。

5. 结果统计汇总

根据土壤侵蚀预测计算结果，统计汇总流域内年侵蚀强度与年产沙总量数值，并生成相应的成果报表；统计、绘制不同类型土壤侵蚀预报计算的分布频率。

(二)土壤侵蚀预报

选取孤山川流域 2006 年降水观测资料(见表 12-1),按照上述流程进行了土壤侵蚀预报计算。模型预报 2006 年孤山川流域的年均土壤侵蚀模数为 1 284.98 t/km²,全年产沙量为 163.45 万 t;实际观测的 2006 年孤山川流域的年均土壤侵蚀模数为 1 525.86 t,全年输沙量为 194.09 万 t。预报相对精度为 15.79%。

表 12-1　孤山川流域降水观测数据(2006 年)　　　　　　(单位:mm)

月份	偏关	河曲	神木	榆林市	五寨	兴县	伊旗	东胜	清水河	府谷	准格尔
1 月	11.93	6.63	11.4	12.4	14.91	8.00	6.5	5.7	5.6	5.3	8.4
2 月	5.92	2.22	1.7	5.5	7.90	5.31	1.9	1.2	3.7	4.2	2.7
3 月	0.04	0.04	0.3	0	0.02	0.03	0	0	0	0	0
4 月	2.92	2.16	2	3.2	15.18	5.97	3.5	7.1	8.5	2.7	1.3
5 月	56.31	60.89	63.6	40.4	75.21	102.67	39.4	50.3	82.2	51.6	75.7
6 月	26.50	47.67	29.7	18.2	51.42	17.69	10.8	21.7	17.3	17.1	17.9
7 月	97.66	70.20	71.3	47.5	132.46	78.75	73.2	90.3	151.4	61.7	121.3
8 月	39.60	26.71	71.2	109.2	62.56	76.62	65.8	71.6	90.0	46	92.6
9 月	16.64	26.15	41.6	66	100.79	77.02	42.7	39.9	26.7	16.5	21.3
10 月	6.20	9.00	4.8	10.4	39.71	26.99	5.9	4.9	10	11.8	12
11 月	5.12	4.03	7.8	7.7	9.56	7.91	9.2	10.1	1.6	1.8	3.7
12 月	3.00	2.00	0.5	3	0	0	0.4	0.8	2.6	1.9	1.5

第二节　次降水机制模型预测

一、岔巴沟流域概况

次降水机制模型预测研究区选取位于黄土丘陵沟壑区第一副区的岔巴沟流域,如图 12-3 所示。该流域是无定河二级支流,流域面积 205 km²,沟道长 26.2 km,河道平均比降 7.57‰。岔巴沟流域的沟网由主沟(岔巴沟)和十几条支沟组成,其中左岸分布着蒿子梁沟、东吴家沟、常家园子沟、驼耳巷沟、杜家岔沟、米脂前沟、蛇家沟、田家沟、麻地沟等一级支沟,右岸分布着毕家签沟、高家沟、刘家沟、马家沟等一级支沟。

子洲径流实验站建于 1958 年,1959 年 1 月 1 日开始观测,1969 年底停测,历时 11 年。岔巴沟流域为研究工程措施和生物措施条件下的产流、汇流及径流变化,降水变化及其影响,水面、土壤蒸发及植物散发和人类活动改造后地区气候变化情况,摸清水利水保措施的水文效应和水文规律,解决水利水保后的水文计算及水文预报等设站。站网布设遵循"大区套小区,小区套单项"的布站原则,径流实验站网包括降水站、水位站、流量站、径流场、气象场、土壤及地下水观测站点(井)等,其历年站场布设情况见表 12-2。观测项目有水位、流量、悬移质含沙量、悬移质泥沙颗粒级配、河床冲淤、水面比降、水温、水化学、地下水水位、降水、土壤入渗观测、陆上水面蒸发量、土壤蒸发量、土壤含水量、气温、空气湿度、气压、日照、风力、风速、地温等21项。收集资料较全面,共包括5册水文试验资料,在水文产汇流水文模型、土壤下渗、降水站网布设及水土流失等方面的研究中发挥了重要作用。

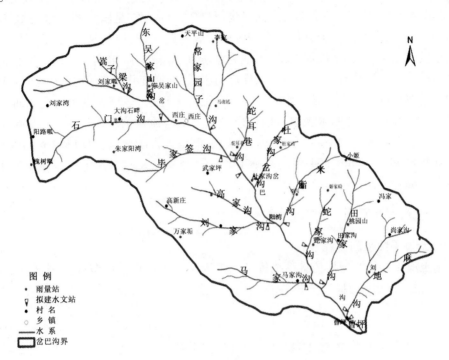

图12-3 岔巴沟流域水系分布图

表12-2 子洲径流实验站监测站场布设情况

年份	降水站(个)	水位站(个)	流量站(个)	径流场(处)	气象站(个)	土壤含水率地段	冲淤河段	土壤蒸发观测场(处)	水量平衡场(处)
1959	45	5	11	7	4	17			
1960	45	5	10	13	4	9		8	
1961	29	5	10	14	1	11		8	
1962	29		8	10	1	5		3	
1963	31		8	9	1	5	7	3	
1964	29		9	9	1	4	7	2	
1965	42 + 19		11	13	1	2	7	3	9
1966	43 + 21		12	13	1	3	7	2	11
1967	44 + 10		12	12	1	3	1	1	11
1968	15 + 1		6	4	1	1			
1969	15 + 1		6	4	1	1			

注:降水站数量栏中"＋"后数字为径流场降水站数。

流域内现设有水文站1个,即曹坪水文站。降水站有和民墕、刘家圪、朱家阳湾、李家塌、马虎塌、杜家山、万家塌、王家塌、姬家岔、牛薛沟、小姬、桃园山、曹坪 13 站,降水站网密度为 16 km²/站。

曹坪水文站,设立于 1958 年 8 月,集水面积 187 km²,位于陕西省子洲县城关镇曹坪村,处于东经 109°59′、北纬 37°39′,距岔巴沟河口 2.2 km。它是国家基本水文站、黄河水情报汛站,属黄河水利委员会管理。系按区域代表原则布设,控制岔巴沟的水沙量变化,为三类精度流量站、三类精度泥沙站,汛期驻站测验,非汛期简化测验。该站测验河段基本顺直,在其上、下游均有弯道。河床系沙砾石组成,冲淤变化不大,两岸为黄土。基本水尺断面下游 500 m 左岸有麻地沟汇入,2.2 km 汇入大理河,遇特大洪水时受大理河洪水顶托影响,测验河段发生回水现象。建站以来最大洪峰流量为 1 520 m³/s(1966 年),流量 863 m³/s、1 170 m³/s,相应频率为 5%、2%;实测最大含沙量为 1 220 kg/m³(1963 年);最大年降水量 749.4 mm(1964 年),最小年降水量 253.4 mm(1965 年),多年平均年降水量为 443.0 mm。

二、土壤侵蚀预测

(一)土壤侵蚀预测流程

采用土壤侵蚀预测预报信息系统进行岔巴沟流域次降水土壤侵蚀预测,包括资料收集整理、预报工程组织、基础分析计算、侵蚀产沙计算以及结果统计汇总五个步骤,如图 12-4 所示。

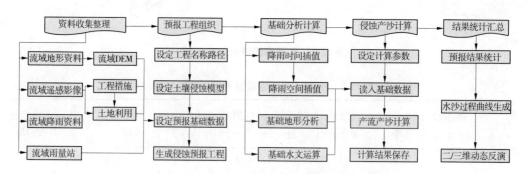

图 12-4 岔巴沟流域次降水土壤侵蚀预测流程示意图

1. 资料收集整理

采用次降水机制模型进行岔巴沟流域某一场次降水土壤侵蚀预测,需收集流域地形资料、遥感影像以及流域雨量站数据、次降水观察数据等。与年产沙经验模型类似,同样需对这些基础资料进行投影变换、定义结构、添加属性等必要处理,并进行信息提取;如根据流域地形资料,按照相应的方法生成流域数字高程模型;根据流域遥感影像资料(SPOT等)提取流域水土保持工程措施数据,以及土地利用数据等信息,以供模型运行时调用。

2. 土壤侵蚀预报工程组织

此步骤与年产沙经验模型类似,也采用土壤侵蚀预测预报信息系统的"新建工程"命令,按照系统设定的向导,分步骤设定土壤侵蚀预报工程名称及存储路径;但土壤侵蚀模型选择为"次降水机制模型",并设定流域 DEM、土地利用数据、雨量站以及次降水观测数据,由系统自动建立岔巴沟流域土壤侵蚀预报空间数据库并转入基础数据,生成土壤侵蚀预报工程。

3. 基础分析计算

主要根据建立的岔巴沟流域土壤侵蚀预报工程,由系统分别进行如下计算:

(1)降水时间插值,主要是把观测的流量和降水过程,插补成等时间间隔(如 30 min)对应的时间序列。有实测资料时期内的数据采用线性内插,实测资料时期外的数据用端点值平延。

(2)降水空间插值则是采用地理信息系统的相关插值模型(反距离倒权 IDW、克里格 Kriging、样条 Spline 等),根据雨量站观测的降雨资料,对全流域进行降水数据空间化。

(3)基础地形分析。包括:DEM 填洼,将流域内洼地和平原区进行处理,使 DEM 反映的数据均由斜坡构成,生成流域无洼地 DEM;坡度分析,根据流域无洼地 DEM 自动提取流域坡度信息并存储于空间数据库中。

(4)基础水文运算,包括:流向计算,采用 D8 算法或多流向算法计算流域流向,以决定着地表径流的方向及网格单元间流量的分配;汇流累积计算,基于流域流向矩阵计算流域内每点的流水累积量,生成流域汇流累积矩阵;河网提取计算,根据设定的提取阈值,将汇流累积矩阵中数据高于此阈值的格网连接起来,生成流域河网;流长计算,根据数据缩减模型(Data-Reduction models)生成流域水流路径长;侵蚀单元分析,根据流域坡度信息与河网提取结果,将流域分为梁峁坡、沟坡和沟槽三种类型侵蚀产沙单元。

上述各类运算均由系统自动完成,计算结果自动存储于岔巴沟流域土壤侵蚀预报空间数据库中。

4. 侵蚀产沙运算

在基础分析计算完成的基础上,进行次降水产流产沙运算。首先,需设定模型运算参数,包括降水场次,线性水库参数如基流出流系数、地表水出流系数等,霍顿产流参数如流域稳定下渗能力、土壤含水量等,其他参数如时间步长等;其次,读取模型运算的基础数据,包括流域流向、土地利用以及侵蚀单元等数据,以及该场次降水所有时刻的降水空间插值结果等;再次,分时刻进行流域的产流、汇流以及产沙、汇沙计算;最后,保存该场次每一时刻的产、汇流以及产、汇沙计算结果。

5. 结果统计汇总

根据土壤侵蚀产沙计算结果,统计汇总流域内该场次降水侵蚀产沙量,生成相应的成果报表;统计、绘制土壤侵蚀预报计算的全流域以及某一点位产沙过程曲线;并可对该场次计算结果进行二维或三维的静态、动态反演,以形象表达流域的侵蚀产沙过程。

(二)土壤侵蚀预报

选取岔巴沟流域 1989 年的次降水观测资料,按照上述流程进行了次降水土壤侵蚀预报计算。该场次降水从 1989 年 7 月 16 日上午 8 时开始,持续到 7 月 18 日 20 时结束,总降水量 66.6 mm。模型预报全流域产沙量 87.9 万 t,实测流域产沙量 106.0 万 t,相对精度 17.1%。

附录 A ArcMap 栅格数据矢量化

一、ArcMap 基本概念

1. 地图——Map(MXD)

在 ArcGIS 中,一个地图存储了数据源的表达方式(地图、图表、表格)以及空间参考。在 ArcMap 中保存一个地图时,ArcMap 将创建与数据的链接,并把这些链接与具体的表达方式保存起来。当打开一个地图时,它会检查数据链接,并且用存储的表达方式显示数据。一个保存的地图并不真正存储显示的空间数据。

2. 数据框架——Data Frame

在"新建地图"操作中,系统自动创建了一个名称为"Layers"的数据框架。在 ArcMap 中,一个数据框架显示统一地理区域的多层信息。一个地图中可以包含多个数据框架,同时一个数据框架中可以包含多个图层。例如,一个数据框架包含中国的行政区域等信息,另一个数据框架表示中国在世界上的位置。但在数据操作时,只能有一个数据框架处于活动状态。在 Data View 只能显示当前活动的数据框架,而在 Layout View 可以同时显示多个数据框架,而且它们在版面布局上也是可以任意调整的。

3. 组图层——Group Layer

有时需要把一组数据源组织到一个图层中,把它们看做 Contents 窗口中的一个实体。例如,有时需要把一个地图中的所有图层放在一起或者把与交通相关的图层(如道路、铁路和站点等)放在一起,以方便管理。

4. 数据层

ArcMap 可以将多种数据类型作为数据层进行加载,诸如 AutoCAD 矢量数据 DWG,ArcGIS 的矢量数据 Coverage、GeoDatabase、TIN 和栅格数据 GRID,ArcView 的矢量数据 ShapeFile,ERDAS 的栅格数据 ImageFile,USDS 的栅格数据 DEM 等。注意如没有相应的工作站授权,则 Coverage 数据不能直接编辑,要编辑需要将 Coverage 转换成 ShapeFile。

5. 几何要素类型

包括点 point、线 polyline、面 Polygon、点集 Multipoint、面集 MultiPatch。

二、栅格矢量化具体操作

1. 可通过如下方式创建和打开地图:

(1)进入 ArcMap 时创建地图。

①运行 ArcMap,选择 Start using ArcMap With 栏中的空地图 Empty Map 方式,单击确定;

②运行 ArcMap,选择 Start using ArcMap With 栏中的模板(template)方式,可打开地图模板框,可选择基于相应地图版式创建地图。

（2）启动 ArcMap 后使用菜单 File/New 新建地图。

（3）也可以打开已存在的地图，其扩展名为 mxd。

2. 利用 ArcCatalog 新建数据层，之后再加载到 ArcMap 中。

（1）运行 ArcCatalog，在 ArcCatalog 中选择要建立的数据层所在目录后，点击右键，选择"new"、"shapefile…"，如图 A-1 所示。

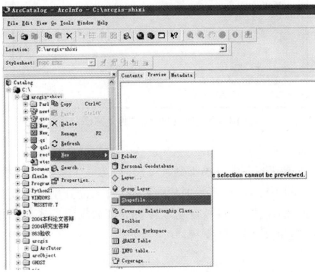

图 A-1　新建 Shape 文件示意图(1)

（2）如图 A-2 所示，输入数据层名称，选择要素类型，如 Polygon，点按钮"Edit…"选择空间参考系统。再单击"OK"即可。

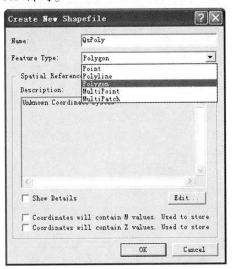

图 A-2　新建 Shape 文件示意图(2)

（3）将新建的数据层加载到 ArcMap 中的 Layers 中。在主菜单中选择"File – Add Data…"，或者在 standard 工具条中选择 ✚，选择新建的 Shape 文件，如图 A-3 所示。

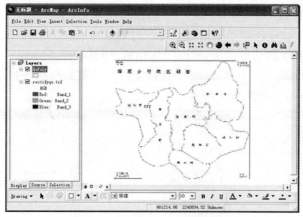

图 A-3 加载 Shape 文件示意图

3. 定义数据空间参考系统

在 ArcMap 中,创建新图并向其中加载数据层时,第一个被加载的数据层的坐标系统就作为该数据组默认的坐标系统,随后加载的数据层,无论其坐标系统如何,只要含有坐标信息,满足坐标转换的需要,都将被自动地转换成该数据组的坐标系统。当然,这种转换不影响数据层所对应的数据文件本身。

(1)查询数据坐标系统。

①在数据组上按右键打开快捷菜单;

②点击 Properties,打开 Data Frame Properties 对话框(见图 A-4);

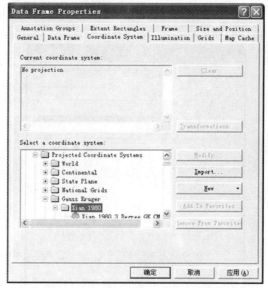

图 A-4 Data Frame Properties 对话框

③点击 Coordinate System 标签,数据组的坐标信息就显示在该窗口中。

(2)空间坐标系统变换。

①在数据组上按右键打开快捷菜单;

②点击 Properties，打开 Data Frame Properties 对话框；

③点击 Coordinate System 标签；

④点击地图投影类型，选择投影类型；

⑤点击"确定"按钮，观察坐标变换情况。

4. 以栅格数据为背景，进行屏幕矢量化

（1）在主菜单"View"、"Toolbars"中选取"Editor"，打开编辑工具栏，如图 A-5 所示。

图 A-5　ArcMap 编辑工具栏示意图

（2）选取新建的数据层，单击 Editor 的下拉键，点取"Start Editing"，利用编辑工具，即可进行栅格矢量化。编辑工具如图 A-6 所示。

图 A-6　ArcMap 编辑工具示意图

用"Sketch　tool" ，可以绘制图形；"Trace Tool"用于对已有公共边界的自动追踪，确保公共边界的一致性；是增加所选多边形的中间点。

（3）输入属性数据。

①添加属性项，选取增加属性项的数据层，单击右键，"Open Attribute Table"，出现属性表，再按"Option"中的"Add Field"，可增加所需的属性项，如图 A-7 所示。

图 A-7　ArcMap 增加属性项示意图

②删除属性项,鼠标单击欲删除属性项,点右键,出现下拉菜单,点"Delete Field"即可。

③增加属性值。点 Edit Tool ▶,选取某要素,点右键,出现下拉菜单,点"Attribute…",进入属性编辑窗口,如图 A-8 所示,即可输入或修改属性值。

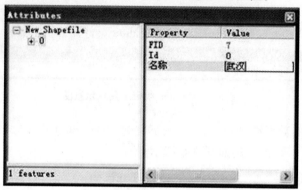

图 A-8　ArcMap 属性编辑示意图

附录 B   ArcMap 常用快捷键

在 ArcMap 中,快捷键与一些编辑工具和命令相关联。使用快捷键能使编辑工作更加快捷有效,总结如下。

一、公共快捷键

Z:放大	X:缩小	C:漫游
V:显示节点	B:持续缩放/平移	ESC:取消
Ctrl + Z:撤销	Ctrl + Y:重做	SpaceBar:暂停捕捉

二、编辑工具

Shift:添加至/取消选择

Ctrl:移动选择锚

N:下一个被选要素

E:切换 Sketch 工具、Edit 工具以及 Edit Annotation 工具

三、注记编辑工具

R:切换至旋转模式/从旋转模式切换

F:切换至要素模式/从要素模式切换

L:在跟踪要素模式下将选中的注记要素旋转 180°

O:在跟踪要素模式下打开 Follow Feature Options 对话框

Tab:在跟踪要素模式下对注记放置的位置进行左右边的切换

P:在跟踪要素模式下对注记放置的角度进行平行和垂直方向的切换。

四、草图工具

Ctrl + A:方位	F2:完成草图
Ctrl + F:偏转	F6:绝对 X,Y 坐标
Ctrl + L:长度	F7:线段偏转
Ctrl + D:X,Y 增量	F8:Streaming 模式
Ctrl + G:方位/长度	T:显示捕捉容限
Ctrl + P:平行	Ctrl + F5:捕捉到断点
Ctrl + E:垂直	Ctrl + F6:捕捉到结点
Ctrl + Delete:删除草图	Ctrl + F7:捕捉到中点
Shift + 双击:完成要素部分绘制	Ctrl + F8:捕捉到边

参 考 文 献

[1] 王正兴,刘闯,HU ETE A lfredo. 植被指数研究进展:从 AVHRR-NDVI 到 MODIS-EVI[J]. 生态学报, 2003,23(5):979-987.

[2] 张喜旺. 面向水蚀风险遥感评估的有效植被覆盖提取与应用[D]. 北京:中国科学院遥感应用研究所,2009.

[3] 王红说, 黄敬峰, 徐俊锋, 等.基于 MODIS NDVI 时间序列谱匹配的耕地信息提取研究——以浙中地区为例[J]. 浙江大学学报:农业与生命科学版, 2008,34(3): 334-340.

[4] 赵英时. 遥感应用分析原理与方法[M].北京:科学出版社,2003.

[5] 仝兆远, 张万昌. 土壤水分遥感监测的研究进展[J]. 水土保持通报, 2007,4(7): 107-113.

[6] 那晓东, 张树清, 李晓峰, 等.MODIS NDVI 时间序列在三江平原湿地植被信息提取中的应用[J]. 湿地科学, 2007,5(3): 227-236.

[7] 边金虎, 李爱农, 宋孟强, 等.MODIS 植被指数时间序列 Savitzky-Golay 滤波算法重构[J].遥感学报,2010,14(4): 725-741.

[8] 贾海峰,刘雪华.环境遥感原理与应用[M].北京:清华大学出版社,2006.

[9] 游先祥. 遥感原理及在资源环境中的应用[M].北京:中国林业出版社, 2003.

[10] 倪金生,李琦,曹学军. 遥感与地理信息系统基本理论和实践[M].北京:电子工业出版社,2004.

[11] 曹龙熹, 符素华. 基于 DEM 的坡长计算方法比较分析[J].水土保持通报, 2007, 27(5):58-62.

[12] 汤国安. ArcView 地理信息系统空间分析方法[M].北京:科学出版社,2005.

[13] 景可, 王万忠, 郑粉莉. 中国土壤侵蚀与环境[M]. 北京:科学出版社,2005.

[14] 任志勇, 张建军. 提高土壤侵蚀遥感快速调查精度浅见[J]. 山西水利, 2005(6): 66-67.

[15] 郑伟, 曾志远. 遥感图像大气校正方法综述[J]. 遥感信息, 2004(4):66-70.

[16] 杜培军, 等. 遥感原理与应用[M]. 徐州:中国矿业大学出版社,2006.

[17] 梅安新, 彭望琭, 秦其明, 等. 遥感导论[M]. 北京:高等教育出版社,2001.

[18] 倪金生, 李琦,曹学军. 遥感与地理信息系统基本理论和实践[M].北京:电子工业出版社,2004.

[19] 曹龙熹, 符素华. 基于 DEM 的坡长计算方法比较分析[J]. 水土保持通报, 2007, 27(5):58-62.

[20] 游先祥. 遥感原理及在资源环境中的应用[M].北京:中国林业出版社, 2003.

[21] 杜学军, 等. 遥感原理与应用[M]. 北京:中国矿业大学出版社, 2006.

[22] 邢立新, 陈圣波, 潘军. 遥感信息科学概论[M].长春:吉林大学出版社,2003.

[23] 孙丹峰. 土地利用/覆被遥感分析[M]. 北京:中国大地出版社,2006.

[24] 吴秀芹, 蔡运龙. 土地利用/土地覆盖变换与土壤侵蚀关系研究进展[J]. 2003, 22(6):576-583.

[25] 贾海峰,刘雪华. 环境遥感原理与应用[M].北京:清华大学出版社,2006.

[26] 吴云, 曾源, 赵炎, 等. 基于 MODIS 数据的海河流域植被覆盖度估算及动态变化分析[J].资源科学, 2010, 32(7):1417-1424.

[27] 吴云, 曾源, 吴炳方, 等. 基于 MODIS 数据的三北防护林工程区植被覆盖度提取与分析[J]. 生态学杂志, 2009,28(9):1712-1718.

[28] 陈怀亮, 刘玉洁, 杜子璇, 等. 基于卫星遥感数据的黄淮海地区植被覆盖时空变化特征[J]. 生态学杂志, 2010, 29(5):991-999.

[29] 孙华,白红英,张清雨,等.秦岭南北地区植被覆盖对区域环境变化的响应[J].环境科学学报,2009(12):2635-2641.

[30] 邢著荣,冯幼贵,杨贵军,等.基于遥感的植被覆盖度估算方法述评[J].遥感技术与应用,2009,24(6):849-854.

[31] 杨斌,张俊峰,高德政,等.图解建模方法在提取沟壑密度中的分析研究[J].航天返回与遥感,2010,31(1):64-68.

[32] 杨胜天,朱启疆.人机交互式解译在大尺度土壤侵蚀遥感调查中的作用[J].水土保持学报,2000,14(3):88-91.

[33] 颉耀文,陈怀录,徐克斌.数字遥感影像判读法在土壤侵蚀调查中的应用[J].兰州大学学报:自然科学版,2002,38(2):157-162.

[34] 蔡继清,任志勇,李迎春.土壤侵蚀遥感快速调查中有关技术问题的商榷[J].水土保持通报,2002,22(6):45-47.

[35] 杨晓梅.哥伦比亚东部平原上侵蚀风险绘图法的研究[J].水土保持科技情报,2003(3):8-11.

[36] 张增祥,赵晓丽,陈晓峰,等.基于遥感和地理信息系统(GIS)的山区土坡侵蚀强度数值分析[J].农业工程学报,1998,14(3):77-83.

[37] 曾大林,李智广.第二次全国土壤侵蚀遥感调查工作的做法与思考[J].中国水土保持,2000(1):28-31.

[38] 刘宝元,等.中国土壤侵蚀预报模型研究[C]//第十二届国际水土保持大会.北京,2002.

[39] 江忠善,王志强,刘志.黄土丘陵区小流域土壤侵蚀空间变化定量研究[J].土壤侵蚀与水土保持学报,1996,2(1):1-9.

[40] 吴礼福.黄土高原土壤侵蚀模型及其应用[J].水土保持通报,1996,16(5):29-35.

[41] 李锐.遥感技术与土地退化评价[J].水土保持学报,1989,3(2):65-71.

[42] 谢树楠,王孟楼,张仁.黄河中游黄土沟壑区暴雨产沙模型的研究[M].北京:清华大学出版社,1990.

[43] 汤立群.流域产沙模型的研究[J].水科学进展,1996,7(1):47-53.

[44] 蔡强国,王贵平,陈永宗.黄土高原小流域侵蚀产沙过程与模拟[M].北京:科学出版社,1998.

[45] 孙丹峰.土地利用/覆被遥感分析[M].北京:中国大地出版社,2006.

[46] 邢立新,等.遥感信息科学概论[M].长春:吉林大学出版社,2003.

[47] 李建新.遥感与地理信息系统[M].北京:中国环境科学出版社,2006.

[48] 孙家抦.遥感原理、方法和应用[M].北京:中国测绘出版社,1997.

[49] 孙家抦.遥感原理与应用[M].2版.武汉:武汉大学出版社,2009.

[50] 张科利,曹其新,细山田健三,等.神经网络模型在土壤侵蚀预报中应用的探讨[J].土壤侵蚀与水土保持学报,1995,1(1):58-63.

[51] 洪伟,吴承祯.闽东南土壤流失人工神经网络预报研究[J].土壤侵蚀与水土保持学报,1997,3(3):52-57.

[52] 张小峰,许全喜,裴莹.流域产流产沙BP网络预报模型的初步研究[J].水科学进展,2001,12(1):17-22.

[53] 刘光.土壤侵蚀模型研究进展[J].水土保持研究,2003,10(3):73-76.

[54] 胡良军,李锐,杨勤科.基于GIS的区域水土流失评价研究[J].土壤学报,2001,38(2):167-175.

[55] Jiang X G, Wang D, Tang L L,et al. Analysing the vegetation cover variation of China from AVHRR–NDVI data[J]. International Journal of Remote Sensing,2008,29(17/18):5301-5311.

[56] Lu L, Li X, Huang C L, et al. Investigating the relationship between ground measured LAI and vegetation indices in an alpine meadow, north-west China[J]. International Journal of Remote Sensing, 2005, 26 (20): 4471-4484.

[57] Ma M G, Veroustraete F. Reconstructing pathfinder AVHRR land NDVI time-series data for the Northwest of China[J]. Advances in Space Research, 2006, 37: 835-840.

[58] Moreau S, Bossenob R, Fa X, et al. Assessing the biomass dynamics of Andean bofedal and totora high – protein wetland grasses from NOAA/AVHRR[J]. Remote Sensing of Environment, 2003, 85: 516-529.

[59] Vrieling A, Steven M. de Jong, Geert Sterk, et al. Timing of erosion and satellite data: A multi – resolution approach to soil erosion risk mapping [J]. International Journal of Applied Earth Observation and Geoinformation, 2008, 10(3): 267-281.

[60] Vrieling A. Satellite remote sensing for water erosion assessment: a review[J]. Catena, 2006, 65(1):2-18.

[61] Dwivedi R S, Sankar T R, Venkataratnam L, et al. The Inventory and Monitoring of Eroded Lands Using Remote Sensing Data[J]. Int J Remote Sensing, 1997, 18(1): 107-119.

[62] De Ploey J. A Soil Erosion Map for Western Europe [Z]. Catena Verlag, 1989.

[63] Hassan M F, Ahmed A S, Imad-eldin A Ali. Shinobu Lnanaga. Use of Remote Sensing to Map Gully ErosionAlong the Atbara River, Sudan [J]. International Journal of Applied Earth Observation and Geoinformation, 1999, 1(3/4): 175-180.

[64] Yassoglou N, Montanarella L, Govers G, et al. Soil Erosion in Europe[J]. European Soil Bureau, 1998.

[65] Jain S K, Goel M K. Assessing the vulnerability to soil erosion of the Ukai Dam catchments using remote sensing and GIS[J]. Hydrological Sciences Journal, 2002, 47(1): 31-40.

[66] Shrimali S S, Aggarwal S P, Samra J S. Prioritizing erosion-prone areas in hills using remote sensing and GIS—a case study of the Sukhna Lake catchment, Northern India[J]. International Journal of Applied Earth Observation and Geoinformation, 2001, 3(1): 54-60.

[67] Vrieling A, Sterk G, Beaulieu N. Erosion risk mapping: a methodological case study in the Colombian Eastern Plains[J]. Journal of Soil and Water Conservation, 2002, 57(3): 158-163.

[68] Hill J, Mehl W, Smith M O, et al. Mediterranean ecosystem monitoring with earth observation satellites, In: Vaughan, R. (Ed.), Remote Sensing—from Research to Operational Applications in the New Europe: Proceedings of the 13th EARSeL Symposium. Springer-Verlag, Budapest, Hungary, 1994:131-141.

[69] Hill J, Sommer S, Mehl W, et al. Towards a satelliteobservatory for mapping and monitoring the degradation of Mediterranean ecosystems. In: Askne, J. (Ed.), Sensors and Environmental Application of Remote Sensing. Balkema, Rotterdam, 1995:53-61.

[70] Servenay A, Prat C. Erosion Extension of indurated Volcanic soils of Mexico by Aerial Photographs and Remote Sensing Analysis [J]. Geoderma, 2003, 117: 367-375.

[71] Metternicht G I, Zinck J A. Evaluating the Information Contents of JERS-1 SAR and Landsat TM Data for Discrimination of Soil Erosion Features[J]. ISPRS Journal of Photogrammetry & Remote sensing, 1998, 53: 143-153.

[72] Liu J G, Hilton F, Mason P, et al. A RS/GIS study of rapid erosion in SE Spain using ERS SAR multi – temporal interferometric coherence imagery. In: Owe, M., Zilioli, E., D'Urso, G. (Eds.), Remote Sensing for Agriculture, Ecosystems, and Hydrology II, Proceedings of SPIE, vol. 4171. SPIE International, Barcelona, Spain, 2000:367-375.

[73] Liu J G, Mason P, Hilton F,et al. Detection of rapid erosion in SE Spain: a GIS approach based on ERS SAR coherence imagery [J]. Photogrammetric Engineering and Remote Sensing,2004, 70 (10): 1179-1185.

[74] Metternicht G I. Detecting and monitoring land degradation features and processes in the Cochabamba valleys, Bolivia—A synergistic approach. PhD thesis, University of Ghent, Ghent, Belgium,1996:389.

[75] Wischmeier W H, Smith D D. Predicting rainfall-erosion losses: a guide to conservation planning. Agricultural Handbook, vol. 537. . U.S. Department of Agriculture, 1978.

[76] Lu D, Li G, Valladares G S,et al. Mapping soil erosion risk in Rondonia, Brazilian Amazonia: using RULSE, remote sensing and GIS [J]. Land Degradation and Development,2004, 15: 499-512.

[77] Shi Z H, Cai C F, Ding S W,et al. Soil conservation planning at the small watershed level using RUSLE with GIS: a case study in the Three Gorge Area of China [J]. Catena,2004, 55: 33-48.

[78] Fu G, Chen S, McCool D K. Modeling the impacts of no-till practice on soil erosion and sediment yield with RUSLE, SEDD, and ArcView GIS [J]. Soil and Tillage Research,2006, 85: 38-49.

[79] Renard K G, Foster G R, Weesies G A,et al. Predicting soil erosion by water: a guide to conservation planning with the Revised Universal Soil Loss Equation. Agricultural Handbook, vol. 703. U.S. Department of Agriculture,1997:404.

[80] Smith S J, Williams J R, Menzel R G,et al. Prediction of sediment yield from Southern Plains grasslands with the Modified Universal Soil Loss Equation. Journal of Range Management,1984, 37(4): 295-297.

[81] Jurgens C, Fander M. Soil erosion assessment and simulation by means of SGEOS and ancillary digital data[J]. International Journal of Remote Sensing,1993, 14(15): 2847-2855.

[82] Reusing M, Schneider T, Ammer U. Modelling soil loss rates in the Ethiopian Highlands by integration of high resolution MOMS-02/D2-stereo-data in a GIS[J]. International Journal of Remote Sensing, 2000, 21(9): 1885-1896.

[83] Lee S. Soil erosion assessment and its verification using the Universal Soil Loss Equation and Geographic Information System: a case study at Boun, Korea[J]. Environmental Geology,2004, 45(4): 457-465.

[84] Baban S M J, Yusof K W. Modelling soil erosion in tropical environments using remote sensing and geographical information systems[J]. Hydrological Sciences Journal,2001, 46(2): 191-198.

[85] Bonn F, Me'gier J, Ait Fora A. Remote sensing assisted spatialization of soil erosion models with a GIS for land degradation quantification: expectations, errors and beyond. In: Spiteri, A. (Ed.), Remote Sensing '96: Integrated Applications for Risk Assessment and Disaster Prevention for the Mediterranean. Balkema, Rotterdam,1997:191-198.

[86] Cerri C E P, Dematte J A M, Ballester M V R,et al. GIS erosion risk assessment of the Piracicaba River basin, southeastern Brazil[J]. Mapping Sciences and Remote Sensing,2001, 38(3): 157-171.

[87] Ma J W, Xue Y, Ma C F,et al. A data fusion approach for soil erosion monitoring in the Upper Yangtze River Basin of China based on Universal Soil Loss Equation (USLE) model [J]. International Journal of Remote Sensing,2003, 24 (23): 4777-4789.

[88] Gay M, Cheret V, Denux J P. Apport de la télédétection dans l'identification du risque d'érosion[J]. La Houille Blanche,2002, (1): 81-86.

[89] Van der Knijff J M, Jones R J A, Montanarella L. Soil Erosion Risk Assessment in Europe, EUR 19044 EN. European Soil Bureau,2000:34.

[90] Favis-Mortlock D T, Quinton J N, Dickinson W T. The GCTE validation of soil erosion models for global change studies[J]. Journal of Soil and Water Conservation,1996, 51(5): 397-403.

［91］ Kirkby M J, Morgon R P C. Soil Erosion ［M］. A Wiley-Interscience Publication, 1980.

［92］ Elwell H A. Modeling Soil Loss in Southern African［J］. J Agric Engineering Res, 1980, 23: 117-127.

［93］ Ellisoin W D. Soil erosion studies［J］. Agricultural Engineering, 1947, 28(4): 145-146.

［94］ Wischmeier W, Smith D. Predicting rainfall-erosion losses from cropland east of the Rocky Mountains
［M］. USDA Agriculture Handbook, 1965:282.

［95］ Morgan R. The European Soil Erosion Model: an update on its structure and research base. In: Rickson,
R. (ed.), Conserving Soil Resources: European perspectives［M］. CAB International, Cambridge,
1994:286-299.

［96］ De Roo A, Wesseling C G, Ritsma C G. LISEM: A single-event, physical based hydrological and soils
erosion model for drainage basin. In: theory, input and output［J］. Hydrological Processes, 1996, 10:
1107-1117.

［97］ Rose C W, Williams J R, Sander G C, et al. A mathematical model of soil erosion and deposition proces-
ses: In. Theory for a plane land element［J］. Soil Sci. Soc. Of Am. J., 1983, 47(5): 991-995.

［98］ Baffalt C, Nearing M A, Nicks A D. Impact of GLIGEN parameters on WEPP predicted average soil loss
［J］. Transactions of the ASAE, 1996, 39(2): 1001-1020.

［99］ Dymond J R, Hicks D L. Steepland erosion measured from historical aerial photograghs ［J］. Journal of
Soil and Water Conservation, 1986, July-Auguest: 252-255.

［100］ Derose R C, Gomez B, Marden M, et al. Gully erosion in Mangatu Forest, New Zealand, estimated
from digital elevation models［J］. Earth Surface Processes and Landforms, 1998, 23: 1045-1053.

［101］ Harley D Betts, Ronald C Derose. Digital elevation models as a tool for monitoring and measuring gully
erosion［J］. Int J. Applied Earth Observation and Geoinformation, 1999:191-101.

［102］ Smith L C, Alsdorf D E, Magilligan F J, et al. Estimation of erosion, deposition, and net volumetric
change caused by the 1996 Skeieara'rsandur jokulhlaup, Iceland, from synthetic aperture radar interfer-
ometry［J］. Water Resources Research, 2000, 36(6): 1583-1594.

［103］ Hildenbrand A, Gillot P, Marlin C. Geomorphological study of long-term erosion on a tropical volcanic
oceanisland: Tahiti-Nui (French Polynesia). Geomorphology, 2008, 93(6-4): 460-481.

［104］ Menz J R G . TransPort of 90Sr in runoff, Science (Washington), 1960(1): 499-500.

［105］ Rltchie J C, McHenry J R. Appllcation of radioactive fallout 137Cs for measuring soil erosion and sedi-
ment accumulation rates and Patterns A Review, J. Envimn［J］. Qua. 1990, 19: 215-233.

［106］ Ritchie J C, Spraberry J A, McHenry J R. Estimating soil erosion from the redistribution of 137Cs
［J］. Soil SciSoc AmProc, 1974, 38(1): 137-139.

［107］ Kachanoski R G. de Jong E. Predicting the temporal relationship between soil Caesium-137 and ero-
sionrate ［J］. J. JEn-viron Qual, 1984, 13(2): 301-304.

［108］ Zhang X, Higgit D L, Walling D E. Apreliminary assessment of the potential for using Caesium-137 to
estimate rates of soil erosion in the Loess Plateau of China［J］. Hydrol Sci J, 1990, 35: 267-276.

［109］ Technical report series. Airborne gamma ray spectrometer surveying international atomic energy agency
［J］. Vienna, 1991:323.

［110］ David Pullar, Darren Springer. Towards integrating GIS and catchment models［J］. Environmental
Modelling & Software, 2000, 15: 451-459.

［111］ De Roo A P J. The LISEM Project: an introduction. Hydrological Processes, 1996(10): 1021-1025.

［112］ 陈正江,汤国安,任晓东. 地理信息系统设计与开发［M］. 北京: 科学出版社,2007.

［113］ 吴信才. 空间数据库［M］. 北京: 科学出版社,2009.

[114] 秦耀辰，钱乐祥，千怀遂，等. 地球信息科学引论[M]. 北京：科学出版社,2004.

[115] 王伟军，黄杰,李必强. 信息管理集成的研究与应用探讨[J]. 情报学报,2003, 22(5):526-531.

[116] 张健挺. 地理信息系统集成若干问题探讨[J]. 遥感信息,1998(1):14-18.

[117] 刘湘南. GIS 空间分析原理与方法[M]. 北京：科学出版社,2005.

[118] 汤国安，刘学军,间国年. 数字高程模型及地学分析的原理与方法[M]. 北京：科学出版社, 2005.

[119] 张超. 地理信息系统实习教程[M]. 北京：高等教育出版社,2005.

[120] 李志林,朱庆. 数字高程模型[M]. 武汉：武汉测绘科技大学出版社,2000.

[121] 张熠斌. 机载 LiDAR 点云数据处理理论及技术研究[D]. 西安：长安大学, 2010.

[122] 徐进军,张民伟. 三维激光扫描仪:现状与发展[J]. 测绘通报,2007(1).

[123] 秦奋. 黄土高原小流域分布式产流产沙与地貌演化模拟[D]. 郑州：解放军信息工程大学, 2008.

[124] 王光霞，朱长青，史文中. 数字高程模型地形描述精度的研究[J]. 测绘学报,2004, 33(2):168-173.

[125] 周兴华，姚艺强,赵吉先. DEM 内插方法与精度评定[J]. 测绘科学,2005, 30(5):86-88.

[126] 徐丽萍. SPOT-5 卫星系统性能概述[J]. 航天返回与遥感,2002, 23(4):9-13.

[127] 陈述. 遥感技术与遥感数字图像分析处理方法、解译制图及其综合应用实务全书[M].银川：宁夏大地音像出版社,2005.

[128] 陈华，陈书海，张平，等. K-means 算法在遥感分类中的应用[J]. 红外与激光工程,2000, 29(2):26-30.

[129] 朱述龙，张占睦. 遥感图像获取与分析[M].北京：科学出版社,2000.

[130] 程琳. 基于 GIS 和经验模型的中尺度流域土壤侵蚀时空动态分析——以孤山川流域为例[D]. 西安：西北农林科技大学, 2010.

[131] 杨勤科，程琳,张宏鸣. 水土流失经验模型指标体系及孤山川流域年产沙经验模型研究报告[R]. 西北大学,2011.

[132] 陈界仁,杨涛. 黄土多沙粗沙区分布式产流产沙数学模型研究报告[R].河海大学,2005.

[133] 陈怀亮,冯定原,等.遥感监测土壤水分的理论、方法及研究进展[J].遥感技术与应用,1999(6).